肉品蛋白质超声波加工研究

ROUPIN DANBAIZHI
CHAOSHENGBO JIAGONG YANJIU

李 可/著

中国纺织出版社有限公司

内 容 提 要

本书主要介绍了超声波技术改性肉品蛋白质，促进类PSE鸡肉蛋白质加工利用，提高低盐条件下肉品蛋白质功能特性和改善低脂条件下肉品蛋白质复合凝胶乳化特性，最终实现肉品加工营养品质的提升。

全书共分为10章，分别介绍了超声波的作用原理和对鸡肉蛋白质功能特性的影响及其在肉品加工中的应用，类PSE鸡肉品质及其蛋白质超声波处理加工利用等内容。本书可作为食品专业的科研参考用书，也可作为从事肉品加工与质量控制、食品物理加工技术研究的高等学校、科研院所和相关加工企业研发技术人员的参考用书。

图书在版编目（CIP）数据

肉品蛋白质超声波加工研究 / 李可著. --北京：中国纺织出版社有限公司，2024. 5

ISBN 978-7-5229-1507-4

Ⅰ. ①肉… Ⅱ. ①李… Ⅲ. ①超声波—应用—肉制品—蛋白质—食品加工 Ⅳ. ①TS251. 5

中国国家版本馆 CIP 数据核字（2024）第 056466 号

责任编辑：毕仕林 罗晓莉 责任校对：高 涵
责任印制：王艳丽

中国纺织出版社有限公司出版发行
地址：北京市朝阳区百子湾东里 A407 号楼 邮政编码：100124
销售电话：010—67004422 传真：010—87155801
http://www.c-textilep.com
中国纺织出版社天猫旗舰店
官方微博 http://weibo.com/2119887771
三河市宏盛印务有限公司印刷 各地新华书店经销
2024 年 5 月第 1 版第 1 次印刷
开本：710×1000 1/16 印张：18
字数：350 千字 定价：98.00 元

前　言

全球肉类产业正处于以提高肉品品质为目的，满足消费者摄食高品质肉制品改善营养健康的需求为特征的发展阶段。超声波技术作为绿色的食品物理加工技术，对实现肉品加工营养提升具有巨大潜力，是肉品加工技术的关注热点。超声波技术可通过改变肉品组分的结构性质，改善肉品蛋白质功能特性，从而提高肉品品质、开发新产品以及提升加工效率，对肉品产业经济发展具有重要推动作用。因此，基于超声波作用下肉品主要营养组分——蛋白质的结构变化及功能特性改善研究在肉品科学领域具有重要意义。本书以作者近年来对肉品蛋白质超声波加工技术研究的成果为基础，概述了肉品超声波加工的作用，着重介绍了超声波产生的物理化学作用改性肌原纤维蛋白和肌浆蛋白、改善肉品蛋白乳化液稳定性及类 PSE 鸡肉蛋白超声波提取加工利用的研究进展，为促进营养健康型肉制品开发与肉品蛋白应用提供理论基础与技术支持。

本书由郑州轻工业大学李可完成，在认真梳理了近年来研究工作的基础上撰写了本书。全书分为 10 章。第 1 章简要介绍了超声波的作用原理，以及超声波在肉品加工中的应用和对肉品蛋白质功能特性影响的研究现状；第 2 章探讨了类 PSE 鸡肉蛋白功能特性劣变程度及超声波改善类 PSE 鸡肉糜蛋白功能特性；第 3 章研究了不同超声波处理方式对类 PSE 鸡肉分离蛋白结构和乳化特性的影响，评估了不同超声波处理方式的类 PSE 分离蛋白对表没食子儿茶素没食子酸酯（EGCG）的保护作用；第 4 章研究了不同超声波功率处理对类 PSE 鸡肉肌原纤维蛋白的结构性质、乳化性能及其乳液凝胶性的影响；第 5 章研究了超声波处理修饰类 PSE 鸡肉肌浆蛋白的结构性质和改善其乳化性能；第 6 章研究了超声波处理对不同食盐添加量的鸡肉蛋白质凝胶特性的影响和肌原纤维蛋白溶解性的影响；第 7 章研究了超声波处理对低盐条件下肌原纤维蛋白乳化特性的影响；第 8 章研究了超声波作用下肌原纤维蛋白的低盐乳化形成机制；第 9 章研究了超声波处理的肉品预乳化液的稳定性机制及与肌原纤维蛋白复合的凝胶特性；第 10 章研究了肉品预乳化液超声波加工及其低脂肉制品的开发。

笔者通过主持国家自然科学基金项目（32072243、31601492）和河南省优秀青年科学基金项目（222300420092），在肉品蛋白质超声波加工方面积累了丰富的理论和应用研究基础。书中所涉及实验研究过程中培养的硕士研究生有扶磊、李燕、李三影、王艳秋、张俊霞、王琳梦、贾尚羲、孙立雪等，他们为本书的内容作出了重要贡献，在此表示衷心感谢！在撰写书稿过程中，硕士研究生张怡雪、崔冰冰、郑瑞涵等，她们为本书的校订作出了辛苦的付出，在此表示衷心感谢！本书的出版得到了郑州轻工业大学食品科学与工程河南省优势特色学科（群）的资助，得到了郑州轻工业大学白艳红、张华、相启森的悉心指导，在此表示衷心感谢！本书出版过程中得到了中国纺织出版社有限公司的大力帮助和支持，在此表示衷心感谢！

限于笔者的学识水平有限，本书难免存在疏漏和不当之处，敬请各位同行批评指正。

著者

2024 年 1 月

目　　录

第 1 章　超声波处理在肉品加工中的应用及其对肌原纤维蛋白功能特性的影响

1.1　超声波技术

1.1.1　超声波原理

超声波是指频率大于 20kHz，不能引起人类听觉的机械波。超声波已经发展成为食品加工业中保证食品安全、改善品质和提高加工效率的新型技术，在食品加工中的物质传递、保鲜、辅助热加工处理和控制产品质构和食品分析具有积极的作用。在食品加工、分析和品质控制中，超声波的应用依据频率范围可以分为低能量和高能量两种。低能量（低功率、低强度）超声波的频率高于 100kHz，功率为 0~10W，强度低于 $1W/cm^2$，主要应用于无损检测分析和监测食品加工贮藏过程中不同食品材料性质以保证品质与安全性，如低强度超声波应用于畜牧基因改善检测和评估原料肉、发酵肉制品、禽与鱼类的成分。高能量（高功率，高强度）超声波的频率为 20~500kHz，功率为几百瓦到上千万瓦，强度高于 $1W/cm^2$，可产生食品物理、机械性、化学/生物化学性质的改变效果。这些效果的改变为食品的加工、保鲜和安全提供可行性。高强度超声波技术可以替代传统食品加工方式，进而控制改善产品质构特性与微观结构、乳化以及不同蛋白质的功能特性修饰等。在食品加工过程中，超声波处理方式有多种，大部分情况下超声波在液体或者液—固系统中进行。超声波探头可以直接插入样品体系中，或在超声波水浴中将样品浸没其中，从而使样品受到超声波作用。在某些情况下，超声波从气体介质传递到固态介质或者直接作用到食品物料上。超声波系统包括 3 个部分，分别为发生器、换能器和传输系统。随着技术的发展，超声波探头和设备更加强大与便利，作为改善者和探测器，在食品科学与技术中提高食品品质，给食品工业带来巨大的价值。

低能量超声波在肉品快速无损检测分析上具有明显的优势。在牛肉生产工业中，低功率超声波可以在改善畜牧动物基因项目研究中进行快速可靠监测。不同频率的声波受组织穿刺深度和分析的影响，会产生不同组织振动的图像，这些组织包括活体动物的肌肉、脂肪和内在器官。在选育和品种的替代以改善出栏的基因，评估脂肪与肌肉合成和活体成分、肌内脂肪比率和胴体的特征方面，低强度超声波的应用是十分有效的。超声波广泛应用在羔羊生长过程中体内的化学成分变化、绵羊胴体以及羔羊肌肉生长的程度状态的评估。Chanamai 等利用低强度超声波扫描测定鸡肉内部的脂肪成分。另外，应用低强度超声波速率变化来分析肉与肉制品的成分以及肌肉的内部组织状态从而进行品质控制。超声波速率有效检测各种原料肉混合物的成分。基于超声波速率在不同温度状态下对瘦肉组织和脂肪组织反映不同，它们可以精确预测混合肉样品中脂肪、水分与蛋白质的比率。Niñoles 根据温度与超声波速率的对应关系，研究背部脂肪的熔化状态、固态与液态脂肪比率，从而区分来自不同品种与饲养方式的猪。

高强度超声波通过产生机械力、化学或生物化学效应来修饰食品加工过程中不同系统的物理化学性质。机械效应主要应用于风味提取、消泡、乳化均质和增强结晶性等。化学与生物化学效应主要用于灭菌、预防食品加工表面污染、消除致病菌与细菌生物膜。根据不同的应用对象，高强度超声波系统主要是超声水浴或者带有不同长度、直径和探头几何图形的浸入式超声波探头。超声波的能量、强度、压力、速率和温度是超声波的主要参数。高强度（低频率）超声波能够产生微小的气泡、使其增长，最后膨胀释放出较高的能量，形成空化效应。与传统食品加工相比，空化效应对食品加工意义重大，可以缩短反应时间，增加反应生成量以及改善反应条件。据 Suslick 研究报道，超声波的化学效应是指在液体中气泡瞬间膨胀爆破，释放高能量，在固体表面空化效应形成微射流，然后使水分子分解形成自由基，增强化学反应，引起蛋白质分子的交联，而且空化气流促进液体搅动，加快物质反应速率。高强度超声波不是一种标准技术，这需要考虑超声波的持续时间、强度和频率以及它们对食品功能特性的影响而进行应用。开发高效率的超声波系统将符合更大规模和不同加工条件的要求。目前，超声波不能简单归为适应多种加工应用的技术，设备需要针对具体的应用要求进行设计。特定食品功能特性和物理化学性质的理解也将有助于指导超声波设备的设计，如恰当的超声波传感器的选择、加工系统中探头的设计、几何图形和性质以及具体应用中研究获得的优化运转状况。

1.1.2 超声波设备

一般来说，常用的超声波设备包括探头式超声波粉碎机和超声波清洗机，通常使用的频率范围为20kHz~10MHz。

（1）探头式超声波粉碎机（图1-1）。探头式超声波粉碎机由超声波发生器和换能器两部分组成。超声波发生器将市电转化成为实验需要的固定电能提供给换能器，维持换能器稳定运作；换能器可以进行纵向的机械振动，对溶液中的物质产生一定的空化效应，让介质中的生物微粒发生剧烈的振动。基于超声波空化效应，换能器将电能量通过变幅杆在工具头顶部液体中产生高强度剪切力，形成高频的交变水压强，使空腔膨胀、爆炸并将细胞击碎。另外，利用超声波在液体中传播时产生的剧烈扰动作用，使颗粒产生很大的加速度，从而互相碰撞或与器壁碰撞，达到破碎、乳化和分离等效果。

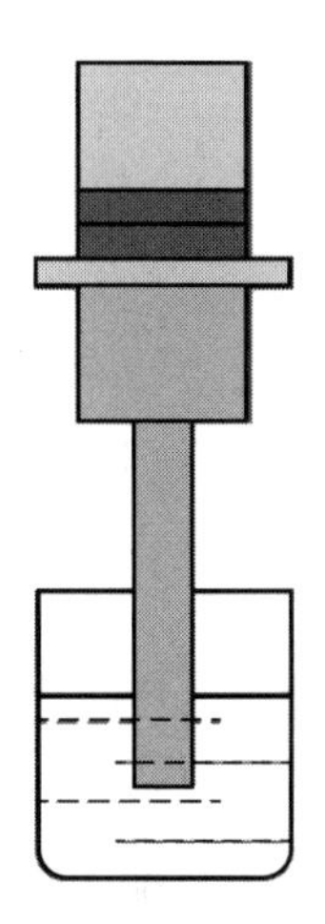

图1-1 探头式超声波粉碎机

（2）超声波清洗机。超声波在介质中传播时会导致附近质点的剧烈运动，从而使附近质点获得能量。超声波清洗技术依靠的是超声波在介质质点处震动能力足够高而引发的超声波空化现象。被清洗物件表面的污渍可以被冲击力剥离或者出现裂缝，持续不断地冲击，最终可以使污垢迅速剥落于被清洗物的表面。

最简单的超声波清洗设备由超声波发生器、换能器和清洗槽3个模块构成，3个模块相互结合、共同构成超声波清洗机（图1-2）。超声波发生器在超声波清洗设备中起到产生并向换能器提供超声能量和将电能转换成高频交流电信号的作用，是整个清洗装置中必不可少的一部分。换能器主要将超声波发生器输入的电功率转化成高强度的机械震动功率传递到清洗槽。

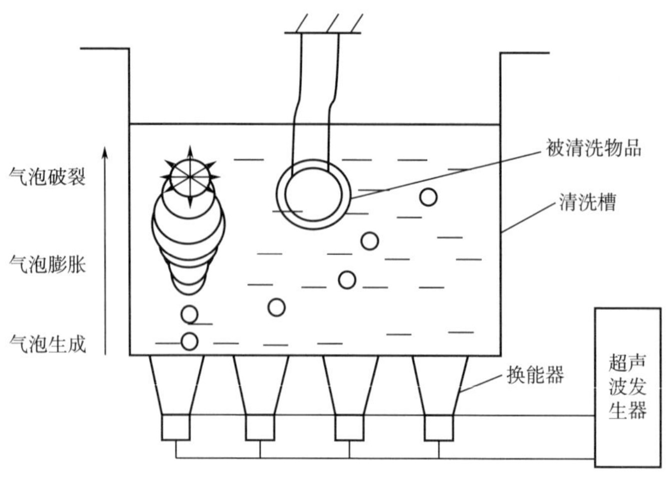

图 1-2 超声波清洗机

1.2 超声波在肉品加工中的应用研究进展

超声波技术在肉类工业中的应用一直是国内外的研究热点，有着巨大的发展潜力和空间。近年来，学者们研究了超声波在改善或评估肉品品质，提高加工效率方面的应用，如改善肉的嫩度、促进腌制、确定胴体特性和肉的组分等。因此，构建基于超声波作用开展的肉品品质形成及加工过程中的变化规律等研究体系，可为肉品加工应用发展提供参考依据。

1.2.1 超声波在宰后肌肉转为食用肉过程中的嫩化作用

肉的嫩度是在宰后放血后肌肉转为食用肉过程中生物化学变化之间复杂的相互作用中形成的，由僵直过程中肌肉纤维收缩、蛋白酶系统降解关键肌纤维骨架蛋白以及结缔组织含量决定的。高强度超声波处理对宰后僵直后期肌肉的嫩化有积极的效果。Jayasooriya 研究了低频高强度超声波处理（24kHz，12W/cm^2，0～240s）对不同部位牛肉嫩度的影响以及其是否加快牛肉成熟嫩化。结果发现，超声波处理都能够降低未贮藏的肌肉剪切力，超声波处理 60s 的肌肉嫩度相当于成熟 3～5 天的嫩度。超声波处理可以在最短的成熟时间内降低剪切力的最大值，减少牛肉的蒸煮损失，对颜色没有影响。

Chang 等应用超声波（1500W，40kHz，25℃）处理牛半腱肌，结果表明，超声波处理 10min 可以减小牛肉的硬度。超声波处理通过降低肌肉纤维直径和胶原蛋白的热稳定性，使胶原蛋白纤维无序化和纤维之间疏松，从而改善牛肉质地。应用超声波（$2W/cm^2$，45kHz，4℃，2min）可以改善成熟第 2 天的牛半腱肌嫩度，其中肌原纤维的完整性受到破坏，促进了牛肉的成熟。另外，高强度超声波（$10W/cm^2$）可有效加速处于僵直前期肌肉的嫩化，为热剔骨工艺的应用提供有力条件，降低冷却贮藏时间和减少企业的生产成本。然而，超声波处理（20kHz，$63W/cm^2$，15s）牛排后发现超声波处理并没有效果，这有可能是超声波处理的时间较短导致的。由于超声波设备与参数（时间、强度、频率）、超声波产生的温度效应、研究对象（品种，年龄，肌肉部位）以及处理方式（样品的厚度，有无包装）不同，不同研究的超声波结果可比性较差，但一般应用低频率（20~100kHz）和高功率（100W~10kW）超声波处理对改善肌肉嫩度是有效可行的。嫩化机制主要是超声波通过空化效应，产生高速剪切，压力和温度作用破碎肌原纤维结构，弱化结缔组织和增加肌浆中钙离子的释放，增强肌肉内源蛋白酶如组织蛋白酶和钙激活蛋白酶的活性。超声波处理促进胶原纤维收缩，肌内膜破裂和肌束膜厚度减小，显著降低结缔组织蛋白的机械强度。超声波处理（24kHz，4min）协同内源蛋白酶能有效改善鸡肉的嫩度。Barekat 等研究了超声波（20kHz，100W 和 300W，10~30min）协同木瓜蛋白酶对牛背最长肌肉的嫩度影响，结果表明，超声波处理（100W 和 20min）结合木瓜蛋白酶显著降低了牛肉的剪切力和硬度，有效改善了嫩度。

另外，一般高频率超声波用于快速无损检测分析肉品品质，而 Sikes 等应用高频率（2MHz）超声波处理僵直前期的牛肉，探讨超声波处理是否通过改变宰后糖酵解代谢相关酶而加快成熟牛肉的嫩化，结果表明，虽然超声波处理没有改善牛肉嫩度，但却影响了牛肉僵直过程中的能量代谢，这为超声波对肌肉的嫩化研究和预防 DFD 牛肉发生提供了新思路。此外，宰后肌肉转化食用肉过程中细胞凋亡酶对肌肉成熟过程中的嫩化有潜在作用，而超声波具有引起细胞死亡的作用。Chen 等应用免疫印迹和透射电镜研究了超声波（40kHz，1500W）对宰后鸡肉成熟过程中 caspase-3 的表达和肌原纤维蛋白质降解的影响，结果表明，超声波处理促进细胞凋亡进程，增加 caspase-3 和钙激活酶活性，降低钙激活酶抑制蛋白活性，增加肌原纤维骨架蛋白的降解。

1.2.2 超声波在肉品加工单元中的应用

超声波处理在肉品加工单元中的应用逐步深入。目前肉品加工面临着如下调整：一方面，消费者追求更加健康的肉制品，如低盐、低脂肪、低胆固醇和低热量；另一方面，消费者又希望新型设计配方的肉制品保持传统加工肉品的感官品质。同时，随着全球经济竞争加剧，肉品加工企业面临如何提高价格高的原料肉的利用率、降低生产成本的问题。超声波可以提高肉品加工中原料肉的腌制效率，增加肉制品的保水性、多汁性和嫩度。一般传统肉制品的腌制需要2~6天，才能使每千克肌肉中的食盐含量达到1.6%~2.2%。为了提高企业的生产效益和竞争力，超声波处理通过空化效应瞬间产生高温和压力加快物质的转移，微射流促进离子在界面的穿透。有研究表明高强度超声波处理（51W/cm^2 和 64W/cm^2）可加速肌肉腌制中食盐溶液的渗透。McDonnell 研究了超声波处理的不同时间（10min，25min 和 40min）和不同超声波强度（4.2W/cm^2，11W/cm^2 和 19W/cm^2）对食盐溶液腌制猪肉的影响，结果发现，超声波处理（19W/cm^2，10min，25min）可以显著增加腌制速率，提高猪肉水分含量，有效减少加工时间并保证其品质。McDonnell 进一步研究了不同超声波强度（4.2W/cm^2，11W/cm^2 和 19W/cm^2）对猪肉腌制过程中蛋白质与水的交互作用和蛋白质热稳定性的影响，结果显示超声波处理（19W/cm^2，40min）后猪肉样品表面（深度<2mm）的肌球蛋白热稳定性降低，代表不易流动水部分的弛豫时间增加，表明猪肉内部的肌原纤维发生膨胀。超声波处理虽然增加了肉表面蛋白质的变性程度，但可以促进猪肉腌制，增加盐溶性蛋白质的溶出。Kang 等研究了超声波处理改善腌制中牛肉保水性和嫩度的机制，结果发现，超声波处理提高了腌制中牛肉不易流动水的比例，增加肌纤维小片化和肌原纤维蛋白质的降解。为进一步确定超声波辅助对腌制过程中其他品质指标的影响，Kang 等研究不同超声波强度（2.39W/cm^2，6.23W/cm^2，11.32W/cm^2 和 20.96W/cm^2）和时间（30~120min）对牛肉腌制过程中的脂肪氧化和蛋白质氧化的影响，结果发现，高强度和长时间超声波处理会显著增加牛肉蛋白质氧化和脂肪氧化程度，增加蛋白质聚集和改变蛋白质构象。控制合适的超声波强度和时间可以有效促进食盐在肉中的分散，降低食盐用量同时保证产品良好的出品率、质地和风味。Ojha 等研究超声波处理协同食盐替代物对猪肉腌制的影响，结果发现，超声波处理协同食盐替

代物未能促进食盐在肉中的渗透分散，但可以降低食盐替代物处理组样品的蒸煮损失。

在滚揉加工中，超声波处理进一步破坏肌肉纤维，释放黏性汁液，更好地改善加工肉的保水性与嫩度。有研究报道了超声波处理可以在低离子盐浓度情况下增加盐溶性蛋白的析出，生产高品质的低盐火腿制品。超声波辅助滚揉（9～10r/min，25～120min）增加绞碎腌制的火腿肉卷的肌原纤维蛋白溶解性，即使在不加盐的状况下，超声波滚揉处理也有效改善了产品质地，与正常添加盐含量的处理组没有显著差异。另外，Li 等研究发现超声波处理（40kHz，20min）可以增加低盐鸡肉糜（1%，1.5% NaCl）加热过程中的储能模量和凝胶的硬度与弹性。

在乳化型肉糜制品加工中常应用预乳化技术降低产品脂肪的含量。但是实际生产过程中预乳化液存在不稳定现象。赵颖颖等研究超声波处理对酪蛋白酸钠—大豆油预乳化液乳化稳定性的影响，结果表明，超声波处理降低了预乳化液的粒度大小，使其均一，从而改善其乳化稳定性。该学者开发了预乳化液超声处理的低脂法兰克福香肠，有效解决了乳化型肉糜制品高脂肪、高能量的问题。Zhao 等探讨了超声波处理（20kHz，450W，0～12min）对鸡肉肌原纤维蛋白—大豆油复合凝胶加工特性的影响，结果发现，超声波处理的样品具有较好的黏弹性、提高蛋白质分子对水油的吸附和保持能力。超声 6min 时，复合凝胶具有均匀细腻的微观结构。超声处理能够有效地改善乳化肉制品的脂肪酸组成，同时保证功能特性和较高产率。

1.2.3　超声波对肉品营养成分和微生物发酵的影响

超声波处理对肉品品质特性中营养成分的影响受到广泛关注。陈银基应用超声波处理鲁西黄牛半腱肌肉，分析半腱肌肉中脂肪酸的含量变化，结果发现，超声波辅助食盐湿法腌制可显著降低牛肉的脂肪含量，处理后的腌肉有效降低了动脉粥样硬化指数和血栓指数。刘永峰等研究了超声波辅助食盐腌制对不同部位秦川牛肉脂肪酸组成的影响，结果表明，超声波辅助 6%的食盐处理可降低腌肉的脂肪含量，多不饱和脂肪酸含量及其脂肪酸组成却均显著增加，这对改善秦川牛肉脂肪的营养有较好作用。Ojha 等研究了不同超声波频率（25kHz，33kHz 和 45kHz，30min）对不发酵与发酵的两种牛肉干脂肪酸构成的影响，结果发现，超声波频率显著影响牛肉干的饱和脂肪酸、多不饱和脂肪酸、单不饱和脂肪酸的含量以及之间的比例。然而，也有研究表明超声波空化效应可引起水分子裂解产生羟基自由基，并很可能通过后续的自由基链式反应导致肉品腌制加工中蛋白质和脂肪的过度氧化，尤其是长时间、高强度的超声波处理会对最终产品的风味产生不利影响。

低频率、高强度超声波处理（20~47kHz，2s~30min）可以有效抑制畜禽肉及其制品中各种腐败或致病微生物，保证产品安全。超声波处理的抑菌作用在发酵肉制品的加工中有潜在的价值。超声波可以使微生物细胞膜的气孔形成，产生必需营养物质传入和有害底物去除的通道，促进发酵肉制品中益生菌的生长和酶活性，同时抑制致病性和腐败微生物。Ojha 等研究报道了超声波处理（0~68.5W，0~9min，20℃）对培养基和肉汤中清酒乳杆菌发酵剂生长的影响，结果表明，调整超声波功率和时间可以有效调控发酵过程中清酒乳杆菌的生长速率，同时发现产生的细胞提取物具有生物抑制致病菌的效果。

1.3 超声波对肉品蛋白质功能特性影响的研究进展

由于消费者对高品质食品的需求日益增长，超声波、高压、脉冲电场、微波、辐照和射频等食品物理加工技术在食品科学中有了广泛的应用。这些技术旨在保持产品的质量和安全，具有高营养特性和最小加工的特点。超声波因其在食品工业中的广泛适用性而引起了特别的关注。超声波有多种用途，如乳化和提取。超声波在食品安全方面也有很大的潜力，可以在不影响食品质量的情况下改善和促进食品加工。越来越多的学者利用超声波处理来改善蛋白质的功能特性。

高强度超声波处理对肉与加工肉制品的物理化学性质的影响成为了研究热点。肉类滚揉是机械性处理，可引起肌肉组织破碎，从而促进腌制，增加肌肉的保水性，改善产品质地和出品率。通过滚揉腌制可以使盐溶性蛋白析出到肉表面，提高最终产品的黏结性、多汁性与嫩度。Ito 采用超声波处理低蛋白质浓度的肌原纤维悬浮液，结果发现，超声波处理破坏了肌原纤维蛋白的结构，增加了肌原纤维蛋白的溶解度。

1.3.1　溶解性

蛋白质溶解度在食品生产过程中十分重要，因为它定义了可以生产的食品的类型（固体、液体）、可以稳定的相（油、空气）、所需的加工操作类型（热加工、缩小尺寸、混合等）以及进行这些操作所需的时间（膨胀、水解、搅拌等）。在储存期间，溶解度会影响蛋白质的质量特征，如外观、沉淀、黏度和风味生成；食用后，蛋白质溶解度会影响口感、消化率和多种代谢反应。一般来说，超声波可以增加或降低蛋白质的溶解度，这取决于蛋白质类型和所使用的加工条件。溶解度的增加通常归因于较大蛋白质聚集体的破坏和蛋白质的部分展开，从而使更多的亲水性基团暴露在表面。相反，过高的能量输入会促进蛋白质的广泛展开，从而对蛋白质的溶解度产生负面影响，而处理引起的温度升高会进一步放大对蛋白质溶解度的影响。

肌肉蛋白质的溶解特性是肉制品加工重要的功能特性之一，也与肉品凝胶乳化特性息息相关。蛋白质的溶解特性可以表示为在特定的提取条件下，溶解到溶液里的蛋白质占总蛋白质的百分比，它反映的是溶质（蛋白质）与溶剂（水）之间的平衡与相互作用。

许多学者报道了高强度超声波能够改善不同食物来源蛋白质的溶解度。超声波通过空化效应、微射流和动态剪切等物理化学作用，减小蛋白质的粒径，改变蛋白质表面的电荷性质，从而改变蛋白质的溶解特性。Zhang 等报道了高强度超声波处理（200W、400W、600W、800W 和 1000W；88W/cm^2、117W/cm^2、150W/cm^2、173W/cm^2 和 193W/cm^2）对鸡肉肌原纤维蛋白（MP）理化性质的影响，超声处理后，MP 的溶解度显著增加。当超声功率从 0 增加到 1000W 时，蛋白质溶解度从 22.89%增加到 88.49%。自然状态下蛋白质以聚集体的形式存在，高强度超声波空化效应可能会破坏聚集体的氢键和疏水相互作用等，这些化学键负责蛋白质聚集体分子间的缔合。因此，超声波处理促进了不溶性蛋白质聚集体中可溶性蛋白质聚集体或单体的形成，导致溶解度增加。此外，还观察到经过超声波处理的 MP 粒径显著减小，使 MP 具有更大表面积、更大电荷和较小粒径，促进蛋白质—水相互作用，从而增加了蛋白质的溶解度。Amir 等研究了高强度超声波（20kHz）的不同超声功率（100W 和 300W）和超声时间（10min、20min 和 30min）对牛肉肌原纤维蛋白的物理化学性质的影响，结果发现超声波处理能够显著减小肌原纤维蛋白的粒径，增强其溶解度。

在低 NaCl 含量（<0.3mol/L）下，超声波同样能够增强肌纤维蛋白质的溶解度，从而制备水溶性肌纤维蛋白。这就为超声波在肉品工业中的应用打开了一扇新的大门。2003 年，日本学者 Ito 等通过用 2.5mmol/L NaCl 和 5mmol/L L-组氨酸溶液反复洗涤鸡胸肉肌原纤维蛋白，从肌原纤维中释放一部分 α-辅肌动蛋白，随后通过超声波（20kHz、50W）破坏肌原纤维中的连接蛋白/肌动蛋白，导致超 80%的鸡胸肉肌原纤维蛋白溶解。通过超声波施加的物理力可有效破坏肌原纤维蛋白高度有序的结构，超声波同时也破坏了连接蛋白或粗丝连接蛋白，导致溶解的肌原纤维蛋白质在水中分散并降低悬浮液的黏度，影响了肌原纤维蛋白的溶解度。此后，Ito 等在已有的研究基础上进一步研究了超声波制备的水溶性肌原纤维蛋白的物理化学性质，发现肌原纤维蛋白的溶解度对溶液的 NaCl 含量和 pH 敏感，在 NaCl 浓度小于 12mmol/L 的中性 pH 溶液中，超过 80%的肌原纤维蛋白溶解。此外，Rashid Saleem 等研究了超声波（20kHz、50W、30min）对低 NaCl 浓度下肌动球蛋白溶解性的影响，结果表明，超声波处理后肌动球蛋白的溶解度显著增加，在超声 10~12min 后，肌动球蛋白在 0.2mol/L NaCl 中的溶解度增加了约 61.55%。

超声波处理被认为是提高蛋白质溶解度的有效方法。一方面，超声波通过空化作用、动态剪切和微射流等作用减小蛋白质的粒径，改变蛋白质的聚集程度，改变蛋白质表面的物理化学性质，增强蛋白质和水之间的相互作用。另一方面，超声波能够改变肌原纤维蛋白的构象，改变肌球蛋白与肌动蛋白的相互作用，促进肌动球蛋白的解离，从而改变蛋白质的溶解特性。但是，长时间和高强度的超声波（超声波过度）很可能导致蛋白质发生聚集，溶解度下降。

Liu 等用不同功率水平处理 MP。结果表明，高强度超声波功率（450W）是增加 MP 溶解度的最佳参数。在 450W 这个参数下，MP 的粒径最小，分布最均匀，溶解度达到约 50%。作为溶解度的代表性指标，粒径可以解释外力对 MP 的处理能力。一些研究人员在其他蛋白质的加工过程中也发现了这一现象。在蛋黄蛋白的高强度超声处理中也可以看到颗粒大小的显著减小。MP 在水溶液中溶解度增加的原因可能与肌丝的自组装密切相关。高强度超声处理后，许多蛋白质聚合物被破坏，肌球蛋白丝的自组装过程被强行破坏，出现了一小部分可溶性聚合物。在高强度超声对 MP 的处理过程中，由于电荷和分子间相互作用等因素，肌球蛋白会缠绕和组装许多肌球蛋白头尾区。然而，肌球蛋白经高强度超声处理后仍以单体形式存在。这是因为高强度超声产生的超声波能量破坏了肌球蛋白丝的正常组装过程，保证了 MP 的溶解性和稳定性。除了溶解度的增加，王艳秋还发现 MP 溶液的分散稳定性得到了改善。这将有助于改善 MP 的胶凝性。高强度超声在改善 MP 的溶解性方面表现出了卓越的能力，但它也不是没有缺点。与普通超声波处理相比，高强度超声增强了处理能力，但也导致了更多的热效应与自由基的产生。因此，考虑到热效应对 MP 的负面影响，在进行高强度超声处理时应注意保持温度平衡。

1.3.2　凝胶性

蛋白质的凝胶性决定了许多食物的结构性质。蛋白质的凝胶现象是由于分子间相互作用形成交联网络而形成的功能三维网络结构。分子表面的折叠和展开特性往往具有亲水（极性）或疏水（非极性）部分。交联是由氢键、离子键、范德瓦耳斯力和静电相互作用导致凝胶网络形成的蛋白质—蛋白质相互作用引起的。凝胶网络的强度和稳定性决定了蛋白质的各种功能特性。超声波可以改变蛋白质的性质，同时增强它们的凝胶能力。胶凝性能包括胶凝强度、保水能力、持油能力、起泡能力和稳定性等。

肌肉蛋白质的凝胶特性是影响凝胶类肉制品加工中蛋白质表现的最重要的物理化学性质。肉品凝胶化是由提取的盐溶性蛋白质分子展开和随后结合形成聚集体和链的结果。当聚集达到一定的临界水平时，会形成一个由交联的多肽或聚集体组成的具有大量包埋水的连续三维凝胶网络结构。在流变学上，凝胶不具有稳定的流动性。总的来说，凝胶是一种肉眼可见的连续网状结构，其浸没在液体的介质中，不具有稳定的流动性。

Li 等研究了超声波（20kHz；450W；0、3min 和 6min）处理对类 PSE 鸡胸肉糜凝胶特性的影响，结果表明，类 PSE 肉糜的凝胶强度与未超声处理组相比显著升高，不仅如此，经超声波处理 3min 和 6min 后，类 PSE 肉糜和正常肉糜样品的保水性显著提高。超声波处理后，类 PSE 肉糜样品的 pH 上升，提高了蛋白质表面带电的能力，增加了与水结合的氢键位点。超声波处理后，类 PSE 肉糜样品的粒度大小更加趋于均一。这有利于改善肉糜样品的保水性与质地。研究人员还观察到，超声波处理后类 PSE 肉糜的储能模量（G'）显著上升。拉曼光谱结果显示，与未超声处理的类 PSE 肉糜样品相比，超声

6min 时显著降低了蛋白质中 α-螺旋的含量，并且增加了 β-折叠的含量。超声波处理修饰了蛋白质构象并产生化学效应，使隐藏的活性基团暴露，改变蛋白质结构或者加强疏水基团的交互作用，同时使样品粒度大小趋于均一，这些作用均有利于凝胶的形成。Li 等在不同盐浓度（1%，1.5%和 2%）的条件下研究了不同超声波（40kHz，300W）处理时间（10min、20min、30min 和 40min）对鸡肉糜凝胶能力的影响，结果显示各实验组之间凝胶能力存在显著差异，在盐浓度为 1.5%时，超声处理 20min 具有良好的质地，更高的保水性和储能模量（G'），说明超声波处理提高了鸡胸肉蛋白的凝胶能力。Wen 等研究了超声波（200W、480W、600W 和 800W；20min）处理对草鱼肌原纤维蛋白凝胶特性的影响，结果表明，超声波处理对草鱼肌原纤维蛋白凝胶和结构有着积极的作用，超声处理后肌原纤维蛋白分子解折叠和解聚，MP 的粒径、内源荧光和游离-SH 基团含量显著降低，而表面疏水性显著增加。与对照组相比，超声波处理对 MP 的凝胶和质构特性表现出很大的改善，凝胶网络结构更加均匀和致密。在功率为 600W 时，草鱼肌原纤维蛋白获得最好的凝胶强度和质地特性。关于增强凝胶特性的分子机制可能是超声波产生的空化、湍流力、热效应、微流甚至氧化改善了表面疏水性、降低了游离巯基含量和粒径大小。Amir 等研究了超声波（20kHz，100W 和 300W；10min，20min，30min）处理对牛肉肌原纤维蛋白的物理化学性质以及流变特性的影响，结果表明，在超声波功率为 300W、时间为 20min 时，肌原纤维蛋白的储能模量最大，超声 30min 时肌原纤维蛋白的储能模量（G'）反而低于超声 20min 的处理组。相较于对照组（未超声处理），超声处理降低了肌原纤维蛋白的粒径，同时增加了蛋白质的 pH 和自由巯基的含量，高 pH 在凝胶形成过程中远离肌原纤维蛋白的等电点，有利于更多蛋白质的溶解，较小的蛋白质链能够更好、有序地排列。同时超声波处理有利于热诱导凝胶形成中二硫键的形成，从而稳定凝胶结构。Xue 等对比了高强度超声（450W、6min）、高压处理（200MPa、9min）和高压均质（103MPa，2min）对肌原纤维蛋白理化性质及功能特性的影响。结果表明，超声波处理可降低肌原纤维蛋白的巯基含量、溶解度、弱化蛋白质的动态流变学特性。这可能是由于超声波引起的氧化反应而导致蛋白质发生过度聚集。

Li 等制备正常和类 PSE 鸡胸肉糜［7.5%（质量分数）肉蛋白］并通过超声波处理 0、3min 和 6min（频率为 20kHz 和振幅为 60%），结果表明高强度超声波（20kHz、450W 和 6min）显著提高了类 PSE 鸡肉糜的凝胶强度、黏弹性和保水性（$P<0.05$），使其具有与普通肉糜相似的特性。超声处理还促进了类 PSE 肉糜形成更均匀和致密的凝胶网络结构。此外，超声降低了正常和类 PSE 肉蛋白的 α-螺旋含量，增加了 β-折叠、β-转角和无规卷曲含量，这些物理化学修饰也表明超声能够改善类 PSE 肉糜的凝胶质地和保水性。

目前，超声波处理通过影响蛋白质的疏水作用、二硫键和氢键等使蛋白质的凝胶特性变化。需要注意的是，选择合适的超声频率、强度、处理温度、处理时间、样品浓度、防止超声波过度加工对改善蛋白质的凝胶特性至关重要。

1.3.3　乳化性

乳化性是指两种以上的互不相溶的液体（如油和水）经机械搅拌和添加乳化液而形成乳浊液的性能，包括乳化活性、乳化稳定性等。提高蛋白质的乳化性能有助于生产高质量产品和开发新颖的营养产品。蛋白质是天然的两亲物质，既能同水相互作用，又能同油脂结合。在水包油体系中，蛋白质能自发地迁移至油—水界面，疏水基团趋向油相，而亲水基则定向到水相中并广泛展开和散布，在脂肪球周围形成一个半刚性膜，此时蛋白质会显著降低油—水间的界面张力，即降低自由能，从而起到稳定水包油乳状液的作用。肌原纤维蛋白作为制备乳化液的新型乳化剂而受到广泛关注，但是，由于肌原纤维蛋白构建的乳化体系往往是不稳定的，需要进一步研究。然而在肉品加工中，肌原纤维蛋白的乳化性决定着乳化型肉制品的质地和持水持油能力（乳化稳定性）。目前，乳化型肉制品具有独特的质地和风味，深受消费者的喜爱。Cichoski 等应用超声波处理猪肉糜乳化体系，结果发现，肉糜乳化体系经超声波处理（频率 25kHz，幅度 60%，处理时间 5.5min）后，乳化稳定性显著提高。Pinton 等降低了磷酸盐添加量，改善了超声处理肉糜乳化性的乳化稳定性。另外，Barekat 和 Soltanizadeh 等报道了超声波嫩化牛背最长肌肉时，可增强牛肌原纤维蛋白的乳化能力。这些结果表明，超声波技术在乳化型肉制品加工中具有巨大的潜力。

关于超声波处理对畜禽蛋白质乳化性的结果不一致。Amiri 等研究了不同超声波功率（100W 和 300W）和处理时间（0，10min，20min 和 30min）对牛肌原纤维蛋白各种功能特性的影响，结果表明，肌原纤维蛋白的乳化活性与乳化稳定性随着处理时间和功率的增加而显著增加。然而，Zou 等研究了不同超声功率（0，100W，150W 和 200W）对鸡肉肌动球蛋白各种功能性能的影响，结果发现，超声波处理显著增强了肌动球蛋白的乳化活性，但乳化稳定性显著降低。这两个研究的乳化稳定性结果不一致，一方面有可能是超声波处理参数、肌肉类型、蛋白质类型和浓度体系不同导致的，另一方面，这表明超声波处理对肌肉肌原纤维蛋白乳化性的影响需要进一步探究。后续研究不仅只关注超声波对蛋白质各种加工特性的影响，而是针对蛋白质的乳化液性，以肌原纤维蛋白构建乳化液，直观检测蛋白质乳化稳定性的表现。乳化液形成过程中蛋白的油—水界面吸附行为对蛋白质乳化性的形成具有重要作用。

Abker 等研究了高强度超声波（320W，4min、12min 和 20min）和油脂种类对蛋清蛋白乳液的影响。利用显微镜、电位、粒径、流变性能、黏度和界面张力来描述乳液。结果表明，延长超声处理时间可显著降低乳液的粒径和界面张力。此外，超声波处理时间的延长降低了蛋清蛋白乳液的黏度，增加了乳液的弹性。Li 等在研究高强度超声波（20kHz，400W）对凡纳滨对虾的蛋白质结构和功能特性中发现，超声波能在短时间内提高蛋白质的乳化能力（45.54～78.82m^2/g）和稳定性，激光共聚焦扫描显微镜分析进一步表明，超声波处理使乳液分布更加均匀。Kelany 等发现超声波处理后乳液活性/稳定性、起泡活性/稳定性和结合油能力提高。Li 等利用高强度超声波改善了鸡肉 MP 的乳化特性。结果表明，高强度超声波诱导乳液的结构发生变化，油液滴周围界面蛋白质增加，改善了乳化性能，增强了乳液的流变性能和贮存能力。因此，利用超声波处理改善类 PSE 鸡肉 MP 的乳化稳定性是可行的，相关研究见表 1-1。

表 1-1　超声波技术改善蛋白质的功能特性

研究对象	处理结果
海参性腺蛋白	与非超声组相比，荧光强度（FI）、表面疏水性和疏水性分别显著提高 7.90%、15.61%和 7.00%
猪肝蛋白	超声波功率 420W、处理时间 7min 时乳化性能最好，乳化性和乳化稳定性分别为 45.55m^2/g 和 93.32%
鸡血浆蛋白	结果表明，超声波处理 20min 时的荧光强度最高，粒径最小，其表面疏水性和巯基含量显著增加
米糠蛋白	超声辅助提取得到的米糠蛋白具有良好的理化性能，如吸油能力、蛋白溶解性和发泡性。乳化性能也得到了改善

续表

研究对象	处理结果
猪肉肌原纤维蛋白	结果表明，超声处理后蛋白质粒径减小，液滴间相互作用增强，显著改善了MP 乳剂的物理稳定性

1.4　超声波加工的优势与问题

1.4.1　超声波加工的优势

超声波处理作为一种新兴的非热加工方式，具有一系列传统加工方式所不能及的优点，如营养成分损失少、能效高、能耗低、实用性强、无污染、无残留等。此外，超声波处理设备还可实现高度自动化，节省了人力成本，发展前景广阔。

目前，超声波处理在肉品加工前处理及热加工中得到了广泛的研究和应用，在防腐、乳化、嫩化等过程中具有改变肉品物理、化学特性的能力。超声波处理可以提高肉的嫩度，增强肉制品风味，使肉及肉制品具有较高的保水性。除此之外，超声波是一种良好的辅助加工技术，在改善肉制品品质的同时，又能缩短加工时间。另外，超声波能够促进盐向肌肉组织中的渗透，降低盐的用量，有益于健康低盐肉制品的开发。

1.4.2　超声波加工的问题

目前，超声波技术在肉品加工与安全领域具有广阔的应用前景，但相关理论研究仍然相对薄弱，且仅有部分应用于生产，因此仍需深入研究才能将更多工艺应用于规模化工业生产中，而超声波在肉品加工与安全应用中仍存在诸多问题亟须解决。

（1）基础研究有待进一步完善。基础理论方面，超声波高能量的传播会导致蛋白质结构发生改变，其是否造成有害物质的产生，影响肉类营养价值，需要进一步研究，且超声波动力学模型需要进一步深挖。

应用技术方面，一方面，超声功率过大造成的肉品品质劣变不容忽视，如超声波氧化效应，目前的研究仅关注超声波处理对蛋白质和脂肪的氧化作用，但在后续贮藏过程中，是否会继续氧化导致风味的变化，降低产品感官可接受性，还需进一步研究；另一方面，肉质基质复杂，超声波在不同品种肉中的作用效果不同。因此，针对不同肉品特性优化超声波参数阈值在生产中尤为重要。

（2）超声波设备有待升级。已有研究表明不同超声波处理设备的处理效果具有差异，不具有统一评判标准，且超声波设备的结构、规格、参数性能等方面仍有需要改进的地方，因此，超声波设备的标准化对于超声波技术在肉类工业中的推广应用也显得尤为必要。

1.5 本章小结

超声波技术在肉品加工与质量控制方面具有很大的开发潜能，非常适合营养健康、附加值高的肉制品的研发，对我国肉类生产和精深加工方面具有巨大的推动作用。今后超声波物理技术加工的肉品组分变化规律和品质特性改变的机制仍是研究重点。通过研究超声波作用效应改变肉与肉制品的蛋白质、水分、脂肪以及宰后肌肉组织结构等，可以更好地理解肉品品质的形成与调控机制，为超声波设备（超声传感器和探头几何图形与安装分布等）的设计和商业模式的应用奠定良好的基础。

第 2 章　超声波处理对类 PSE 鸡肉糜蛋白结构与功能特性的影响

2.1　类 PSE 禽肉的品质特征探讨及研究进展

近年来，全球禽肉生产总量迅速增长，尤其是发展中国家，如中国、巴西成为新兴禽肉生产中心。而世界禽肉消费总量很可能在未来成为各种肉类消费中的第一位。为了满足禽肉的消费需求，禽肉生产者积极增加禽类生长速率、提高饲料转化率和胸肉比例。与 20 世纪 70 年代相比，市场上销售的肉鸡和火鸡的生长时间缩减了一半，体质量增加了两倍。然而，禽肉生产中基因品种选育和饲养使肌肉快速生长，导致一系列鸡肉品质下降问题发生。颜色苍白（pale）、柔软（soft）、汁液易流失（exudative）鸡胸肉的感官品质下降，降低了消费者的购买欲望，降低了产品出品率，这在世界各个国家的禽肉工业中普遍发生，越来越受到肉品科学研究人员和禽肉生产者的重视。目前，类 PSE 禽肉品质问题是肉与肉制品蛋白质功能特性研究领域面临的巨大挑战。

2.1.1　类 PSE 禽肉历史

PSE（pale，soft 和 exudative 的缩写），指肉颜色苍白、质地柔软和保水能力差。这种劣质肉的发生及特点的相关研究最早始于猪肉和少量牛肉中。20 世纪 70 年代，有学者发现火鸡胸肉的僵直过程表现出与猪肉相近的模式。有研究首次报道火鸡胸肉 PSE 现象的发生，认为火鸡胸肉颜色苍白、保水性差，类似 PSE 猪肉。随后，相继有报道发现在肉鸡鸡胸肉中存在比正常鸡肉颜色更亮、更白，类似于 PSE 猪肉的现象。基于这些发现，研究人员采用“类 PSE 禽肉”这一术语进行描述。直到 20 世纪 90 年代，禽肉屠宰加工工业和肉品科学研究人员才真正地开始关注屠宰分割加工过程中火鸡与肉食鸡的类 PSE 现象。

2.1.2 类 PSE 禽肉品质特征及分类鉴别

许多研究学者从 pH 和颜色分析报道类 PSE 禽肉的典型特点。较低的 pH 引起肌肉保水性降低，这是由于更多的水分从肌肉内迁移到胞外空间。Barbut 等观察了类 PSE 鸡肉的微观结构，结果发现，与正常鸡肉或黑、硬、干（dark，firm and dry，DFD）鸡肉相比，类 PSE 鸡肉的肌细胞间的空间增大，这一微观结构的变化显著影响了鸡肉的保水性。与保水性相似，鸡肉颜色也受肌细胞空间变化的影响，随着肌细胞空间的增大，光的反射增加，因此，类 PSE 禽肉苍白，具有更高的亮度值 L^*。鉴于早期的大量研究，肌肉亮度值与 pH 和保水性的指标显著相关，L^* 测定被推荐为进行禽肉分类的有效工具。而颜色评估作为类 PSE 与正常禽肉的分类标准是基于颜色是鸡肉品质的重要性质，与其他鸡肉品质指标密切相关，且在企业屠宰分割线上容易操作执行，是非破坏无损检测方法。颜色测定为类 PSE 肉的有效快速检测提供了保障。

然而，也有研究报道简单的颜色测定不足以精确鉴定类 PSE 肉的发生，主要由于鸡胸肉本身的亮度受不同地区、季节、品种、进食和加工等因素的影响，在一定范围内存在变动。另外，测定鸡胸肉颜色的位置、仪器设备和参数、操作环境等并没有统一的标准，所以很难对不同研究获得的鸡肉颜色的参数进行比较，因此，世界范围内类 PSE 的分类标准较难统一。

为了提高类 PSE 禽肉发生监测的准确性，分类标准可由禽肉屠宰企业独立确定。在设定地区分类 PSE 禽肉和正常禽肉的 L^* 标准时，应结合禽肉的种类、pH、加工条件和最终产品的要求进行综合考虑，建立各自企业的分类标准。Zhu 等对国内大型肉鸡屠宰厂的调研表明，以 $L^*_{3h}>53$ 为类 PSE 鸡肉的分类标准，确定类 PSE 鸡肉发生率在冬季为 20.95%、夏季为 23.39%。梁荣蓉等研究调查了国内某大型肉鸡屠宰场夏季类 PSE 鸡肉的发生率，鸡胸肉的 L^* 波动范围为 42.56~62.69，用 $L^*_{3h}\geqslant 53$ 判定，类 PSE 鸡肉的发生率约为 16%；以 $L^*_{24h}\geqslant 55$ 与 $pH_{24h}\leqslant 5.73$ 结合判断，类 PSE 鸡胸肉的发生率约为 20%。这些研究在了解国内鸡胸肉的 L^* 值范围的基础上，建立更加可靠的类 PSE 鸡肉分类标准，有助于进一步研究探讨类 PSE 鸡肉的品质特征。

类 PSE 禽肉品质与 PSE 猪肉并不完全相同。Smith 等研究认为虽然类 PSE

禽肉这一名词起源于 PSE 猪肉，但是类 PSE 禽肉这一概念不完全与 PSE 猪肉相同。PSE 猪肉很容易被加工者和消费者通过内在颜色判断，比禽肉具有更恶劣的肉品品质。采用颜色往往不能有效地区别类 PSE 禽肉，不能展现出真正 PSE 现象的发生状态，更明亮的禽肉可能也存在于正常的鸡胸肉中，其保水性和汁液损失并不明显增加。从基因角度来看，类 PSE 禽肉发生与猪肉不同，检测猪肉中易发生 PSE 肉的氟烷基因方法在禽肉中并不适用。禽肉发生类 PSE 肉现象的基因标记也未完全确定，未发现类似引起猪肉发生 PSE 的相关突变基因。另外，禽肉的肌球蛋白分型与猪肉不同。为了避免受 PSE 猪肉这一术语的误导，Smith 等建议使用其他术语来描述禽胸肉展现的某些颜色苍白、汁液损失高的特征，分别为灰白的禽肉综合症（pale poultry muscle syndrome）或苍白的禽肉。因此，类 PSE 禽肉与 PSE 猪肉有着微妙的不同，其品质特征探讨仍是研究的热点。

目前，研究学者们从原料肉颜色差异角度分析肉与肉制品的品质差异。Barbiny 等研究报道禽肉颜色 L^* 与其他品质指标如保水性、pH 和嫩度等相关性极显著，然而，某些相关性系数仍然很低，这表明某些颜色 L^* 高的样品的 pH 与保水性可能仍然正常，其中 89 个样品的鸡胸肉 $L^*>53$，但是 pH>5.8，因此需要进一步对样品进行分类。Zhuang Hong 等为了探究原料肉颜色差异是否影响产品的品质，基于 L^* 将原料鸡胸肉分成明亮组（$L^*>60$）、正常组（$55<L^*<59$）和暗组（$L^*<55$），然后进行感官评定，结果发现明亮组的感官质地评分与其他处理组存在显著差异。然而，Popp 等研究发现基于火鸡原料胸肉的颜色差异会影响胸肉的物理化学品质和微生物性质，研究颜色差异的火鸡胸肉对深加工产品发酵香肠的品质影响，其实验按照颜色分成 3 组：明亮组（$L^*=53.69\pm1.18$）、正常组（$L^*=50.93\pm0.90$）和暗组（$L^*=48.50\pm1.62$），结果表明原料颜色并没有影响发酵香肠的品质。因此，基于以上研究分析，学者们和企业生产者可以根据所面对的实际生产状况和需要解决的问题，长期监控生产线禽肉的颜色，建立原料肉的品质信息库，结合产品特征确定颜色分类标准，从保水性较好和颜色正常的鸡肉中快速有效剔除类 PSE 鸡肉，做进一步处理加工。

2.1.3　类 PSE 禽肉蛋白质功能特性

（1）蛋白质溶解性。类 PSE 禽肉品质劣变表现为蛋白质溶解度降低，蛋白质凝胶形成能力变弱，熟制过程中产品质地损坏和水分过度损失，这些问题长期困扰了企业的深加工生产。蛋白质变性的程度一般由蛋白质的溶解度大小表征。与正常肉相比，类 PSE 肉蛋白质的溶解度降低，表示蛋白质的变性程度增加。然而，对引起类 PSE 禽肉蛋白质变性程度增加的机制并不完全清楚。大多数研究从宰后糖酵解速率过快或者极限 pH 过低的角度解释类 PSE 禽肉蛋白质的变性状态。宰前热应激或者宰后环境高温容易导致肌肉糖酵解速率加快（pH 下降速率加快），从而引起肌浆蛋白或者肌原纤维蛋白发生过度变性。快速糖酵解诱发 pH 下降速率加快的现象已经在猪肉与火鸡肉中发现，猪在宰后 45min 时肉的 pH 会快速下降到 5. 8 以下，火鸡在宰后 15min 时肉的 pH 低于 5. 8，而火鸡肉的正常 pH 在 6. 0 以上。Eadmusik 等按照糖酵解速率分成两组，结果发现不同糖酵解速率的极限 pH 没有差异，反而亮度值 L^* 存在差异，而 Rathgeber 等并没有发现糖酵解速率过快的火鸡肉组和正常糖酵解速率的火鸡肉在颜色上存在差异。Fraqueza 等指出用宰后 15min pH 判定的类 PSE 鸡肉与正常肉在品质特征上并没有明显差异。Zhu 等认为类 PSE 鸡肉与正常鸡肉的极限 pH 并没有显著差异，主要是糖酵解速率造成的。

Van Laack 等研究发现类 PSE 鸡肉肌浆蛋白质溶解度为 44mg/g，显著低于正常鸡肉肌浆蛋白的溶解度（50mg/g）。Barbut 等研究比较类 PSE 鸡肉与正常肉的盐溶性蛋白质提取含量，结果发现类 PSE 鸡肉和正常肉的蛋白质溶解度分别为 76. 99mg/mL 和 100. 62mg/mL。Zhu 等研究表明类 PSE 火鸡肉的肌原纤维蛋白质和肌浆蛋白溶解度显著降低。Van Laack 等研究报道肌浆蛋白溶解度与 L^* 、水分吸收、蒸煮得率都显著相关；而总蛋白质溶解度跟水分吸收和蒸煮得率不显著相关，因此该学者认为类 PSE 鸡肉蛋白质溶解性不是引起肌肉保水性降低的主要因素，这也说明与 PSE 猪肉蛋白质相比，类 PSE 鸡肉蛋白质的变性程度小。Chan 等研究发现类 PSE 火鸡胸肉的肌浆蛋白质、肌原纤维蛋白和总蛋白质溶解性与正常肉蛋白质的溶解性相比，差异都不显著，因此该学者认为类 PSE 火鸡胸肉的凝胶品质劣变跟蛋白质溶解性无关，而与肌肉其他生物化学性质如肌浆蛋白中的磷酸酶 A2 和蛋白质酶活性的变化有关系。关于类 PSE 鸡肉与类 PSE 火鸡肉的溶解性研究结果不一致，这有可能是因为肉食鸡与火鸡宰后肌肉转化为食用肉过程中的物理化学变化不同，如颜色变化、能量代谢。然而，Alvarado 等提出不恰当的冷却速率会引起类 PSE 肉现象，却没有影响总蛋白质的溶解性或肌原纤维磷酸酶，这表明类 PSE 肉性质与总蛋白质溶解性无关。因此，关于类 PSE 禽肉蛋白质的溶解性及其与品质的相关性需要进一步探讨。

Barbut 等通过十二烷基硫酸钠—聚丙烯酰胺凝胶电泳（sodium dodecyl sulfate，sodium salt—polyacrylamide gel electrophoresis，SDS—PAGE）研究发现，类 PSE 鸡肉盐溶性蛋白中的 151kD 条带缺失，与此相似，Rathgeber 等采用 SDS—PAGE 与蛋白质印迹（Western blot）结合的方法，确定了延迟冷却和快速糖酵解速率的类 PSE 火鸡胸肉中蛋白质的 152kD 条带缺失，说明类 PSE 肌球蛋白发生过度变性。Pietrzak 等研究发现类似结果，由低 pH 和高温导致肌球蛋白不可逆的不溶解。他们发现磷酸酶与类 PSE 肉的肌原纤维结合紧密。Eadmusik 等借助 Western blot 测定肌球蛋白和肌动蛋白条带，条带浓度存在显著差异，表明肌原纤维蛋白发生过度变性。目前，可能引起类 PSE 禽肉的蛋白质溶解性降低的机制主要有 3 种：一是肌浆蛋白发生变性后，沉积到肌原纤维蛋白上，从而降低了肌原纤维蛋白的提取率，并不涉及肌原纤维蛋白的变性。磷酸酶沉降到火鸡胸肉的肌原纤维上，而且是 Z 线上。肌浆蛋白中某些糖原磷酸化酶发生变性，沉淀到肌原纤维蛋白上，影响类 PSE 禽肉的保水性。二是肌球蛋白直接变性或降解，造成肌球蛋白的提取性降低。三是肌球蛋白和肌浆蛋白同时发生变性造成溶解度的降低。

另外，应用差示扫描量热法（differential scanning calorimetry，DSC）测定原料肉、肉糜或盐溶性蛋白质的热力学性质来研究肌肉蛋白质的变性程度，结果表明，与正常鸡肉相比，类 PSE 鸡肉肌球蛋白和肌浆蛋白转变温度显著降低，肌动蛋白热稳定性没有显著差异，类 PSE 鸡肉加入盐水且斩拌后，肌动蛋白热稳定性出现显著差异，由此可以看出，类 PSE 禽肉的蛋白质溶解性或者蛋白质变性状况更为复杂。由于肉食鸡跟火鸡宰后的生化性质存在差异，这可能引起火鸡肉与肉食鸡肉研究结果不一致，因此，也有必要对类 PSE 鸡肉和火鸡肉的蛋白溶解性或变性程度分类系统进行研究。

（2）蛋白质凝胶特性。在肉制品加工中，类 PSE 禽肉形成凝胶能力弱，相比正常禽肉显得更加柔软。早期关于 PSE 禽肉的研究在对类 PSE 禽肉肉糜的凝胶强度、质地测定和评价时，多通过肉糜盐溶性蛋白质的减少或者肌原纤维蛋白质提取量的降低来解释肉糜凝胶强度的下降。Chan 等研究报道不同极限 pH 的火鸡胸肉的功能特性，结果发现，低极限 pH 组的凝胶强度和黏弹性（G'和 G''）显著低于正常极限 pH 组，而类 PSE 与正常火鸡胸肉在蛋白质溶解性方面并没有差异。也有学者研究不同 L^* 和极限 pH 的肉食鸡肉（PSE、DFD、正常肉）的质构特征和流变学特性，结果表明，类 PSE 鸡肉与正常肉的蛋白质溶解性、质地特性、G' 和 G'' 都存在显著差异。Li Ke 等在统一配方（蛋白质浓度和盐浓度）和加工条件下比较类 PSE 鸡肉和正常肉的加工特性差异，结果发现，类 PSE 鸡肉用于肉糜加工时，加热后凝胶颜色差异性降低，L^* 不受原料鸡胸肉颜色的影响，但类 PSE 鸡肉肉糜凝胶质地特性和保水性受到了损害，凝胶强度降低约 46%，硬度降低约 40%，蒸煮损失增加约 7%；G' 在 25~54℃ 未出现峰值，凝胶形成能力变弱。

从蛋白质功能特性角度来看，类 PSE 鸡胸肉蛋白质凝胶特性劣变与内在蛋白质发生过度变性相关。肌原纤维蛋白主要包括肌球蛋白与肌动球蛋白，是肉形成良好结合性和凝胶特性的重要蛋白质，然而很少有研究报道类 PSE 禽肉中参与凝胶形成的肌原纤维蛋白质或盐溶性蛋白质的性质变化。因而，类 PSE 鸡肉蛋白质凝胶特性的劣变有待进一步探究。

2.1.4 类 PSE 禽肉蛋白质功能特性的改善

类 PSE 禽肉现象的发生长期困扰企业的深加工生产，虽然学者们从基因、宰前因素、击晕方式和冷却机制等因素深入地研究了引起类 PSE 禽肉的发生机制，进而积极采取措施，如宰前管理和宰后各种处理方式，但是类 PSE 禽肉现象仍然发生。研究调查显示，在禽肉屠宰生产线上类 PSE 禽肉发生率至少为 5%，这也跟类 PSE 禽肉蛋白质性质的复杂性密切相关。

目前，肉类科技工作者正积极寻找加工技术措施提升类 PSE 禽肉的凝胶特性。通过使用专门的加工工艺如注射、滚揉并添加某些非肉成分来改善类 PSE 禽肉深加工制品的质地和保水性。非肉成分包括不同种类的淀粉、卡拉胶、胶原蛋白、大豆分离蛋白等。另外，通过添加磷酸盐、碳酸氢钠增加类 PSE 禽肉的 pH 和离子强度来改善类 PSE 禽肉的加工特性。然而，调整 pH 只能部分恢复类 PSE 鸡肉肉糜的加工特性，而且在肉制品中添加磷酸盐并不受消费者的喜爱，部分国家已严格规定限制磷酸盐的使用。添加非肉成分以及各种盐来改善类 PSE 鸡肉蛋白质功能特性不符合尽量少添加非肉成分生产高品质肉制品的发展趋势。Chan 等研究了超高压处理对类 PSE 火鸡肉（89.5% 肉糜、0.5%盐、10%水）凝胶功能特性的影响，发现超高压处理可以提高类 PSE 火鸡肉肉糜凝胶的保水性，并能较好地降低食盐添加量，推断这可能主要由于超高压处理可以增加类 PSE 火鸡肉的蛋白质溶解性。另外，也有研究报道应用高能超声波技术可以改性蛋白质，从而改善类 PSE 鸡肉的凝胶特性。近年来，国内外鸡肉加工研究及技术发展主要集中在应用新技术改善鸡肉制品的凝胶乳化特性。从根本上解决类 PSE 禽肉蛋白质功能特性的劣变问题，这要求研究不仅关注类 PSE 鸡肉凝胶乳化品质表观指标的变化，还要从类 PSE 鸡肉蛋白质分子水平进一步探究类 PSE 鸡肉改善的机制。

2.1.5　超声波技术

超声波是一种以机械振动形式在媒介中传播的机械波，其频率大于 20kHz，高出人类听力阈值，具备频率高、波长短、穿透力强等特点。高强度、低频率超声波携带更多的声能，通过剪切力、微喷射等方式改变食品的物理或化学性质，在改善类 PSE 禽肉的功能特性方面有着广泛的应用前景。

目前，超声波技术对蛋白质功能特性的修饰逐步成为研究热点。高强度超声波处理应用主要集中在大豆分离蛋白、乳清蛋白、蛋清蛋白等功能特性的修饰，结果表明超声波处理有助于增加蛋白质的溶解性、提高凝胶强度和改善动态流变学性能。这些效果改善是基于超声波处理使目标蛋白质的构象发生变化而产生的，但在蛋白质分子水平上尚未完全解释清楚。相比植物蛋白质，高强度超声波处理对异质肉蛋白质功能特性的修饰却更加缺乏相关研究。有研究报道了超声波处理肌原纤维悬浮液（2.5mmol/L NaCl）时，破坏了高度有序的肌原纤维蛋白结构，使肌原纤维蛋白质溶解度增加到 80%以上。采用超声波处理低离子浓度条件（0~0.01mol/L NaCl）下的肌动球蛋白复合物时发现，超声波处理解聚纤维的结构，使肌球蛋白从纤丝结构脱离，从而增加了肌球蛋白的溶解性。同时超声波处理也抑制了肌原纤维蛋白质中 Ga^{2+}-ATP 酶和 Mg^{2+}-ATP 酶的活性。这表明超声波处理可引起肌纤维蛋白质的结构变化，影响肌球蛋白的分子头部与 ATP 结合位点的构象。超声波处理是否也可以改变类 PSE 鸡肉蛋白质的结构、增加溶解性、提高肌肉蛋白凝胶乳化特性有待探究。与传统凝胶乳化形成相比，若超声波处理能够修饰异质肉蛋白质的物理微观结构和分子构象，改变蛋白质的聚集和理化性质，则超声波技术是修饰异质肉蛋白质凝胶乳化形成的新方法。

2.2 类 PSE 鸡胸肉与正常肉的物理化学性质和蛋白质功能特性差异的研究

目前已有许多研究学者关注了类 PSE 禽肉发生的原因，研究结果表明，宰后僵直期间胴体温度较高和 pH 下降速率过快引起肌肉蛋白质的过度变性，最终形成类 PSE 禽肉。与正常鸡肉相比较，类 PSE 鸡肉在高离子浓度提取液中溶解，肌原纤维蛋白的提取率显著降低。Zhang 研究发现类 PSE 鸡胸肉的质地特性变差，降低了热诱导凝胶的最终储能模量和损失模量。Chan 选取的类 PSE 肉标准与 Zhang 类似，然而，他们研究报道类 PSE 火鸡肉与正常肉的蛋白质溶解性没有差异，类 PSE 肉糜与正常肉糜的质地特性也没有显著差异。随后，Chan 进一步比较类 PSE 火鸡胸肉与正常肉蛋白质的功能特性，结果显示，加热后类 PSE 火鸡胸肉糜的硬度和凝胶强度显著降低。因此，关于类 PSE 禽肉与正常肉的物理化学性质差异不完全清楚。更重要的是，为了更好地理解两种品质禽肉在蛋白质功能特性的差异性，这需要在统一的试验加工条件如相同肉糜制备配方（蛋白质和盐浓度）下和传统肉糜斩拌工艺进行凝胶性的比较。另外，以前的研究主要关注类 PSE 禽肉品质对蛋白质加工特性的变化影响，而未比较其他品质特征如化学成分和颜色。

因此，本节内容主要介绍类 PSE 鸡胸肉与正常肉的选取并比较二者在统一加工条件下的颜色、质地、保水性、盐溶性蛋白质提取性以及热诱导凝胶形成特征，评估类 PSE 鸡肉对深加工产品的影响，为进一步探究类 PSE 鸡肉的蛋白质凝胶特性奠定基础。

2.2.1 类 PSE 鸡胸肉和正常肉的选取

图 2-1 为类 PSE 鸡胸肉与正常鸡胸肉。如表 2-1 所示，在宰后 3h 和 24h，类 PSE 鸡胸肉的亮度值 L^* 显著高于正常鸡胸肉（$P<0.05$），而类 PSE 鸡胸肉的 pH 显著低于正常鸡胸肉（$P<0.05$）。这说明类 PSE 鸡胸肉的糖酵解速率快于正常鸡胸肉组（pH_{3h}），而且酸化程度（pH_{24h}）高于正常鸡胸肉。通过测定鸡胸肉的汁液损失也证实了类 PSE 鸡胸肉的保水性显著低于正常鸡

胸肉，这表明本研究的鸡胸肉样品具有典型的类 PSE 鸡肉特征，颜色苍白，保水性变差。

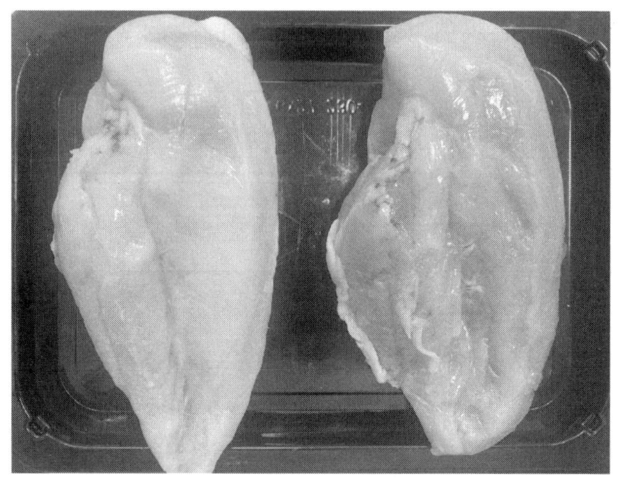

图 2-1　类 PSE 鸡胸肉（左）与正常鸡胸肉（右）

表 2-1　类 PSE 与正常鸡胸肉的物理化学性质

测量指标	鸡胸肉颜色分组	
	类 PSE	正常
L^*_{3h}	55. 04±2. 02[a]	49. 87±2. 25[b]
pH_{3h}	5. 86±0. 08[b]	6. 01±0. 08[a]
L^*_{24h}	58. 23±2. 15[a]	52. 01±1. 32[b]
pH_{24h}	5. 64±0. 04[b]	5. 97±0. 06[a]
汁液损失$_{24h}$（%）	3. 28±1. 05[a]	1. 26±0. 76[b]

注　a 和 b：同行中不同字母表示两者之间存在显著的差异（$P<0.05$）。L^*_{3h} 与 pH_{3h} 表示测定宰后 3h 的鸡胸肉亮度值与 pH；L^*_{24h} 与 pH_{24h} 表示测量宰后 24h 的鸡胸肉亮度值与 pH；$n=30$。

2. 2. 2　类 PSE 鸡肉糜与正常鸡肉糜的 pH 和颜色分析

如表 2-2 所示，类 PSE 鸡肉与正常鸡肉经加盐水斩拌形成鸡肉糜后，两者的 pH、L^* 和 b^* 存在显著差异性（$P<0.05$）。类 PSE 鸡肉糜的亮度值 L^* 仍大于正常鸡肉糜。Qiao 也研究发现了不同亮度的鸡胸肉经绞碎后的

pH、亮度 L^* 仍存在显著差异。经加热后，两者的 a^* 和 b^* 存在显著差异（$P<0.05$），熟制的鸡胸肉凝胶的颜色仍受原料肉颜色差异的影响。然而，类 PSE 鸡肉凝胶的亮度值 L^* 与正常鸡肉凝胶没有显著差异（$P>0.05$）。这表明加热降低了类 PSE 鸡肉与正常鸡肉初始的颜色差异性，与 Barbut 研究结果相似。

表 2-2　类 PSE 与正常鸡肉糜和凝胶的 pH 和颜色

样品	测量指标	肉颜色分组	
		类 PSE	正常
肉糜	pH	5.68 ± 0.06^b	6.01 ± 0.04^a
	亮度值（L^*）	63.14 ± 0.65^a	58.06 ± 0.70^b
	红度值（a^*）	2.18 ± 0.48^a	2.12 ± 0.47^a
	黄度值（b^*）	9.72 ± 0.66^b	13.28 ± 1.21^a
凝胶	亮度值（L^*）	78.70 ± 0.52^a	78.27 ± 0.91^a
	红度值（a^*）	0.36 ± 0.08^a	-0.33 ± 0.06^b
	黄度值（b^*）	10.60 ± 0.89^b	14.76 ± 0.95^a

注　a 和 b：同行中不同字母表示两者之间存在显著的差异（$P<0.05$）。

2.2.3　类 PSE 鸡肉糜与正常鸡肉糜的质地和保水性分析

表 2-3 显示了类 PSE 鸡肉糜与正常鸡肉糜加热形成凝胶后的质地特性与保水性结果。类 PSE 鸡肉凝胶的破裂力、变形量和凝胶强度都显著低于正常肉凝胶（$P<0.05$）。其中类 PSE 鸡肉的凝胶强度降低了约 46%，这表明类 PSE 鸡肉最终形成的凝胶强度弱于正常鸡肉，体现出类 PSE 鸡肉的柔软特点。质地特性分析结果显示，类 PSE 肉凝胶的硬度、弹性、黏结性和咀嚼性也显著低于正常肉的凝胶（$P<0.05$），硬度降低了约 40%，这进一步证明类 PSE 肉在加工特性中质地柔软的特点。在肉凝胶的保水性方面，类 PSE 与正常肉凝胶的蒸煮损失分别为 13.22%与 6.19%，类 PSE 肉损失高约 7%。类 PSE 肉凝胶的离心损失与压榨损失也显著高于正常肉凝胶（$P<0.05$），类 PSE 鸡肉加工成凝胶时保水性严重降低。

表 2-3　类 PSE 与正常鸡肉凝胶的质地和保水性

测量指标	肉颜色分组	
	类 PSE	正常
破裂力（kg）	0. 67±0. 06[b]	1. 07±0. 08[a]
变形量（mm）	10. 78±1. 09[b]	12. 48±1. 02[a]
凝胶强度（kg×mm）	7. 25±0. 95[b]	13. 44±2. 30[a]
硬度（N）	44. 56±6. 96[b]	73. 56±8. 09[a]
弹性（mm）	0. 78±0. 03[b]	0. 84±0. 03[a]
黏结性	0. 30±0. 03[b]	0. 42±0. 04[a]
咀嚼性（N×mm）	12. 69±3. 82[b]	28. 67±5. 29[a]
蒸煮损失（%）	13. 32±1. 99[a]	6. 19±1. 43[b]
离心损失（%）	10. 34±1. 37[a]	6. 25±0. 61[b]
压榨损失（%）	22. 34±2. 58[a]	15. 74±2. 61[b]

注　a 和 b：同行中不同字母表示两者之间存在显著的差异（$P<0.05$）。

2. 2. 4　类 PSE 鸡肉糜与正常肉糜的盐溶性蛋白质含量分析

盐溶性蛋白质增加了肉糜的黏结性，对保证最终产品良好的保水性和质地特性十分重要。传统斩拌破碎了肌原纤维结构，使肌原纤维蛋白释放出来。图 2-2 显示了类 PSE 与正常鸡肉加入盐水斩拌后盐溶性蛋白质含量的比较。低速匀浆方法结果显示，类 PSE 鸡肉的盐溶性蛋白质溶解含量显著低于正常肉（$P<0.05$），这表明在传统斩拌加工过程中，类 PSE 鸡胸肉溶解的盐溶性蛋白质比正常鸡肉少。类 PSE 肉经加盐水斩拌后，用高速匀浆的方法提取盐溶性蛋白质，结果发现两种肉糜的盐溶性蛋白质提取含量增加，但是，类 PSE 肉糜的盐溶性蛋白质含量与正常肉糜仍存在显著差异（$P<0.05$），这跟以前在类 PSE 火鸡肉、PSE 猪肉中发现的结果相类似。另外，即使通过高速匀浆进一步破碎肌原纤维的完整性，类 PSE 肉糜的盐溶性蛋白质溶解性仍低于正常肉糜的蛋白质溶解性，这说明与正常鸡肉相比，通过物理方式增加类 PSE 肉糜蛋白质的溶解性，盐溶性蛋白质提取含量仍不能得到良好的改善，这也表明类 PSE 鸡肉蛋白质发生过度变性。

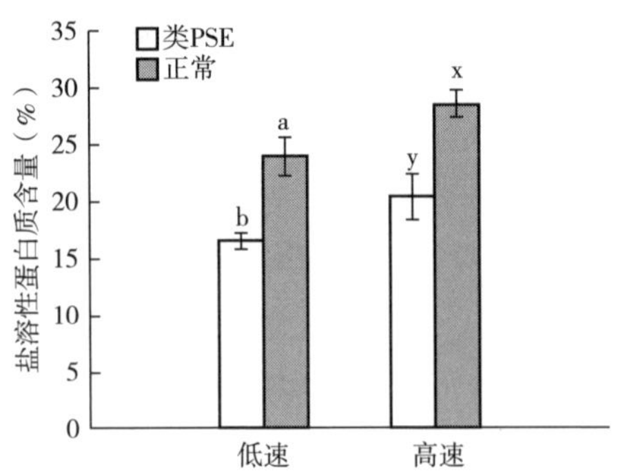

图 2-2　不同方法提取的类 PSE 与正常鸡肉糜盐溶性蛋白质的含量

注　a 和 b：低速匀浆方法下不同字母表示两者之间存在显著的差异（$P<0.05$）。

x 和 y：高速匀浆方法下不同字母表示两者之间存在显著的差异（$P<0.05$）。

2.2.5　类 PSE 鸡肉糜与正常肉糜的动态流变学分析

动态流变学分析对肌肉加工过程中蛋白质功能特性的研究十分有用，有助于研究凝胶形成过程，而该过程是形成良好质地的基础。储能模量（G'）表示凝胶结构中由弹性变形量变化而引起的能量变化，损失模量（G''）表示加热过程中黏性的变化。由图 2-3 可以看出，在起初加热至 45℃时，正常鸡胸肉糜的储能模量缓慢增加。然后，储能模量随着加热逐步降低，在 55℃时达到最低点。随后继续加热至 80℃，储能模量持续增加到稳定状态，Carballo 也研究发现类似的结果。储能模量起初的增加表明开始形成凝胶或者具有弹性蛋白质网状结构的初步形成，这是由肌球蛋白重链的展开和交联导致的。然后，储能模量的暂时性降低有可能是由于肌球蛋白的尾部发生变性，主要涉及非共价键的解离与分子间暂时的交互作用增加了蛋白质的移动性。随后进一步的加热，疏水基团的形成和二硫键的交互作用增加了蛋白质聚集体的交互作用，形成良好的丝状结构，从而导致储能模量的增加，这表明黏性溶胶状态向弹性凝胶网状结构的转变。与正常肉糜相比较，类 PSE 肉糜储能模量随着加热至 40℃时保持相对的平稳，随后逐步降低，在 54℃时降低到最低点。然后，储能模量迅速增加，72℃时达到平稳状态，这表明凝胶网状结构完全形成。随后加热至 80℃时储能模量又发生降低，这是由加热时蛋白质过度聚集引起的。从图 2-3 可以明显看出，正常肉糜储能模量在加热至 45℃过程出现峰值，该温度区域时肌球蛋白发生展开，活性基团暴露。而类 PSE 肉糜储能模量并没有出现类似峰，这表明类 PSE 鸡肉肌球蛋白发生过度变性，同时在较低 pH 条件下蛋白质较难解折叠。与正常猪肉肌动球蛋白相比，PSE 猪肉肌动球蛋白在加热过程中没有出现峰值。类 PSE 肉糜与正常肉糜不同的储能模量变化表明类 PSE 肉糜的凝胶形成能力较差。由图 2-3 可以看出，类 PSE 肉储能模量起始与最终点都低于正常肉糜，表明热诱导类 PSE 肉凝胶强度降低。

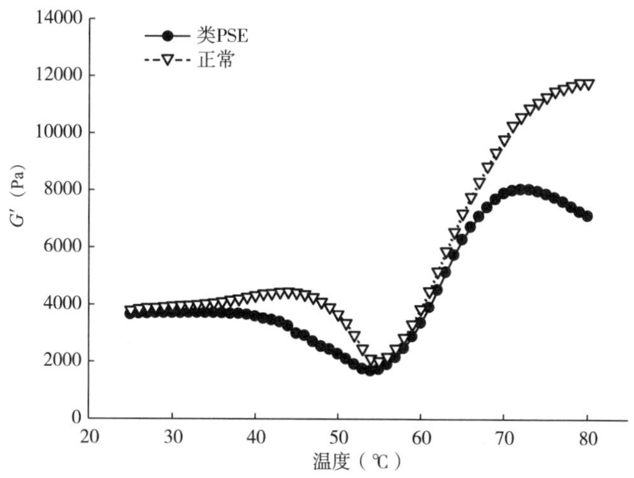

图 2-3　类 PSE 与正常鸡肉储能模量（G'）的变化曲线

图 2-4 显示类 PSE 与正常肉糜在 25~80℃加热过程中损失模量（G''）的变化。类 PSE 肉糜的第一个峰值出现在 42℃，而正常肉糜损失模量在 50℃时出现最高点。这是由于类 PSE 鸡肉蛋白质溶解性变低，发生过度变性，使起初形成凝胶阶段的疏水作用能力降低。随后的加热过程中，类 PSE 肉糜与正常肉糜的损失模量变化类似，但是类 PSE 肉糜的损失模量低于正常肉糜，表示类 PSE 肉加热形成凝胶的黏性低于正常肉糜。

以上研究表明：与正常鸡肉相比，类 PSE 鸡肉蛋白质含量显著降低（$P<0.05$）。类 PSE 鸡肉用于加工时，肉糜的 L^* 显著增加（$P<0.05$），肉糜的 pH 和不同方式提取的盐溶性蛋白质含量显著降低（$P<0.05$）。类 PSE 鸡肉糜的动态流变模式不同，加热末尾阶段的储能模量（G'）与损失模量（G''）降低，而且储能模量在 25~54℃未出现峰值，表明类 PSE 鸡肉蛋白质发生过度变性，凝胶形成能力变弱。加热后类 PSE 肉糜的凝胶强度、硬度、弹性、黏结性和

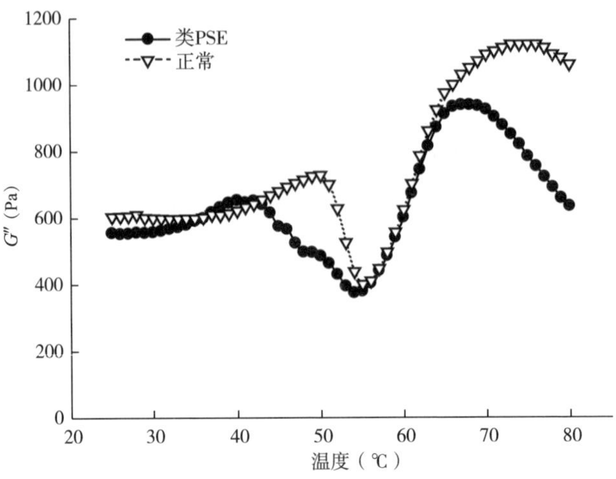

图 2-4　类 PSE 与正常鸡肉损失模量（*G*″）的变化曲线

咀嚼性显著降低（$P<0.05$），凝胶强度降低约 46%，硬度降低约 40%，持水能力显著降低（$P<0.05$），蒸煮损失相差约 7%。

2.3　高强度超声波处理改善类 PSE 鸡肉蛋白质凝胶特性的研究

全世界范围内禽肉类 PSE 现象已经是主要的品质问题，严重影响了产品的质地特性与保水性。目前，许多学者通过优化宰前因素和宰后加工条件，如动物的基因调控、营养、运输应激和胴体冷却等措施来降低 PSE 禽肉的发生率。然而，目前为止，没有一项措施能够完全消除类 PSE 禽肉现象。研究学者与企业加工者一直积极地寻找加工技术措施来改善类 PSE 肉的蛋白质加工特性。高强度超声波技术是食品加工工业中十分重要的加工技术，在各种食品加工工艺中广泛应用，如微生物抑制与酶失活，提取和均质作用。有学者研究了高强度超声波处理对乳清蛋白、大豆分离蛋白和蛋清白蛋白的影响，结果表明超声波处理可以影响各种蛋白质的结构性质，有效改善功能特性如凝胶性质、黏度和动态流变学特性。然而，关于应用高强度超声波技术改变肉凝胶制品中肌肉蛋白质的凝胶形成性质未见报道。肌肉蛋白质的凝胶形成能力是肉制品加工重要的功能特性之一，决定着加工产品的质地与保水性质。凝胶过程是多步热力学动态过程，涉及蛋白质的变性、聚集和三维网状结构的形成，最终产生弹性凝胶。既然超声波在肌肉组织内产生的空化作用导致物理性破坏，自由基产生化学变化，则蛋白质的结构可以发生改变。因此，高强度超声波技术的应用具有改善肌肉蛋白质的热力学变性和聚集模式的巨大潜力，对发展具有新颖加工特性的肉制品十分有益。目前，如何改善或修复已经变性的类 PSE 鸡肉的加工特性是肉制品加工工业挑战之一。而用高强度超声波技术修饰已变性的肌肉蛋白质，能够使蛋白质结构发生改变，从而改善聚集和凝胶过程。

因此，本节内容研究高强度超声波处理对类 PSE 肉浆的凝胶强度、保水性、黏弹性、微观结构和蛋白质二级结构的影响。

2.3.1　超声波处理后肉糜样品的温度和 pH

由表 2-4 可以看出，经过超声波处理后，正常和类 PSE 肉样品温度显著升高（$P<0.05$），超声波处理 6min 后，从 2.5℃上升至 25℃。这是由于超声波处理产生空化效应和机械振动产生的能量导致的。相同超声波时间的处理组的能量和温度（N3 与 P3，N6 与 P6）没有显著差异（$P>0.05$）。从表 2-4 可以看出，超声波处理对正常与类 PSE 肉糜样品的 pH 存在显著影响（$P<0.05$）。经超声波处理 6min 后，正常肉糜样品的 pH 从 5.92 升高至 6.02，增加了 0.1 个单位，而类 PSE 肉样品的 pH 从 5.66 升高至 5.83，增加了 0.15 个单位。

表 2-4　超声波处理对正常与类 PSE 肉糜样品温度和 pH 的影响

样品	超声处理时间（min）	温度（℃）	pH
N	0	$2.49±0.50^{c}$	$5.92±0.03^{c}$
N3	3	$21.53±2.60^{b}$	$5.96±0.02^{b}$
N6	6	$25.34±2.87^{a}$	$6.02±0.03^{a}$
P	0	$2.51±0.50^{c}$	$5.66±0.03^{f}$
P3	3	$21.35±1.55^{b}$	$5.78±0.02^{e}$
P6	6	$25.39±2.92^{a}$	$5.83±0.03^{d}$

注　a~f：不同字母表示同列中不同处理之间存在显著的差异（$P<0.05$）；$n=9$。N 和 P 表示正常与类 PSE 肉糜样品；N3 和 P3 表示超声波处理 3min 的肉糜样品；N6 和 P6 表示超声波处理 6min 的肉糜样品。

2.3.2 超声波处理后肉糜样品的粒度

图 2-5 显示了超声波处理对正常和类 PSE 肉糜样品分布的影响。超声波处理显著影响了肉糜样品的粒度大小。未经过超声波处理的正常与类 PSE 肉糜样品存在两个峰，第一个峰在 10～100μm，第二个峰在 100～1000μm。经超声波处理后，粒度分布更加均匀和峰形变窄。更多的颗粒趋于更小的粒度范围内。其中，随着超声波处理时间延长，正常与类 PSE 肉糜样品的第二个峰逐步缩小。由表 2-5 也可以看出，超声波处理显著降低了正常和 PSE 肉样品的粒度大小（$P<0.05$）。与未超声波处理的肉糜样品相比，超声波处理 3min 和 6min 显著降低了正常与类 PSE 肉样品的 D_{50}、D_{90}、$D_{3,2}$、$D_{4,3}$（$P<0.05$）。粒度的降低是由超声波处理的空化效应产生高速剪切作用导致的。这表明超声波处理后，肌原纤维完整性进一步被破坏，颗粒更加均一。

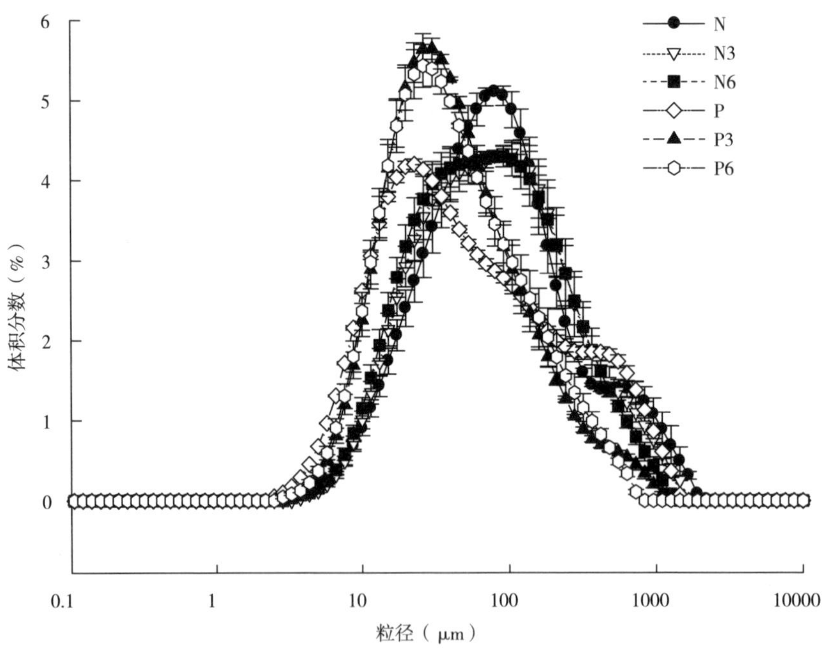

图 2-5 超声波处理后正常与类 PSE 肉糜样品的粒径分布

注 N 和 P 表示正常与类 PSE 肉糜样品；N3 和 P3 表示超声波处理 3min 的肉糜样品；N6 和 P6 表示超声波处理 6min 的肉糜样品。

表 2-5　超声波处理对正常与类 PSE 肉糜样品粒径大小的影响

样品	粒径大小（μm）			
	D_{50}	D_{90}	$D_{3,2}$	$D_{4,3}$
N	73. 32±2. 85[a]	439. 04±12. 84[a]	42. 44±0. 73[a]	161. 85±5. 78[a]
N3	71. 72±1. 89[a]	356. 99±10. 67[b]	40. 57±1. 47[b]	143. 77±7. 14[c]
N6	65. 32±2. 01[b]	300. 05±8. 65[c]	37. 41±0. 97[c]	122. 70±7. 33[d]
P	49. 00±1. 33[c]	446. 94±10. 72[a]	28. 33±0. 51[d]	153. 72±6. 12[b]
P3	35. 88±2. 13[d]	168. 82±6. 66[d]	25. 26±1. 69[e]	74. 83±3. 17[e]
P6	34. 94±3. 07[d]	172. 79±6. 96[d]	24. 60±2. 04[e]	69. 94±3. 92[f]

注　a~f：不同字母表示同列中不同处理之间存在显著的差异（$P<0.05$）。N 和 P 表示正常与类 PSE 肉糜样品；N3 和 P3 表示超声波处理 3min 的肉糜样品；N6 和 P6 表示超声波处理 6min 的肉糜样品。

2. 3. 3　凝胶强度和保水性

凝胶强度和保水性是凝胶类食品系统的两个重要性质。表 2-6 显示了超声波处理前后正常和类 PSE 肉糜样品凝胶强度和保水性的变化。超声波处理显著影响正常和类 PSE 肉糜样品的凝胶强度（$P<0.05$）。对于正常肉糜样品，超声波处理 3min 显著增加其凝胶的强度，然而超声波处理 6min 与未超声处理的凝胶强度没有显著差异（$P>0.05$）。未超声处理的类 PSE 肉品的凝胶强度在所有组中最低，然而随着超声波处理 6min 后，凝胶强度跟未超声波处理的正常肉糜样品没有差异（$P>0.05$）。这说明高强度超声波处理显著改善了类 PSE 肉糜样品的凝胶强度。

表 2-6　超声波处理对正常与类 PSE 肉糜样品凝胶强度和保水性的影响

样品	凝胶强度（g）	保水性（%）
N	60. 90±4. 61[b]	25. 16±2. 28[b]
N3	67. 61±5. 06[a]	13. 46±3. 89[d]
N6	63. 86±5. 54[ab]	8. 89±3. 19[e]
P	40. 86±4. 33[d]	29. 68±3. 12[a]

续表

样品	凝胶强度（g）	保水性（%）
P3	56.38±3.84^{c}	19.55±5.47^{c}
P6	60.68±3.05^{b}	12.23±3.25^{de}

注　a~e：不同字母表示同列中不同处理之间存在显著的差异（P<0.05）；n=9。N 和 P 表示正常与类 PSE 肉糜样品；N3 和 P3 表示超声波处理 3min 的肉糜样品；N6 和 P6 表示超声波处理 6min 的肉糜样品。

未超声波处理的类 PSE 肉糜样品的保水性显著低于正常肉糜样品（P<0.05）。然而，与未经过超声波处理样品相比，超声波处理 3min 和 6min 后的类 PSE 和正常肉糜样品的保水性显著提高（P<0.05）。这跟类 PSE 肉糜样品 pH 的增加有关系。pH 增加显著提高了蛋白质的带电荷能力，增加了与水结合的氢键位点。而且经过超声波处理后肉糜样品的粒度大小更加趋于均一（图 2-5），这有助于改善肉糜样品的保水性和质地特性。

2.3.4　动态流变学特性

图 2-6 和图 2-7 显示了超声波处理前后和类 PSE 肉糜样品加热过程中储能模量（G'）和损失模量（G''）的变化。由图 2-6 可以看出，未超声处理的正常肉糜样品的 G'随着加热至 37℃时逐步增加，然后又逐步下降，在温度为 55℃时降至最低点。随后进一步加热至 80℃时，G'一直升高。正常肉糜样品的 G'在 37℃时有个峰值，而类 PSE 肉糜样品的 G'在加热至 35℃时相对稳定，随后温度至 45℃时 G'迅速下降至最低点。加热至 80℃时，G'逐步上升，这个阶段表明凝胶网状结构完全形成。类 PSE 肉糜样品在 25~55℃加热区间并没有峰，这表明两种不同品质的鸡肉具有完全不同的动态流变学特性，这跟两者鸡肉蛋白质的变形程度和 pH 不同有关系。高强度超声波处理改变了正常与类 PSE 肉糜样品的热力诱导凝胶的 G'模式。对于正常肉糜样品，超声波处理 3min 的样品在 45℃时存在最高峰，改善了蛋白质的展开与聚集过程，而超声波处理 6min 的样品却降低了 G'的峰值。与未处理的类 PSE 肉糜样品相比，超声波处理 3min 和 6min 的类 PSE 肉糜样品的 G'分别在 42℃和 48℃存在最高峰值。然后它们加热至 55℃时迅速降低至最低点；加热至 80℃时，G'稳定增加。

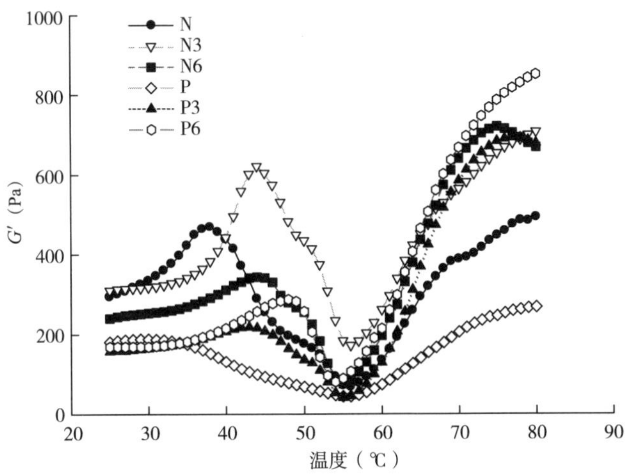

图 2-6　超声波处理后正常与类 PSE 肉糜样品储能模量（G'）的变化曲线

注　N 和 P 表示正常与类 PSE 肉糜样品；N3 和 P3 表示超声波处理 3min 的肉糜样品；N6 和 P6 表示超声波处理 6min 的肉糜样品。

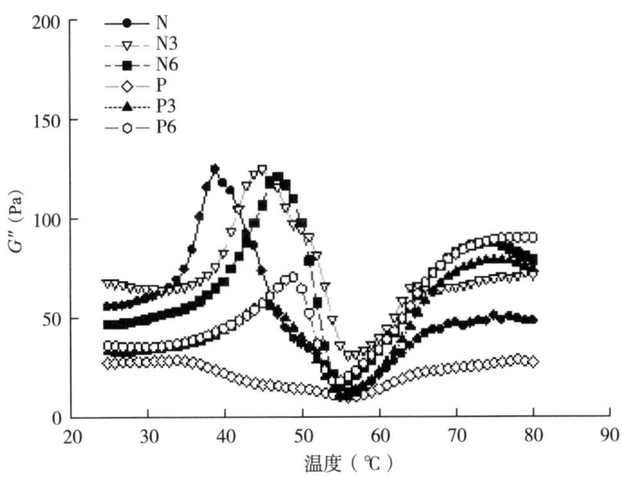

图 2-7　超声波处理后正常与类 PSE 肉糜羊皮损失模量（G''）的变化曲线

注　N 和 P 表示正常与类 PSE 肉糜样品；N3 和 P3 表示超声波处理 3min 的糜样品；N6 和 P6 表示超声波处理 6min 的肉糜样品。

由图 2-7 可以看出，超声波处理的正常与类 PSE 肉糜样品的 G''变化类似于 G'的模式变化，未经超声波处理的类 PSE 肉糜样品比正常肉糜的黏性低。虽然有研究报道 G'和 G''的重要性存在差异，但是 G''变化良好反映出超声波处理能够增加类 PSE 和正常肉糜样品的最终黏性，这有助于改善最终凝胶制品的保水性。超声波处理改变了加热过程中储能模量（G'）与损失模量（G''）的变化，这表明超声波处理改变了类 PSE 肉的蛋白质变形状态与黏弹性。

2.3.5 凝胶的微观结构

由图 2-8 可看出，超声波处理的正常与类 PSE 肉糜样品加热后形成的凝胶的微观结构明显不同。正常肉糜样品凝胶的微观结构显示出紧密的网状结构，并带有许多蛋白质纤丝和条带。而超声波处理 3min 的正常肉糜样品显示肌原纤维进一步被破碎，形成更加紧密的结构，在蛋白质纤丝之间增加了小的孔洞。然而，超声波处理 6min 后，肉糜基质展现了不规则的孔洞和更大的蛋白质聚集体。与正常肉糜样品凝胶不同，类 PSE 肉糜样品显示出更多的完整、短小的肌原纤维，表明形成了无序松散的凝胶结构。而经超声波处理后，肌原纤维被破碎。超声波处理 3min 的类 PSE 肉糜样品显示出更紧密的结构，并带有许多小的蛋白质聚集体。而超声波处理 6min 的类 PSE 肉糜样品产生多孔的网状结构，含有规则的结构和良好的条带丝。未超声波处理的类 PSE 与正常肉糜微观结构的不同，可能与它们的 pH 和盐溶性蛋白质溶解性的不同有关系。对于类 PSE 肉糜样品凝胶，超声波处理 3min 和 6min 降低了肌原纤维长度，产生更多的孔洞，有助于凝胶形成良好的凝胶强度和保水性。而对于正常肉糜样品凝胶，超声波处理 6min 产生了更多的蛋白质聚集体，这有可能是超声波处理输入系统的能量过多，使已经提取出来的盐溶性蛋白质发生过度变性。因此，与正常肉糜样品凝胶的微观结构相比，超声波处理可以更好地改善类 PSE 肉糜样品凝胶的微观结构，从而改善其凝胶强度和保水性。

2.3.6 盐溶性蛋白质组分

图 2-9 为未超声波处理和超声波处理的正常和类 PSE 肉糜样品盐溶性蛋白质的凝胶电泳图谱。由图 2-9 可看出，未超声波处理的正常和类 PSE 肉糜样品盐溶性蛋白质条带类似（N 与 P）。然而，超声波处理 3min 和 6min 明显降低了肌球蛋白重链条带的强度（N3、N6、P3、P6）。高强度超声波处理改变了盐溶性蛋白质的条带模式，降低了肌球蛋白重链含量，这表明高强度超声波处理并未增加盐溶蛋白质的溶出量，反而降低了盐溶性蛋白质的溶解度，引起肌球蛋白的变形和聚集。这表明超声波处理增加了盐溶性蛋白质的聚集，

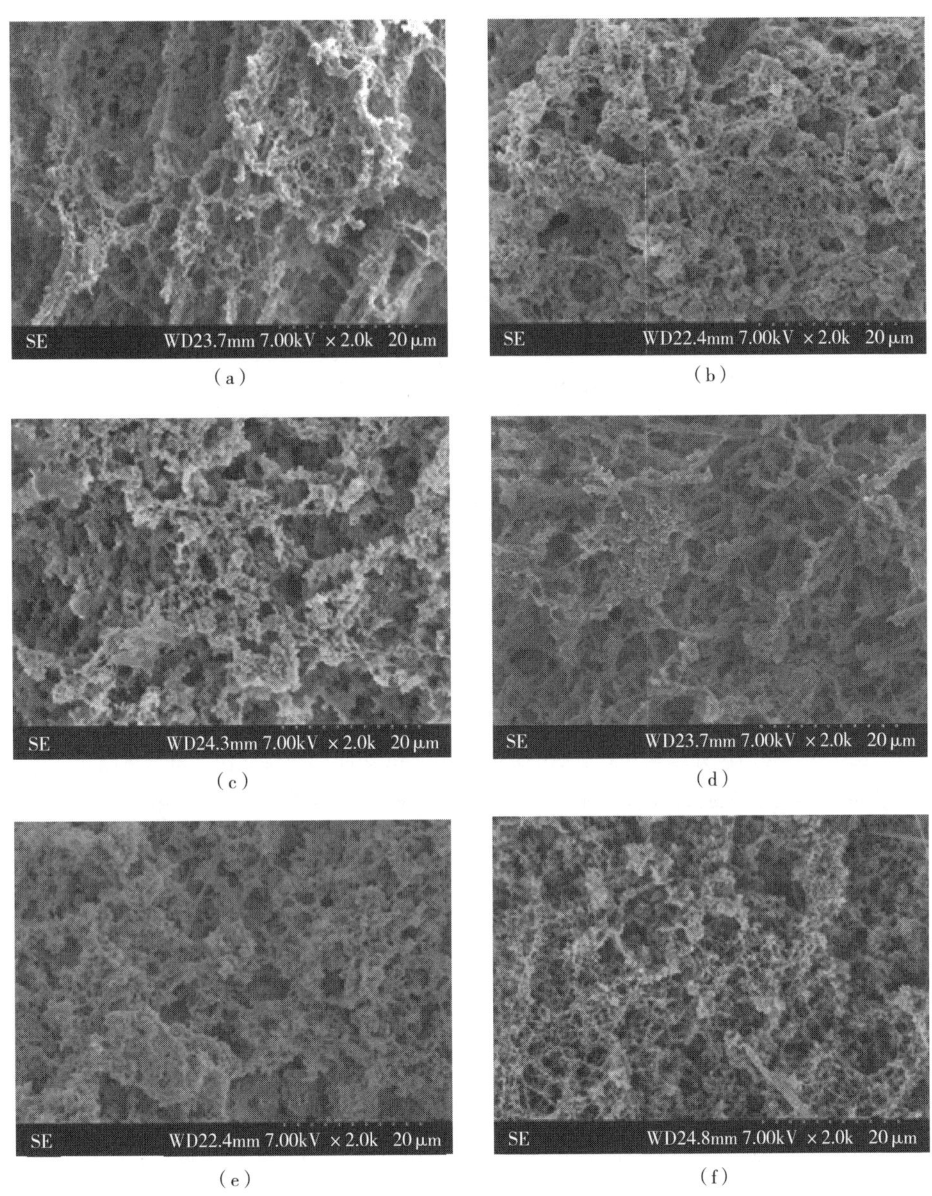

图 2-8　超声波处理后正常与类 PSE 肉糜样品的凝胶微观结构

注　(a) 和 (d) 表示正常与类 PSE 肉糜样品；(b) 和 (e) 表示超声波处理 3min 的肉糜样品；(c) 和 (f) 表示超声波处理 6min 的肉糜样品。

使盐溶性蛋白质的变性增加。然而，超声波处理降低了肉糜样品盐溶性蛋白质的溶解度，这很可能是由超声波处理的温度效应或化学效应导致的。结合超声波对正常与类 PSE 肉糜样品动态流变的影响结果，可以得出超声波处理既降低了肌球蛋白的溶解性，又增加了类 PSE 肌球蛋白的变性展开，改变蛋白质的变性和聚集模式。

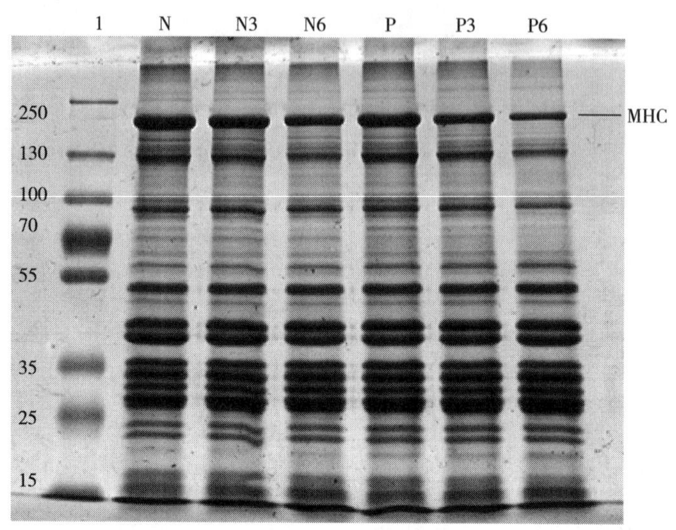

图 2-9　超声波处理前和处理后的正常与类 PSE 肉糜样品盐溶性蛋白质电泳图

注　1 表示标准蛋白；MHC 表示肌球蛋白重链；N 和 P 表示正常与类 PSE 鸡肉糜样品；N3 和 P3 表示超声波处理 3min 的肉糜样品；N6 和 P6 表示超声波处理 6min 的肉糜样品。

2. 3. 7　蛋白质二级结构的分析

表 2-7 显示了超声波处理对正常和类 PSE 肉糜样品蛋白质二级结构的影响。高强度超声波处理对正常和类 PSE 肉糜样品蛋白质二级结构的影响显著（$P<0.05$）。与未超声波处理的正常肉糜样品相比，超声波处理显著降低了 α-螺旋含量和增加了 β-折叠含量，尤其是超声波处理 6min 显著降低 α-螺旋含量（$P<0.05$）。对于未处理的类 PSE 肉糜样品，超声波处理 6min 也显著降低了 α-螺旋含量，而且增加了 β-折叠、β-转角和无规则卷曲结构。而且，类 PSE 肉糜样品与未经超声波处理的正常肉糜样品的 α-螺旋结构含量没有显著差异（$P>0.05$）。这些结果表明高强度超声波处理可以引起肌球蛋白空间结构的变化，导致 α-螺旋结构区域的展开和 β-折叠的形成。据相关研究的报道，肉制品加工系统中肌肉蛋白质的 β-折叠、β-转角片段含量的增加有助于

蛋白质的聚集和凝胶的形成。因此，应用拉曼光谱研究蛋白质二级结构的变化有助于解释基于蛋白质的展开与聚集状况下类 PSE 肉糜样品凝胶强度改善的机理。

表 2-7　超声波处理对正常与类 PSE 肉糜样品蛋白质二级结构的影响

样品	α-螺旋（%）	β-折叠（%）	β-转角（%）	无规则卷曲（%）
N	66. 28±3. 20^{b}	10. 97±2. 20^{c}	13. 46±0. 51^{ab}	9. 65±0. 26^{ab}
N3	62. 50±3. 52^{c}	13. 88±2. 32^{ab}	14. 06±2. 32^{a}	9. 83±0. 25^{a}
N6	60. 60±3. 20^{c}	15. 33±2. 51^{a}	14. 35±0. 52^{a}	9. 94±0. 20^{a}
P	73. 38±3. 30^{a}	5. 20±1. 90^{d}	12. 30±0. 40^{c}	9. 13±0. 30^{c}
P3	71. 98±3. 27^{a}	6. 61±2. 53^{d}	12. 57±0. 53^{bc}	9. 25±0. 23^{c}
P6	66. 10±2. 52^{b}	11. 31±2. 51^{c}	13. 50±0. 60^{ab}	9. 60±0. 32^{ab}

注　a~d：不同字母表示同列中不同处理之间存在显著的差异（$P<0.05$）。N 和 P 表示正常与类 PSE 肉糜样品；N3 和 P3 表示超声波处理 3min 的肉糜样品；N6 和 P6 表示超声波处理 6min 的肉糜样品。

以上研究表明：应用高强度超声波处理（750W，频率 20kHz，振幅 60%，0、3min 或 6min）可增加类 PSE 鸡肉糜样品的凝胶强度，提高其保水性（$P<0.05$）。超声波处理改变了类 PSE 肉糜样品储能模量和损失模量的模式，增加了黏弹性。超声波处理后类 PSE 肉糜样品加热形成的凝胶微观网状结构更加的均一和紧密。SDS—PAGE 结果显示超声波处理后类 PSE 肉糜样品的盐溶性蛋白质中肌球蛋白的含量降低，这表明超声波处理并没有增加盐溶性蛋白质的溶解性。高强度超声波处理显著增加了类 PSE 肉糜样品的 pH，降低了粒度使体系均一，改变了类 PSE 肉糜样品蛋白质的二级结构，降低了 α-螺旋含量，增加了 β-折叠、β-转角和无规则卷曲结构的含量，因而高强度超声波处理可以改善类 PSE 鸡肉凝胶的强度和保水性。

2.4　本章小结

类 PSE 鸡肉用于加工时，肉糜亮度 L^* 增加，pH 和盐溶性蛋白质溶出量降低，加热过程中储能模量未出现峰值，凝胶形成能力变弱，蛋白质发生过度变性；类 PSE 鸡肉主要损害凝胶的质地特性和保水性，凝胶强度降低约 46%，硬度降低约 40%，蒸煮损失高约 7%；而类 PSE 肉糜颜色加热后差异性降低。

应用高强度超声波技术有效改善了类 PSE 鸡肉凝胶特性，增加了类 PSE 肉糜样品的凝胶强度，改善其保水性和黏弹性；超声波处理后类 PSE 肉糜样品加热形成的凝胶微观网状结构更加的均一和紧密；超声波处理降低了类 PSE 肉糜盐溶性蛋白质的溶出量，促进了盐溶性蛋白质中肌球蛋白的变性；而高强度超声波处理显著增加了肉糜样品的 pH 和降低了粒度，修饰了类 PSE 鸡肉蛋白质的构象，降低了类 PSE 肉糜样品蛋白质的 α-螺旋含量，增加了 β-折叠、β-转角和无规则卷曲结构的含量，有助于改善凝胶的保水性和凝胶强度。

第3章 超声波处理对类PSE鸡肉分离蛋白的结构与乳化特性的影响

与其他形式的禽肉相比，鸡胸肉占鸡肉市场需求的90%以上，具有高蛋白质、低脂肪的特点，能够满足人类营养需求的维生素和矿物质，受到消费者喜爱。然而，屠宰分割鸡肉中出现类似于PSE猪肉现象（类PSE鸡肉）的发生率高达50%。与正常鸡胸肉相比，类PSE鸡肉严重影响生鲜鸡肉的感官品质，损害深加工产品的质地特性和出品率，给禽肉工业造成数百万美元的经济损失。这类鸡肉表面亮度值高，极限pH低，持水力差，加工过程中盐溶性蛋白质难以提取，蛋白质功能特性发生劣变。因此，有必要寻求新的方法去改善类PSE鸡肉蛋白质的功能特性。

目前，关于类PSE鸡肉蛋白质功能特性改善的研究主要局限于溶解度和凝胶特性的改善；碱溶酸沉法是一种常用来提取动植物蛋白质的方法，对蛋白质功能具有一定的修饰作用。但是将其应用于类PSE鸡肉蛋白质的方法的提取和修饰时发现，在回收pH 5.5时类PSE鸡肉蛋白质的功能特性有待进一步提高。因此，有必要引入新的技术去改善回收pH 5.5时类PSE分离蛋白质的功能特性，尤其是对其乳化特性做进一步研究。而超声波技术在蛋白质物理和功能性质修饰中的应用一直是食品科学和技术领域广泛研究的主题，并且作为一种绿色的辅助提取手段，特别是在蛋白质提取等食品领域具有广泛的应用前景，同时也能够辅助碱提取和提高蛋白质的功能特性。综上，超声波技术可以广泛的应用到改善类PSE鸡肉蛋白质功能特性方面，提高类PSE鸡肉的市场利用率。

因此，本章分别以超声波处理的类PSE鸡肉分离蛋白和辅助碱法提取的类PSE鸡肉分离蛋白为研究对象，探讨对其结构、功能特性及提取率的影响；并初步从蛋白质结构特性和油—水界面去研究超声辅助提取对其乳液稳定性的影响机制。为进一步比较不同超声方式处理（对照组：未超声组；超声组：450W、5min；超声辅助提取组：450W、10min）得到的类PSE

分离蛋白，采用荧光猝灭光谱以及紫外吸收研究其对 EGCG 的保护作用。最后分析类 PSE 鸡肉分离蛋白—EGCG 复合体系的理化特性，探究经超声辅助碱法提取（ultrasound assisted alkali extraction，UAE）的类 PSE 鸡肉分离蛋白对 EGCG 的保护效果。

3.1 超声波处理对类 PSE 分离蛋白的结构和乳化特性的影响

近年来，国内外学者主要关注不同加工方式对类 PSE 鸡肉蛋白质功能特性的改善，包括打浆、脉冲电场、糖基化、酸碱处理等。与其他加工处理不同，酸碱处理原理是将畜禽/水产品肌肉蛋白溶于极性酸碱环境中，调节 pH 至等电点以沉淀蛋白质，从而获得分离蛋白，其中通过优化酸碱溶解与等电点沉淀的 pH 提高蛋白质回收率。Zhao 等发现在 pH 5.5 时利用碱溶酸沉法回收类 PSE 分离蛋白的回收率较高，但其凝胶乳化功能特性却弱于其他回收 pH 组。因此，有必要进一步改善回收 pH 5.5 时类 PSE 分离蛋白质的功能特性。超声波作为一种绿色的食品物理加工技术，在肉品加工中主要应用于原料肉的速冻解冻、嫩化、腌制滚揉、畜禽副产物分离提取等，有效改善了肉品组分功能性质和品质，提高加工效率。目前有研究表明超声波应用于辅助提取畜禽副产物蛋白质时可提高回收率，但关于超声波对类 PSE 分离蛋白功能特性及其结构变化的影响鲜见报道。

因此，本节以类 PSE 分离蛋白为研究对象，采用超声波对类 PSE 分离蛋白进行改性，探讨不同超声功率对类 PSE 分离蛋白结构和功能特性的影响，并进一步分析超声处理后类 PSE 分离蛋白结构与功能的相互联系，以期为类 PSE 分离蛋白的加工应用提供理论依据。

3.1.1 超声处理功率对类 PSE 分离蛋白粒径和电位的影响

粒径通常用来评估蛋白质聚集体的大小，在蛋白质的功能特性中起着重要作用。图 3-1 显示了不同超声处理后类 PSE 分离蛋白的粒径分布。随着超声功率的增加，蛋白质粒径分布逐渐向左移动。当超声功率为 450W 时，表现为单峰分布，表明蛋白质在水溶液中均匀分布。如表 3-1 所示，对照组（未经超声处理）平均粒径为（3828.33±22.68）nm。超声功率为 150W、300W 和 450W 时，蛋白质平均粒径分别为（994.20±17.80）nm、（713.80±28.52）nm、（586.13±16.42）nm，表明超声处理可以显著减小类 PSE 分离蛋白的粒径（$P<0.05$），这与粒径分布是一致的。Yu、Zhang、Malik 等也报道不同功率和时间超声处理后，鸡肌原纤维蛋白、贻贝分离蛋白和向日葵分离蛋白的粒径也显著降低。粒径降低的原因可能是超声空化作用产生的剪切力和湍流，破坏了蛋白质聚集体中的非共价键，导致颗粒变小。

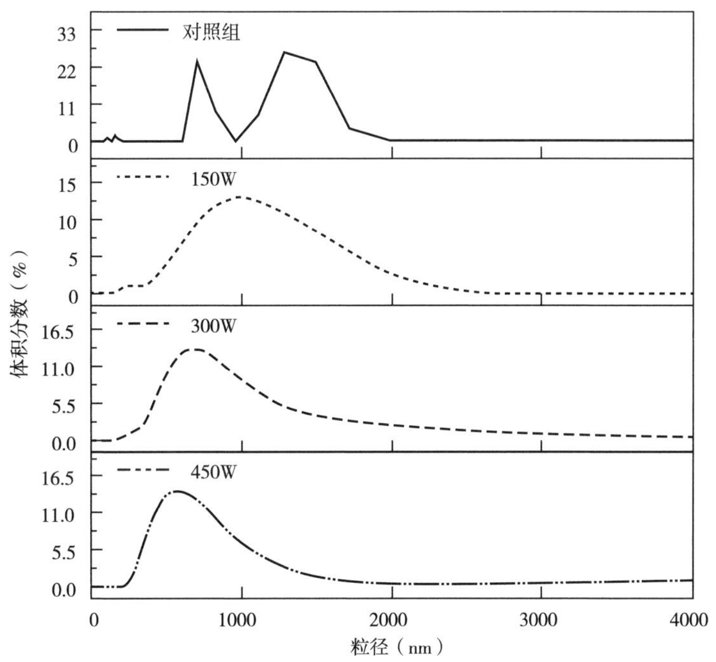

图 3-1　不同超声功率处理后类 PSE 肉分离蛋白的粒径分布

由表 3-1 可知，蛋白质样品的 Zeta-电位值都是负的，这表明蛋白质表面带负电的基团多于带正电的基团。超声处理后蛋白质的表面净电荷是降低的，表明蛋白质表面基团的电离度减弱。与对照组相比，超声处理后样品的电位绝对值显著下降（$P<0.05$），这可能是由于超声处理使蛋白质结构展开，暴露出更多的带正电荷的基团，导致蛋白质表面的负电荷被中和。Zeta-电位的变化与 Wang 等的研究结果一致。

表 3-1　不同超声功率处理对类 PSE 分离蛋白粒径和 Zeta-电位的影响

组别	平均粒径（nm）	Zeta-电位（mV）
对照组	3828. 33±22. 68[a]	-45. 03±1. 55[d]
150W 组	994. 20±17. 80[b]	-27. 93±0. 75[c]
300W 组	713. 80±28. 52[c]	-23. 97±0. 38[b]
450W 组	586. 13±16. 42[d]	-17. 93±1. 05[a]

注　同列肩标小写字母不同表示组间差异显著（$P<0.05$）。

3. 1. 2　不同功率超声处理后类 PSE 分离蛋白的 SDS-PAGE 图谱

图 3-2（a）显示了在还原和非还原条件下对照组和超声处理组类 PSE 分离蛋白样品的 SDS-PAGE 图谱。可以观察到 3 个主要的条带，分子质量分别约为 205kDa、45kDa 和 35kDa，对应的蛋白质依次是肌球蛋白重链、肌动蛋白和原肌球蛋白。在还原条件下，与对照组相比（泳道 1），超声处理的蛋白质样品的主要条带组成没有发生明显变化，这表明超声处理组未发生肽键断裂。图 3-2（b）为还原条件下肌球蛋白重链和肌动蛋白的光密度值。由图 3-2（b）可知，300W、450W 超声处理组样品的肌球蛋白重链和肌动蛋白条带强度高于对照组，这可能是由于适当的超声功率处理增加了类 PSE 分离蛋白的水溶性。Zhu 等研究超声处理核桃分离蛋白，结果表明不同超声功率和时间处理后蛋白质样品的主要条带并没有发生明显改变，而出现主要条带强度增强的原因是超声处理增加了核桃蛋白质的水溶性，这与本研究结果相似。在非还原条件下，对照组和超声处理的类 PSE 分离蛋白样品的电泳图谱也没有显著差异，表明超声处理没有破坏任何二硫键，进一步证实了超声处理没有导致任何蛋白质分子的断裂。

3. 1. 3　超声处理功率对类 PSE 分离蛋白二级结构的影响

圆二色谱能够反映蛋白质主链肽键的构象，是反映蛋白质结构是否发生变化的重要指标。如图 3-3 所示，类 PSE 分离蛋白在 208nm、222nm 处出现的两个负的吸收峰是 α-螺旋的吸收峰，且 α-螺旋含量与峰的强度成正比。随超声功率的增加，峰的强度逐渐增大，说明 α-螺旋含量增加，其含量的增加表明超声会引起类 PSE 分离蛋白构象的部分恢复，从而使蛋白质的功能稳定性增加。

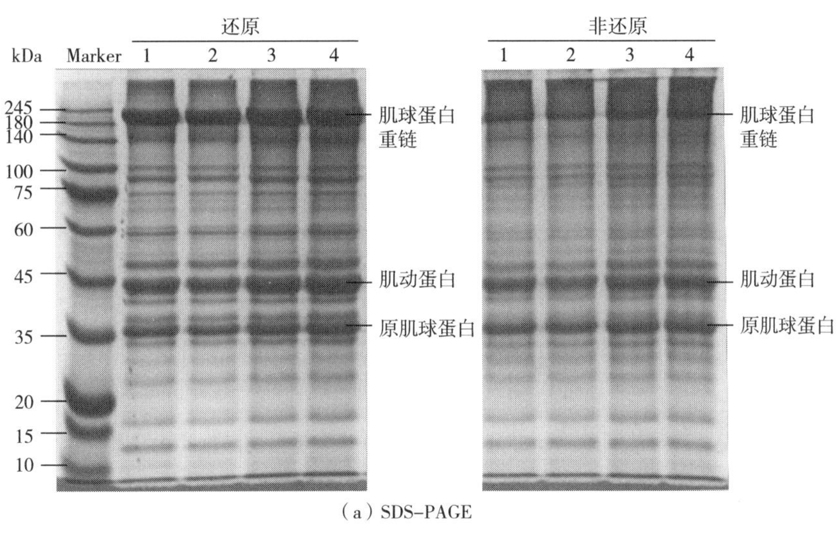

（a）SDS-PAGE

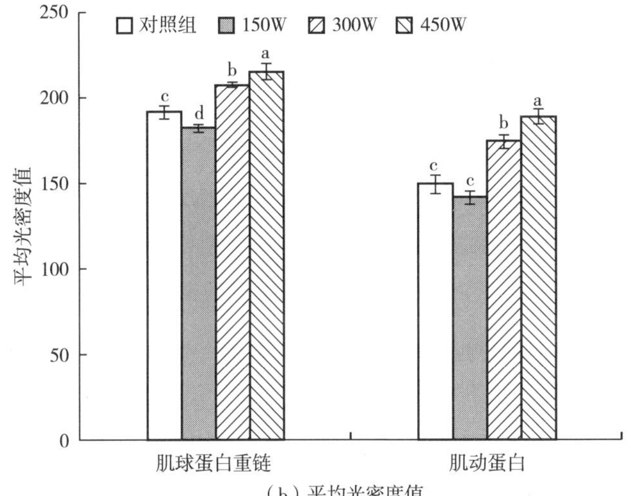

（b）平均光密度值

图 3-2　类 PSE 分离蛋白的 SDS-PAGE 图谱和还原条件下肌球蛋白重链和肌动蛋白条带的平均光密度值

注　Marker. 标准蛋白；泳道 1~4 分别为对照组、150W 组、300W 组、450W 组；B 图中相同指标小写字母不同表示组间差异显著（$P<0.05$）。

如表 3-2 所示，随着超声功率的增加，α-螺旋和无规则卷曲的相对含量增加，β-折叠、β-转角相对含量大体下降；此外，与对照组相比，超声处理功率为 150W 和 300W 时，β-转角和无规则卷曲的含量没有显著变化（$P>$

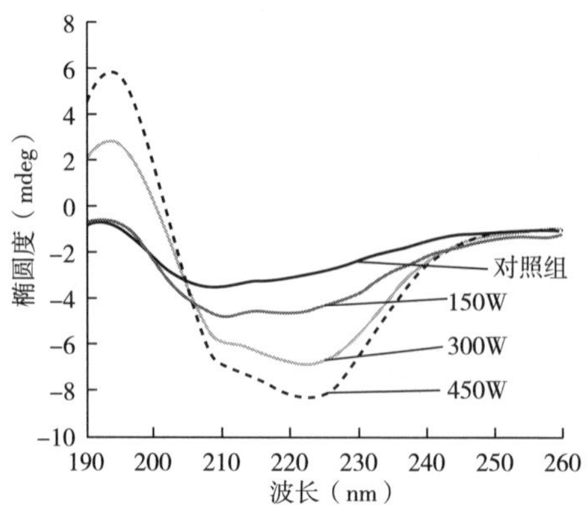

图 3-3 不同超声功率处理对类 PSE 分离蛋白二级结构的影响

0.05)，超声处理功率为 450W 时，α-螺旋的含量显著增加（$P<0.05$），由 15.25%增加到 40.91%，而β-折叠的含量显著下降（$P<0.05$），可能是超声处理使两者之间发生了结构转化，β-折叠含量还与蛋白质疏水性有关，其含量降低表明分子内部的疏水性位点暴露，疏水性增强。Hu 等也发现超声处理增加了大豆分离蛋白的 α-螺旋和无规则卷曲的含量，减少了 β-折叠的含量。但是，与本课题组之前研究超声处理类 PSE 鸡肉糜的结果相反，这可能是由于类 PSE 鸡肉酸碱处理和超声处理的温度不同等所致。以上结果表明，超声处理改变了类 PSE 分离蛋白的二级结构，促进类 PSE 分离蛋白构象部分恢复。

表 3-2 不同超声处理功率下类 PSE 分离蛋白二级结构相对含量的变化

组别	α-螺旋相对含量（%）	β-折叠相对含量（%）	β-转角相对含量（%）	无规则卷曲相对含量（%）
对照组	$15.25±0.05^{d}$	$37.75±0.86^{a}$	$16.04±0.14^{a}$	$30.96±1.11^{b}$
150W 组	$20.11±0.01^{c}$	$31.29±1.29^{b}$	$16.88±1.10^{a}$	$31.72±1.21^{b}$
300W 组	$32.61±0.40^{b}$	$18.96±1.01^{c}$	$16.06±0.25^{a}$	$32.37±0.39^{b}$
450W 组	$40.91±0.10^{a}$	$9.78±0.50^{d}$	$14.17±0.17^{b}$	$35.14±0.74^{a}$

注 同列肩标小写字母不同表示组间差异显著（$P<0.05$）。

3.1.4 超声处理功率对类 PSE 分离蛋白三级结构的影响

（1）超声处理功率对类 PSE 分离蛋白中自由巯基含量的影响。自由巯基是蛋白质中重要的功能成分之一。因此，其含量的变化可以反映蛋白质的变性程度，并对蛋白质的功能特性（如溶解性、乳化能力和起泡能力）起着重要作用。如图 3-4 所示，超声处理后自由巯基含量显著增加（$P<0.05$）。与对照组相比，当超声功率增加到 450W，自由巯基含量增加了 2 倍。自由巯基含量的增加可能是由于超声空化效应促进蛋白质分子结构的展开，减小了蛋白质的粒径（图 3-1），并使埋藏在分子内的巯基基团暴露出来，从而使自由巯基含量增加。Hu 等同样发现，大豆分离蛋白的自由巯基含量随超声功率（200～600W）的增加和超声时间（15～30min）的延长而增加。然而 Liu 等报道，超声处理的肌球蛋白的自由巯基含量随超声功率（100～250W）的增加和超声时间（3～12min）的延长而降低，这可能是由于敏感的自由巯基基团被超声产生的过氧化氢（超声空化作用产生一些瞬态自由基形成的）所氧化。Chandrapala 等表明超声处理后乳清浓缩蛋白的自由巯基含量没有变化。以上实验中超声处理后自由巯基含量的差异可能是由于蛋白质变性程度、本身特性和超声条件等不同。

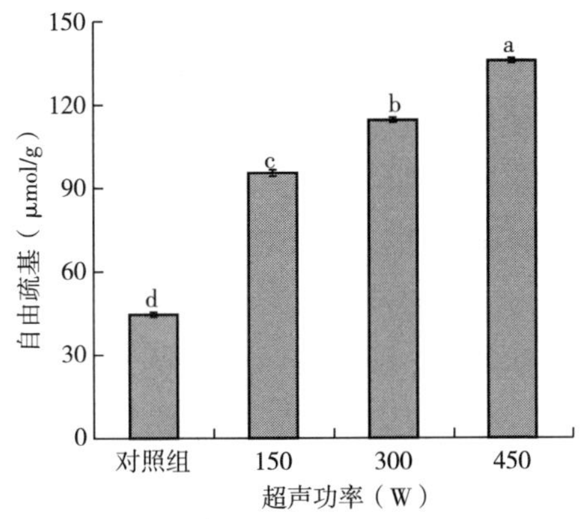

图 3-4　不同超声功率处理对类 PSE 分离蛋白自由巯基含量的影响

注　小写字母不同表示组间差异显著（$P<0.05$）。

（2）超声处理功率对类 PSE 分离蛋白表面疏水性的影响。H_0 代表蛋白质表面疏水基团的数量，通常用来反映蛋白质构象的改变，也与蛋白质功能密切相关。如图 3-5 所示，与对照组（517）相比，随着超声功率的增加，类 PSE 分离蛋白的 H_0 显著增加（$P<0.05$）。同样，有研究表明鳕鱼分离蛋白、鲢鱼肌球蛋白、鸡肉肌原纤维蛋白等的 H_0 也随着超声强度的增加或超声时间的延长而增加。H_0 的增加可能是因为超声空化和物理剪切破坏了蛋白质分子的部分疏水

相互作用，使蛋白质分子结构展开，暴露出分子内部的疏水基团，从而增加与1-苯胺基-δ-萘磺酸（1-anilino-δ-naphthalene-sulfonate，ANS）探针的结合位点。H_0 的变化趋势与自由巯基含量的变化趋势一致。

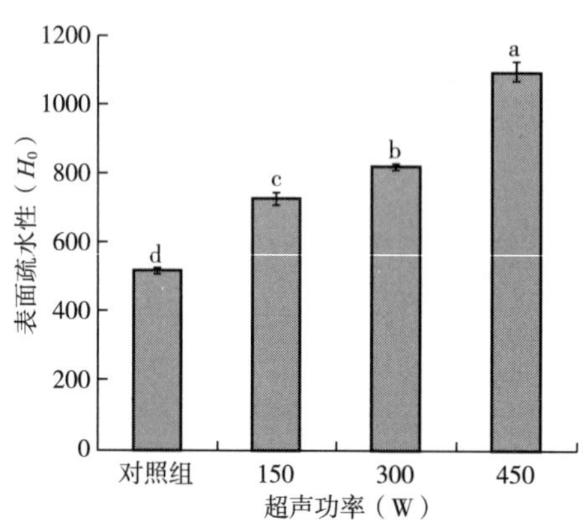

图 3-5　不同超声功率处理对类 PSE 分离蛋白表面疏水性的影响

（3）超声处理功率对类 PSE 分离蛋白荧光强度的影响。荧光光谱法广泛用于评估蛋白质的三级结构变化，因为色氨酸/酪氨酸（Trp/Tyr）残基的内在荧光对微环境的极性极为敏感。如图 3-6 所示，与对照组相比，随着超声功率的增加，荧光强度明显增加，类 PSE 分离蛋白的最大发射波长（450W）红移约 3nm。与对照组相比，超声处理后红移和荧光强度增加可能是由于蛋白质的解折叠，暴露出更多的 Trp/Tyr 残基和疏水基团，从而增加微环境中的非极性，这与 H_0 的结果一致（图 3-5）。这些结果表明超声处理后类 PSE 分离蛋白的构象被改变。Zou 等也报道超声处理可以增强鸡肝中水溶性蛋白质的荧光强度。

3.1.5　超声处理功率对类 PSE 分离蛋白微观结构的影响

从图 3-7（a）可以看出，对照组呈现大而不规则的形状。与对照组相比，超声处理后类 PSE 分离蛋白图［（b）（c）和（d）］呈现出更小和更松散的片状结构，这可能是由于超声空化作用使蛋白质结构展开。有研究指出，超声处理可以减小蛋白质的粒径并提高溶解度。这一结果与超声处理类 PSE 分离蛋白粒径（图 3-1）和结构（图 3-4~图 3-6）的变化一致。Jiang 等的研究也表明，超声处理的黑豆分离蛋白显示出更多的无序结构和不规则碎片。

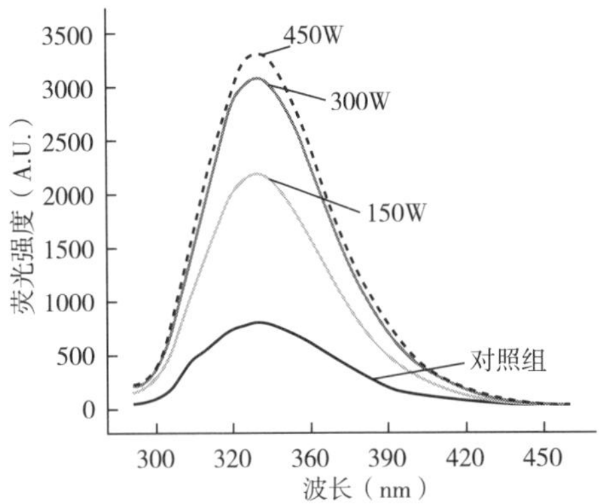

图 3-6　不同超声功率处理对类 PSE 分离蛋白荧光强度的影响

（a）对照组

（b）150W

（c）300W

（d）450W

图 3-7　不同超声功率处理的类 PSE 分离蛋白的扫描电子显微镜图

3.1.6 超声处理功率对类 PSE 分离蛋白溶解度的影响

在食品体系中，溶解度不仅是评价蛋白质物理化学性质的最佳指标，也是确定某些功能性质的基础，如凝胶和乳化能力。如图 3-8 所示，随着超声功率的增加，类 PSE 分离蛋白在去离子水中以及 2%的盐溶液中的溶解度都显著增大（$P<0.05$）。与对照组相比，随着超声功率增加到 450W，水溶液和 2%的盐溶液蛋白质的溶解度分别增加了 1.17 和 6.46 倍。去离子水组中超声处理功率为 450W 时，蛋白质的溶解度高于 2%NaCl 组中对照组蛋白质的溶解度，这表明一定功率的超声处理可以在降盐水平下提高类 PSE 分离蛋白的溶解度。蛋白质溶解度的升高可能是因为超声波的机械力破坏了蛋白质天然聚集形式的相互作用，促进可溶性蛋白质的形成。此外，蛋白质颗粒尺寸降低（表 3-1），表面积增加，会促进蛋白质与水之间的相互作用，从而导致类 PSE 分离蛋白溶解度的增加。蛋白质溶解性的改善将有利于蛋白质乳化性能的提高。

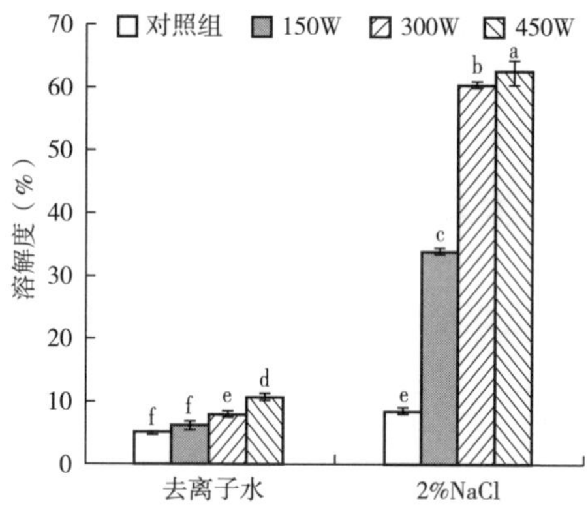

图 3-8 不同超声功率处理对类 PSE 分离蛋白溶解度的影响

注 相同指标小写字母不同表示不同处理组之间差异显著（$P<0.05$）。

3.1.7 超声处理功率对类 PSE 分离蛋白乳化特性的影响

一般用乳化活性指数（emulsifying activity index，EAI）和乳化稳定性指数（emulsifying stability index，ESI）表征蛋白质的乳化特性，它们可以反映蛋白质帮助形成乳化体系及稳定乳化体系的能力大小。如图 3-9 所示，超声处理

样品的 *EAI* 显著高于对照组（$P<0.05$），这表明超声处理促进乳液的形成。随着超声功率的增加，蛋白质的 *EAI* 显著增加（$P<0.05$），超声后蛋白质 *EAI* 的最大值为 24. 23m²/g。与对照组相比，超声功率为 150W、300W、450W 时样品的 *ESI* 分别增加至 16. 06min、30. 45min、31. 7min，表明超声处理可以提高乳液的稳定性。即超声能够改善类 PSE 分离蛋白的乳化特性。乳化特性的改善可能是由于超声波处理使蛋白质粒径减小（图 3-1 和表 3-1），粒径小的蛋白质分子具有更大的分子迁移率而吸附在油—水界面周围，或是因为超声波处理诱导蛋白质结构展开，暴露出更多的自由巯基和疏水基团，增加蛋白质表面的疏水性（图 3-5），从而增强界面处蛋白质之间的稳定性。Amiri 等也发现，在用不同的超声波功率处理（100~300W）30min 后，牛肉肌原纤维蛋白的 *EAI* 和 *ESI* 都显著增加。

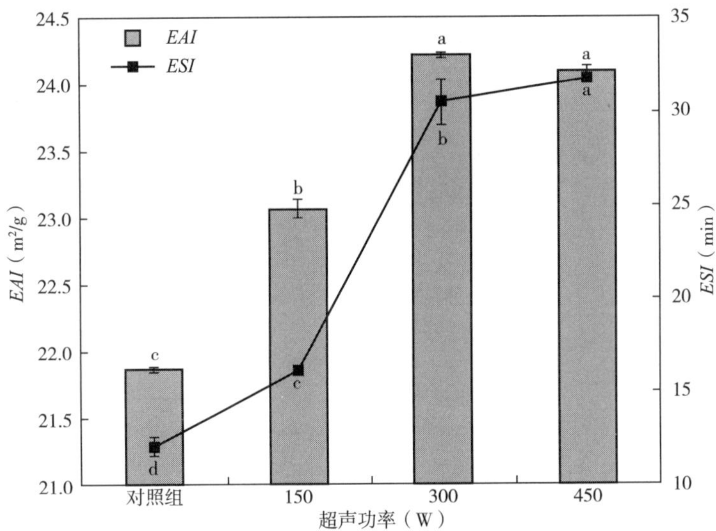

图 3-9　不同超声功率处理对类 PSE 分离蛋白 *EAI* 和 *ESI* 的影响

注　不同字母表示不同处理组之间差异显著（$P<0.05$）。

3. 1. 8　相关性分析和主成分分析

不同超声处理后类 PSE 分离蛋白的结构和乳化特性的皮尔逊相关性分析结果如图 3-10（a）所示。类 PSE 分离蛋白的平均粒径与 *EAI*（$r=-0.959$，$P<0.01$）、*ESI*（$r=-0.713$，$P<0.01$）呈极显著负相关，表明平均粒径较低的类

PSE 分离蛋白具有更好的乳化活性和乳化稳定性。*EAI* 和 *ESI* 与 α-螺旋相对含量、无规则卷曲相对含量、自由巯基含量、荧光强度和表面疏水性呈极显著正相关（$P<0.01$），与 β-折叠含量呈极显著负相关（$P<0.01$），表明蛋白质高级结构的改变有助于乳化特性的提高。这可能是由于超声改变了类 PSE 分离蛋白的构象，使蛋白质构象解折叠和柔韧性增加，可以更容易地扩张并快速吸附在油—水界面，从而提高蛋白质的乳化特性。溶解度与 *EAI*（$r=0.759$，$P<0.01$）、*ESI*（$r=0.906$，$P<0.01$）呈极显著正相关（$P<0.01$），表明溶解度的增加也有利于蛋白质乳化特性的改善。由此可以看出，超声处理后类 PSE 分离蛋白的结构、粒径和溶解度的改变对其乳化特性有着显著和极显著的影响。

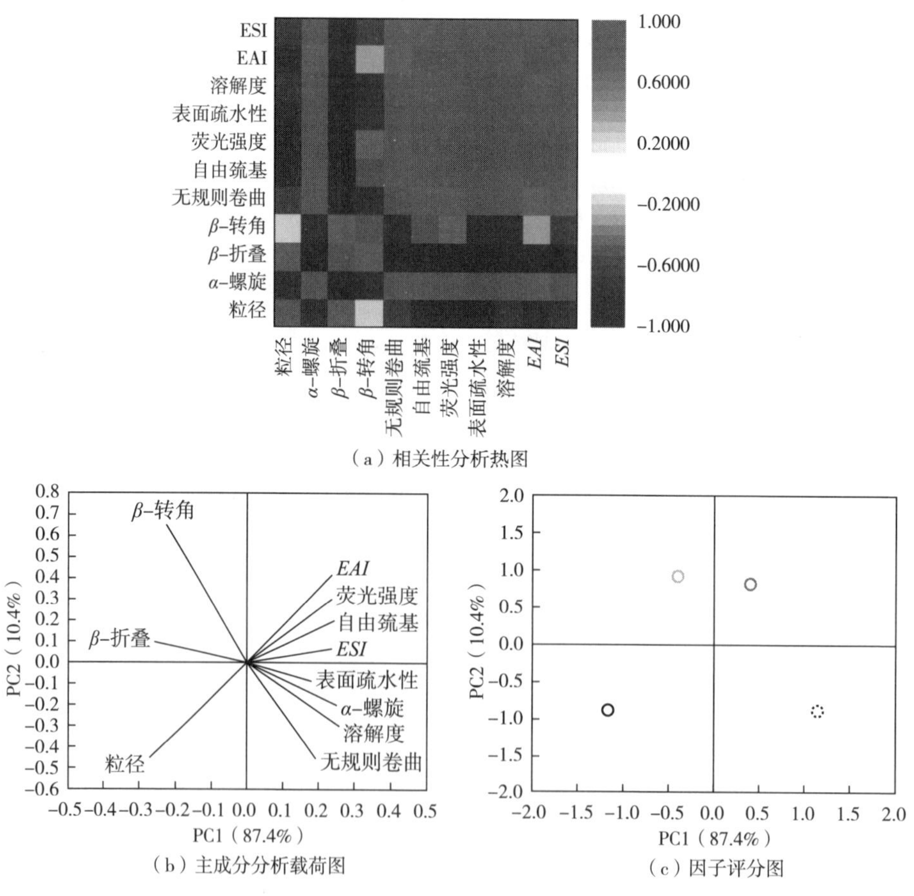

图 3-10　不同超声功率处理后类 PSE 分离蛋白结构和乳化特性的皮尔逊相关性分析热图、主成分分析载荷图和因子评分图

应用主成分分析法进一步分析了不同超声功率对类 PSE 分离蛋白结构和乳化性的影响。主成分分析表明，PC1 占总方差的 87.4%，前两个主成分占总方差的 97.8%，说明乳化性（*EAI* 和 *ESI*）与结构高度相关。在载荷图［图 3-10（b）］中，PC1 主要与 *EAI*、*ESI*、荧光强度、自由巯基含量、表面疏水性、α-螺旋相对含量、无规卷曲相对含量和溶解度等因子呈正相关，与粒径和β-折叠相对含量等因子呈负相关，这与图 3-10（a）中的相关性分析结果一致。PC2 主要与β-折叠含量和 *EAI* 等因子呈正相关。如图 3-10（c）所示，对照组和 150W 组分布在 PC1 的负向端，而 300W、450W 组分布在 PC1 的正向端，450W 组在 PC1 的最右端且与对照组的距离最远，表明超声功率为 450W 时对类 PSE 分离蛋白结构和乳化特性有显著的影响。

以上研究表明：随超声功率的增加，类 PSE 分离蛋白的粒径和 Zeta-电位绝对值显著降低（$P<0.05$），粒径分布逐渐从双峰分布转变为单峰分布；十二烷基硫酸钠—聚丙烯酰胺凝胶电泳显示蛋白质组成成分没有发生明显变化，而肌球蛋白重链和肌动蛋白的条带强度总体上增强；圆二色谱显示 α-螺旋和无规卷曲相对含量增加，β-折叠和β-转角相对含量降低；自由巯基含量、表面疏水性和荧光强度明显增加；通过扫描电子显微镜进一步证实超声处理改变了分离蛋白的结构，并且减小了分离蛋白的尺寸；超声处理后，类 PSE 分离蛋白的溶解性、乳化活性和乳化稳定性显著提高（$P<0.05$）；同时，相关性分析和主成分分析结果表明，超声处理后类 PSE 分离蛋白乳化特性的提高与其结构的改变存在高度相关性。

3.2　超声辅助提取对类 PSE 鸡肉分离蛋白提取率和功能特性的影响

碱溶酸沉法是酸碱溶解—等电点沉淀中的一种，是很好的回收蛋白质的方法，常用来提取植物蛋白质。目前 Zhao 等已将碱溶酸沉法应用于回收类 PSE 鸡肉分离蛋白，并改善其功能特性。但是，在 pH 为 5.5 时利用碱溶酸沉法回收得到的类 PSE 鸡肉分离蛋白的提取率仍需进一步提高，且凝胶乳化功能特性却弱于其他回收 pH 组。因此，需要新的处理方法改进提取效率并改善回收 pH 为 5.5 时类 PSE 鸡肉分离蛋白的功能特性。有研究表明，超声辅助提取能够增加蛋白质的提取率并改善其功能特性。超声波辅助提取是利用超声波预处理提取蛋白质的有效提取方法，通过促进溶剂的渗透来提高提取率，具有提取产量高、工艺快速、溶剂消耗率低和环境污染低等优点。上节内容表明超声波可直接作用于类 PSE 鸡肉分离蛋白进行改性，对其溶解度和乳化特性的改善有着积极的影响。本节将介绍采用不同超声时间（0、5min、10min 和 15min）辅助碱提取类 PSE 分离蛋白对其提取率和功能特性的影响，为充分利用类 PSE 鸡肉分离蛋白在食品等领域的潜在价值提供一定的科学依据。

3.2.1 超声处理时间对类 PSE 鸡肉分离蛋白提取率和蛋白质含量的影响

由表 3-3 可知，与未超声的样品（对照组）相比，UAE 增加了分离蛋白的提取率和蛋白质含量。对照组提取率为 45.55%，当超声处理时间为 10min 时，蛋白质的提取率达到最大，为 68.58%。与对照组相比，超声处理 10min 时分离蛋白提取率提高了 50.56%，蛋白质含量提高了 25.32%。这可能是因为超声波引起的机械振动增加了样品和碱性溶液之间的接触面积。此外，超声波产生的空化作用破坏了分子键，增加传质，导致较大的蛋白质聚集体解离成可溶的较小聚集体，蛋白质溶解度增加，从而提高蛋白质的提取效率。Zou 等研究表明，UAE 鸭肝蛋白与对照组相比（42.6%），蛋白质的提取率增加了 67.72%。Zou 等也研究了 UAE 鸡肝蛋白，与对照组相比，蛋白质的提取率从 43.5%增加至 67.6%，提高了 55.40%。随着超声时间的进一步增加，蛋白质的提取率没有显著变化（$P<0.05$），可能是因为延长提取时间会阻碍空化驱动力。因此，进一步提高超声时间对提取效率的贡献不大。先前的研究也报道了较长的处理时间对蛋白质的提取率没有贡献。蛋白质含量降低可能是因为超声处理时间过长，造成蛋白质链的重新聚集。因此，合适的超声辅助提取时间能够提高类 PSE 分离蛋白的提取率和蛋白质含量。

表 3-3 超声处理时间对类 PSE 鸡肉分离蛋白提取率和蛋白质含量的影响

超声时间（min）	提取率（%）	蛋白质含量（g/100g）
0	45.55 ± 3.12^{c}	69.01 ± 0.20^{d}
5	58.43 ± 1.12^{b}	81.37 ± 0.35^{c}

续表

超声时间（min）	提取率（%）	蛋白质含量（g/100g）
10	68.58±2.30[a]	86.51±0.20[a]
15	63.92±2.71[a]	84.47±0.44[b]

注　同列小写字母不同表示差异显著（$P<0.05$）。

3.2.2　超声处理时间对类 PSE 鸡肉分离蛋白浊度和溶解度的影响

浊度能反映蛋白质的聚集水平，浊度值越高，说明蛋白质聚集程度越高。由表 3-4 可知，在不同时间的超声处理后，分离蛋白的浊度显著变化（$P<0.05$），超声处理后分离蛋白溶液的浊度从 0.410（未超声处理）降低到 0.353（10min）。这可能是因为超声波的机械效应破坏了蛋白质结构，导致颗粒破碎，蛋白质颗粒的直径减小，从而增加了光散射的比表面积，降低了样品的浊度。随着超声时间的增加，样品浊度值增大，表明蛋白质进一步聚集。

表 3-4　超声处理时间对类 PSE 鸡肉分离蛋白浊度和溶解度的影响

超声时间（min）	浊度/A_{660nm}	溶解度（%）
0	0.410±0.002[a]	14.55±0.62[c]
5	0.362±0.003[b]	18.05±0.43[b]
10	0.353±0.003[c]	20.16±0.99[a]
15	0.406±0.003[a]	17.97±0.61[b]

注　同列小写字母不同表示差异显著（$P<0.05$）。

由表 3-4 可知，随超声时间的增加，分离蛋白的溶解度呈现先增加后减小的趋势。超声时间从 0 增加到 10min，蛋白质溶解度从 14.55%增加到 20.16%。这可能是由于在自然状态下，蛋白质以聚集体的形式存在，空化现象产生的机械力可能破坏氢键和疏水相互作用，导致较大的蛋白质聚集体解离成可溶的较小聚集体，从而浊度值下降，蛋白质溶解度增加。超声波处理促进了可溶性蛋白质聚集体或不溶性蛋白质聚集体单体的形成，导致溶解度的增加。此外，更小的颗粒尺寸、更大的比表面积有助于蛋白质—水相互作用，增强了蛋白质的溶解度。当超声处理时间为 15min 时，蛋白质的溶解度减小，可能是因为超声时间过长引起蛋白质的再聚集。

3.2.3 超声处理时间对类 PSE 鸡肉分离蛋白黏度的影响

由图 3-11 可知，黏度值随着超声时间的增加而降低，不同超声时间处理的样品均是剪切稀化流体，其剪切稀化行为表现为表观黏度随剪切速率增加而降低。超声波处理后黏度的降低主要与空化过程中产生的物理力有关。在空化期间，液体介质受到剧烈的力的作用，这种力会破坏蛋白质链之间的相互作用，导致粒径减小，流动性增强，表现为黏度降低。在同样的剪切速率下，超声 15min 样品的黏度值略高于 10min 的，可能是因为蛋白质过度变性。

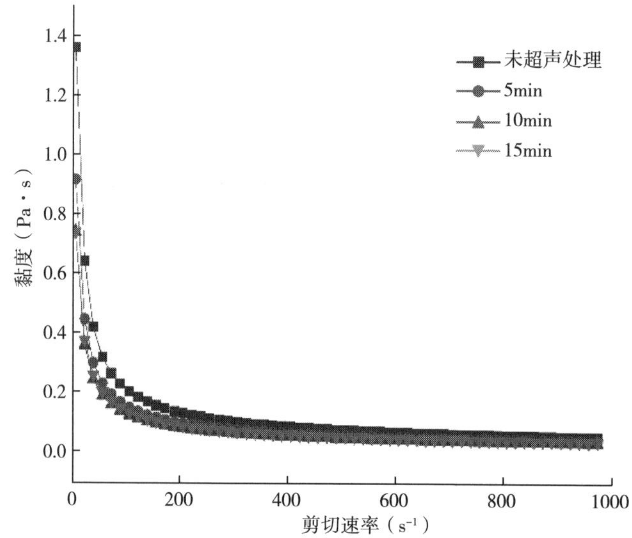

图 3-11 超声处理时间对类 PSE 鸡肉分离蛋白黏度的影响

3.2.4 超声处理时间对类 PSE 鸡肉分离蛋白粒径的影响

由图 3-12（a）知，随超声时间的增加，粒径的变化趋势为先减小后增加。对照组颗粒平均尺寸为 4992nm，超声处理 10min 后，颗粒平均尺寸显著降低至 3184nm（$P<0.05$）。超声处理后分离蛋白的粒径分布逐渐向左移动，表明分离蛋白的粒径逐渐减小。这可能是在超声处理过程中，聚集体被剧烈搅拌和碰撞，相互破坏了蛋白质之间的非共价相互作用（即氢键和疏水相互作用），导致颗粒更小，尺寸分布更窄。然而，随超声时间从 10min 增加到 15min，分离蛋白的粒度分布向右移动。这与粒径的变化一致。

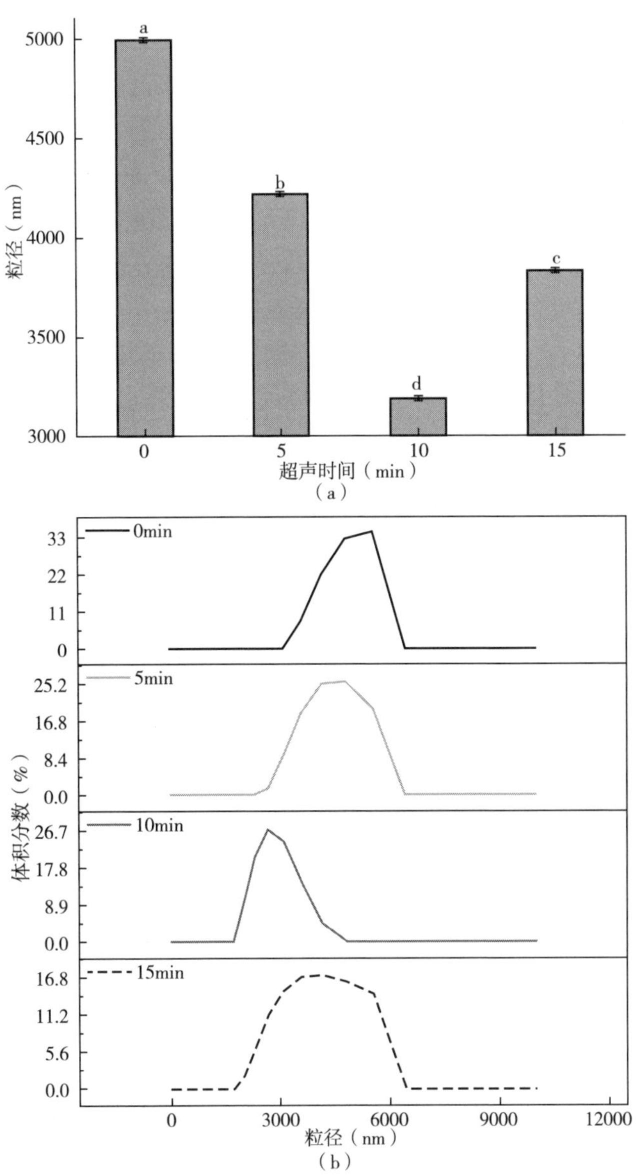

图 3-12　超声处理时间对类 PSE 鸡肉分离蛋白平均粒径和粒径分布的影响

注　小写字母不同表示差异显著（$P<0.05$）。

3.2.5　超声处理时间对类 PSE 鸡肉分离蛋白微观结构的影响

经不同时间超声波辅助提取的类 PSE 分离蛋白的微观结构见图 3-13。对照组中存在大而不规则形状的微结构，与对照组相比［图 3-13（a）（e）］，经超声处理的样品显示出更疏松的结构和不规则的片段，这些微观结构的变化可能是由于超声处理过程中产生的空化效应。当超声处理时间为 10min 时，样品具有更小和更疏松的结构，而超声时间进一步增加时，样品碎片的尺寸比 10min 的大。这些结果与粒径结果相一致。王怡婷等也得出超声辅助提取得到的鹅肝分离蛋白的微观结构较为疏松，这可能是因为超声空化效应产生的强烈物理力破坏了蛋白质之间的非共价键，使粒径减小，导致蛋白质的结构更加疏松多孔。

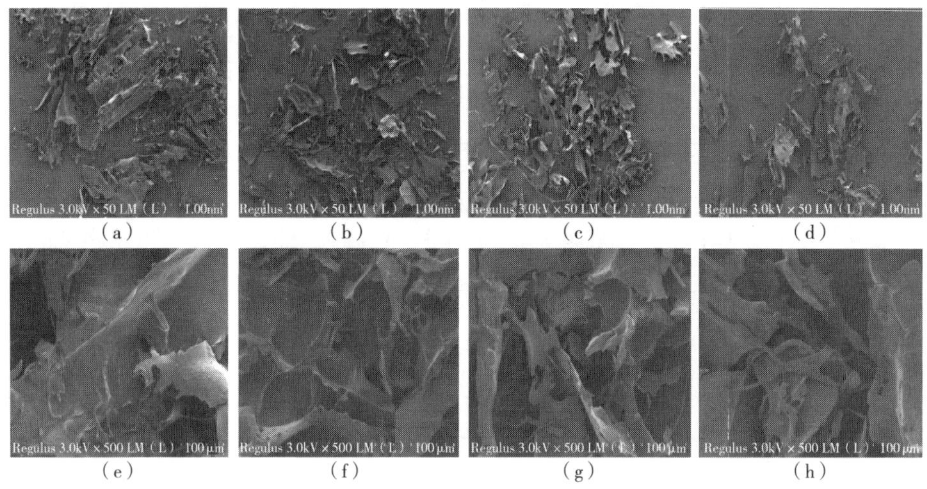

图 3-13　超声处理时间对类 PSE 鸡肉分离蛋白微观结构的影响

注　(a)~(d)，e~h 分别为超声处理时间 0、5min、10min、15min；(a)~(d) 放大倍数为 50；e~h 放大倍数为 500。

3.2.6　超声处理时间对类 PSE 鸡肉分离蛋白蒸煮损失的影响

蛋白质持水性代表蛋白质产品对水的吸附能力，是蛋白质凝胶最重要的一个功能特性。由图 3-14 可知，随超声时间从 0 增加到 10min，分离蛋白凝胶的蒸煮损失从 29.87%降低到 11.42%，降低了 61.77%，表明分离蛋白凝胶的保水性增加。这可能是因为适当的超声处理可以改变蛋白质结构，使粒径降低，增加了蛋白质和水分之间的相互作用，从而使蒸煮损失降低。随着超声时间进一步增加到 15min，分离蛋白凝胶的蒸煮损失无显著变化。Zhang 等也得出适当的超声处理可以增加 MP 凝胶的保水性。

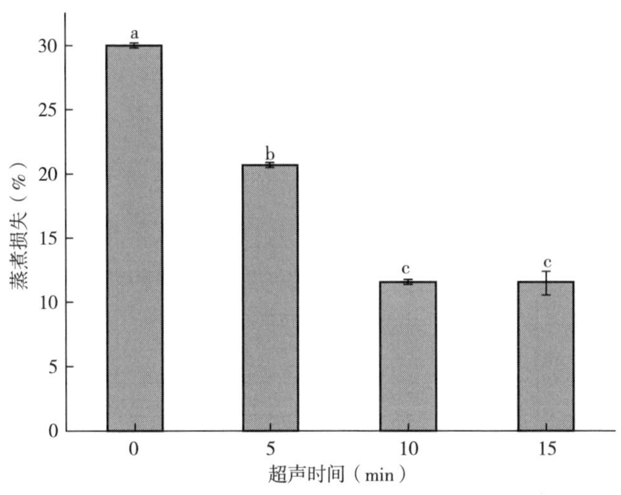

图 3-14　超声处理时间对类 PSE 鸡肉分离蛋白蒸煮损失的影响

注　不同字母表示差异显著（$P<0.05$）。

3. 2. 7　超声处理时间对类 PSE 鸡肉分离蛋白凝胶强度的影响

由图 3-15 可知，与对照组相比，超声辅助提取得到的分离蛋白的凝胶强度显著降低（$P<0.05$）。在 10min 时，凝胶强度降低至 175. 89g/cm^2。随着超声时间的进一步增加，样品的凝胶强度未发生明显变化。超声波处理促使蛋白质分子进一步展开，提高了蛋白质的溶解度，增加了蛋白质与水之间的吸引力，阻碍了蛋白质之间的纵向交联，因而导致形成凝胶的能力减弱。此外，蒸煮损失的降低（体系含水量增加）也会导致凝胶强度减弱，更多的水被截留在凝胶网络中，导致凝胶结构不致密。而 Li 等发现，超声处理能改善类 PSE 鸡肉糜的凝胶强度，Zhang 等研究发现，适当的超声辅助冻结功率可以提高鸡胸肉的凝胶强度，减少凝胶弱化。这可能是因为样品类型、成分、超声条件、处理方式等不同。

3. 2. 8　超声处理时间对类 PSE 鸡肉分离蛋白乳化特性的影响

如图 3-16 所示，随着超声时间的延长，类 PSE 鸡肉蛋白的 *EAI* 显著高于对照组（$P<0.05$），这可能与超声处理后蛋白质结构的展开有关。与超声 10min 相比，超声处理 15min 时，*EAI* 显著下降（$P<0.05$），这可能是因为形成了更大的

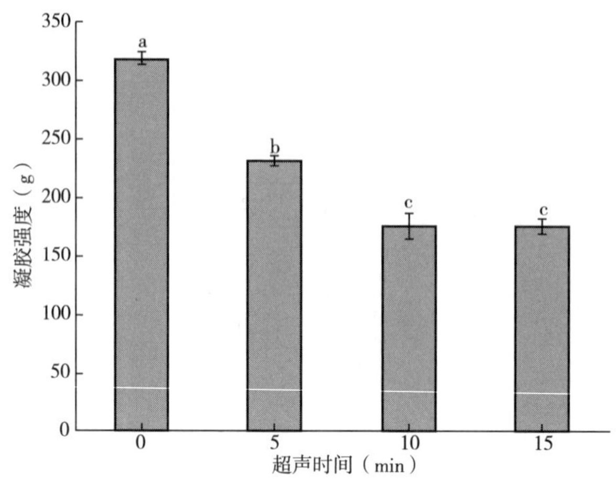

图 3-15　超声处理时间对类 PSE 鸡肉分离蛋白凝胶强度的影响

注　不同字母表示差异显著（$P<0.05$）。

聚集体，降低了蛋白质的溶解度。Zou 等表明，超声波处理导致蛋白质粒径降低，从而使蛋白质更快地吸附到油—水界面，从而增强乳化性能。与对照组（87.36%）相比，类 PSE 鸡肉蛋白 *ESI* 显著增加（$P<0.05$），当超声处理时间为 10min 时达到最大，为 98.67%，超声处理 15min 与 10min 的 *ESI* 没有显著差异。结果表明，超声辅助提取可以提高类 PSE 蛋白的 *EAI* 和 *ESI*。Li 等研究表明，与传统的提取方法相比，超声辅助提取得到的啤酒糟蛋白的 *EAI* 和 *ESI* 显著增加。Zou 等利用超声辅助碱法提取鸡肝分离蛋白也得到了同样的结果。

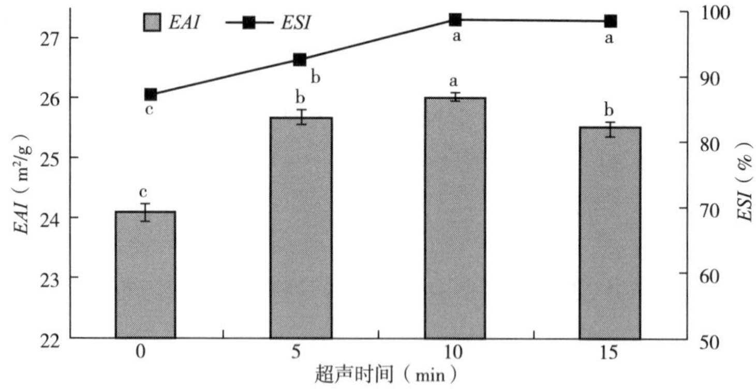

图 3-16　超声时间对类 PSE 鸡肉蛋白 *EAI* 和 *ESI* 的影响

注　不同字母表示差异显著（$P<0.05$）。

以上研究表明：相较于对照组，超声辅助提取类 PSE 蛋白的提取率由 45.55%显著提高至 68.58%（$P<0.05$），蛋白质含量显著提高 25.32%（$P<0.05$）；当超声辅助提取时间为 10min 时，类 PSE 鸡肉蛋白具有较小的浊度、黏度和粒径；扫描电子显微镜结果进一步证实超声辅助碱法提取的类 PSE 鸡肉蛋白结构变得更加疏松，碎片尺寸较小；超声处理后，类 PSE 鸡肉蛋白凝胶的蒸煮损失率显著降低 61.77%（$P<0.05$），表明蛋白凝胶的保水性增加，但其凝胶强度显著降低（$P<0.05$）；此外，超声辅助提取得到的类 PSE 鸡肉蛋白溶解度、*EAI* 和 *ESI* 分别提高 38.56%、8.02%和 12.94%。

3.3　超声辅助碱洗对类 PSE 鸡肉分离蛋白的乳液稳定性的影响

UAE 是以超声为预处理提取蛋白质的一种有效方法，具有提取率高、工艺快速、溶剂消耗率低、环境污染低等优点。通过上节内容我们得知超声处理可以改变 MP 的结构，提高水包油乳液的稳定性；UAE 能够增加类 PSE 鸡肉分离蛋白的乳液稳定性。因此，有必要进一步探索 UAE 稳定乳液的机制。

本节内容将介绍应用不同的超声时间（0、5min、10min 和 15min）辅助碱处理时，从蛋白质结构特性、界面特性以及乳液的理化和微观等方面，探索其乳液稳定性的影响机制，以期为后续研究提供理论参考。

3.3.1　不同超声处理时间下类 PSE 鸡肉分离蛋白的 SDS—PAGE 图谱

如图 3-17 所示，UAE 对分离蛋白的分子量分布没有影响。与对照组相比，分离蛋白的结构仍然保持完整，说明 UAE 没有改变分离蛋白的一级结构。可以观察到，分离蛋白主要由分子量约为 205kDa、43kDa 和 35kDa 的 3 个条带组成，对应的蛋白质是肌球蛋白重链、肌动蛋白和原肌球蛋白。Sun 和 Zhao 等也发现 UAE 没有改变米糠蛋白和扁豆蛋白的分子量分布。

3.3.2　超声处理时间对类 PSE 鸡肉分离蛋白二级结构的影响

UAE 后的分离蛋白的圆二色光谱如图 3-18 所示。在 208nm 和 222nm 左

右的两个负峰是 α-螺旋的吸收峰，α-螺旋的含量与峰的强度成正比。与对照组相比，随 UAE 时间的延长，峰值强度逐渐增加，说明 α-螺旋的含量增加，其含量的增加表明 UAE 可以部分恢复分离蛋白的构象，从而增加了蛋白质的功能稳定性。

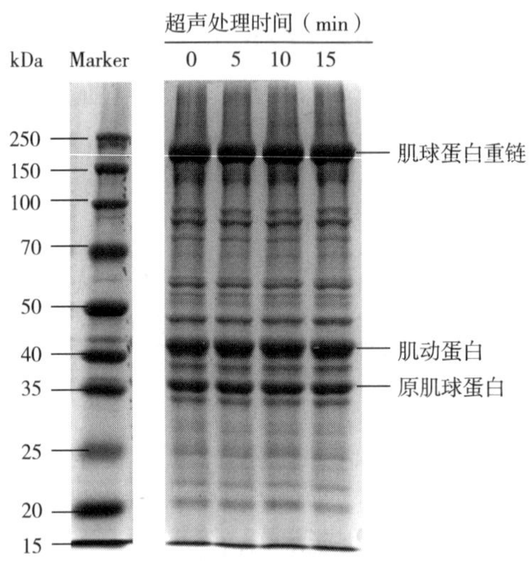

图 3-17　超声时间处理后类 PSE 鸡肉分离蛋白的 SDS—PAGE 图谱

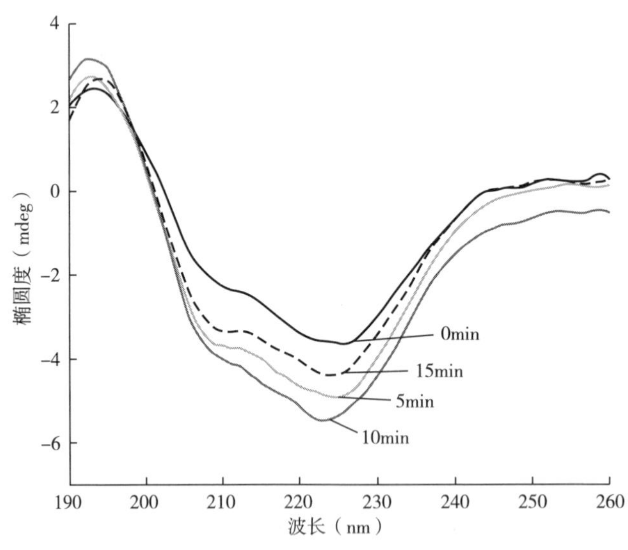

图 3-18　超声处理时间对类 PSE 鸡肉分离蛋白二级结构的影响

如表 3-5 所示，与对照组相比，UAE 10min 的 α-螺旋含量从 24.58%显著增加（$P<0.05$）至 35.93%，而 β-折叠和无规卷曲含量显著降低（$P<0.05$）。此外，β-转角的含量总体呈上升趋势。这些构象变化可能是由于超声暴露了隐藏在蛋白质内部的疏水残基。与 Yu 等的研究结果相似。上述结果表明 UAE 可以改变分离蛋白的二级结构，促进分离蛋白部分构象的恢复。

表 3-5　超声处理时间对类 PSE 鸡肉分离蛋白二级结构相对含量的影响

超声时间（min）	α-螺旋相对含量（%）	β-折叠相对含量（%）	β-转角相对含量（%）	无规则卷曲相对含量（%）
0	24.58±0.10^{d}	22.84±0.03^{b}	16.48±0.07^{d}	36.10±0.10^{a}
5	30.90±0.03^{b}	19.23±0.07^{c}	17.14±0.04^{b}	32.70±0.70^{c}
10	35.93±0.03^{a}	15.71±0.01^{d}	16.85±0.05^{c}	31.51±0.10^{d}
15	25.97±0.07^{c}	23.12±0.02^{a}	17.42±0.11^{a}	33.49±0.01^{b}

注　同列不同字母表示差异显著（$P<0.05$）。

3.3.3　超声处理时间对类 PSE 鸡肉分离蛋白三级结构的影响

3.3.3.1　超声处理时间对类 PSE 分离蛋白自由巯基（SH_F）含量的影响

不同 UAE 时间的分离蛋白的 SH_F 含量如图 3-19 所示。可以看出，随着 UAE 时间的延长，SH_F 含量先升高后显著降低（$P<0.05$）。与对照组相比，UAE 10min 的 SH_F 含量增加了 14.72%。SH_F 含量的增加可能是由于超声处理展开了蛋白质结构并减小了粒径，导致更多的埋在分子中的 SH_F 基团暴露出来。随 UAE 时间的进一步增加，SH_F 含量显著下降，这可能是由于 SH_F 被超声空化产生的过氧化氢氧化。

3.3.3.2　超声处理时间对类 PSE 分离蛋白表面疏水性的影响

H_0 代表蛋白质表面疏水基团的数量，通常用于评价蛋白质构象的变化，与蛋白质功能高度相关。如图 3-20 所示，与对照组相比，通过 UAE 的分离蛋白显示出更高的 H_0。随 UAE 时间从 0 增加到 5min、10min 和 15min，分离蛋白的 H_0 分别从 923.75 增加到 1160.33、1392.53 和 1354.03。这可能是因为超声空化作用使蛋白质展开和位于分离蛋白分子内的疏水性氨基酸残基，从而增加了与 ANS 探针的结合位点。随着 UAE 时间进一步延长至 15min，分离蛋白的 H_0 没有显著变化（P>0.05），略低于 10min，这可能是超声处理使更多疏水基团通过疏水相互作用再聚合，导致蛋白质疏水性降低。

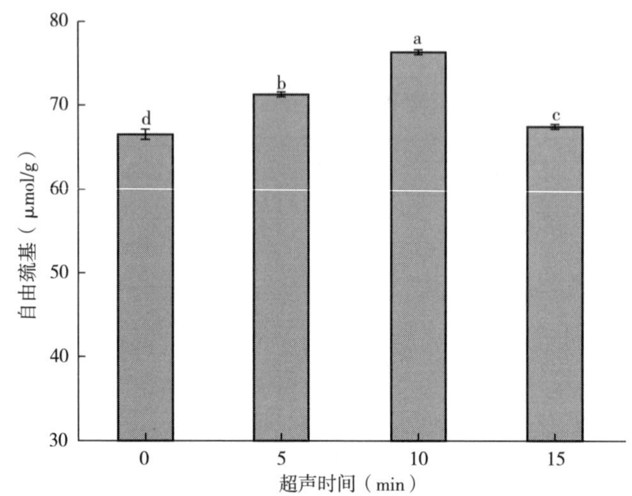

图 3-19　超声处理时间对类 PSE 鸡肉分离蛋白自由巯基的影响

注　不同小写字母表示差异显著（P<0.05）。

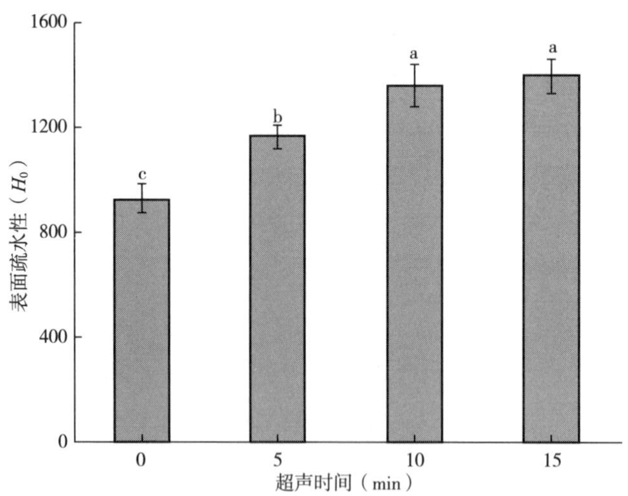

图 3-20　超声时间对类 PSE 鸡肉分离蛋白表面疏水性的影响

注　不同小写字母表示差异显著（P<0.05）。

3.3.3.3　超声处理时间对类 PSE 分离蛋白荧光强度的影响

如图 3-21 所示，与对照组相比，随 UAE 时间的增加，分离蛋白的荧光强度显著增加。然而，在不同的 UAE 时间下，最大发射波长几乎没有变化。UAE 后分离蛋白荧光强度的增加可能是由于更多的蛋白质展开，内部疏水基团暴露，从而增加了微环境中的非极性。然而，超声 15min 的荧光强度低于 10min。该结果与 H_0 的变化一致（图 3-20）。因此，适当的 UAE 时间可以使蛋白质的结构展开和改变三级结构，有利于提高其乳化性能。

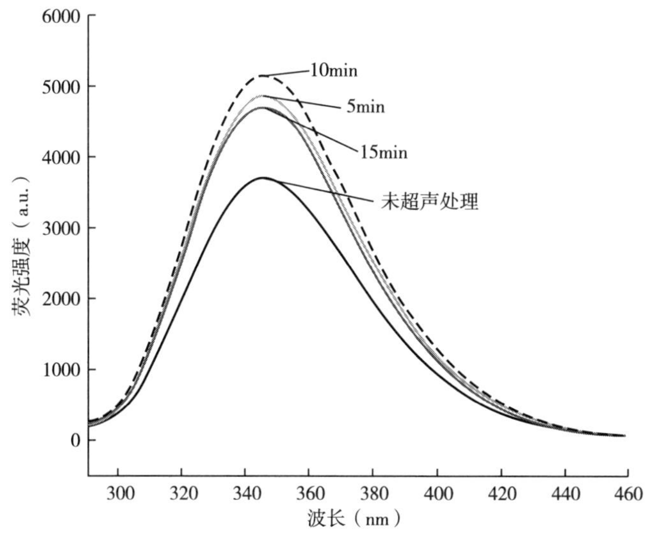

图 3-21　超声时间对类 PSE 鸡肉分离蛋白荧光强度的影响

3.3.4　超声处理时间对类 PSE 鸡肉分离蛋白界面张力的影响

众所周知，蛋白质是一种乳化剂，可以有效降低油水界面张力，稳定乳化体系。因此，研究蛋白质的油水界面特性对揭示影响乳液稳定性的机理具有十分重要的意义。不同 UAE 时间制备的分离蛋白的界面张力如图 3-22 所示。所有样品的界面张力随时间持续下降。与对照组相比，UAE 后的分离蛋白与大豆油之间的界面张力显著降低。特别是 UAE 10min 的分离蛋白和大豆油之间的界面张力最低。O'sullivan 等也发现类似的结果，表明超声波处理可以显著降低植物蛋白质溶液和植物油之间的界面张力。Xiong 等还报道了高强度超声处理可以降低卵清蛋白和大豆油之间的界面张力。这可能是由于超声处理后分离蛋白的结构发生了变化（图 3-18～图 3-21）。此外，具有较高表面疏水性（图 3-20）和较小尺寸（图 3-12）的蛋白质更容易吸附在油水界面上，从而降低了油水界面张力和提高了分离蛋白的乳化稳定性。

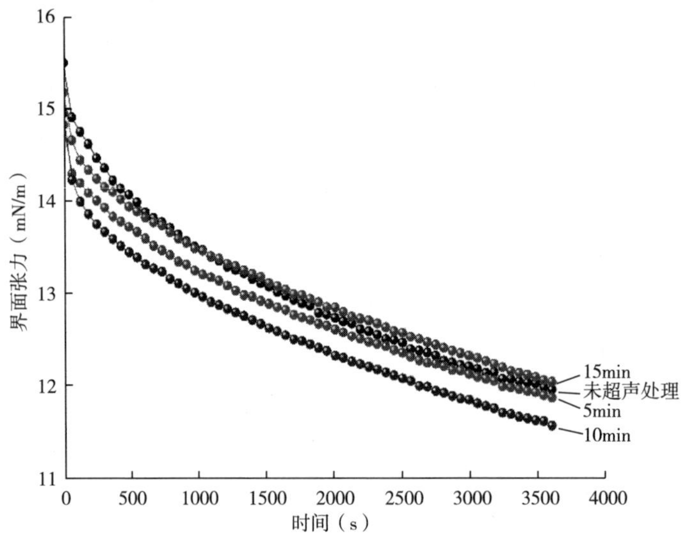

图 3-22　超声处理时间对类 PSE 鸡肉分离蛋白界面张力的影响

3. 3. 5　乳液的粒径、粒径分布和光学显微镜图

乳液的粒径、粒径分布和显微镜图如图 3-23 所示。与对照组相比，UAE 后蛋白质乳液的粒径分布呈现出向更小尺寸的转变。乳液的粒径分布比较窄，10min 时呈现单峰，表明形成了均匀的乳液。这与乳液的光学显微图片一致。从图 3-23 可以看出，随 UAE 时间从 0 增加到 10min，乳液的平均粒径从（26. 17±0. 11）μm 显著降低到（17. 24±0. 18）μm。较低的粒径表明乳液更稳定，这与 ESI 的结果一致（图 3-16）。这可能是因为具有较高表面疏水性（图 3-20）和较小粒径（图 3-12）的蛋白质倾向于吸附在油—水界面上，从而降低界面张力（图 3-22）。但随时间的延长，乳液的粒径增大，这可能与过度超声导致部分蛋白质变性有关。从乳液的显微镜图片中观察到，对照组的油滴较大且分布不均匀，而 UAE 10min 的乳液中的油滴更小且更均匀。该结果与乳液的粒径分布一致。

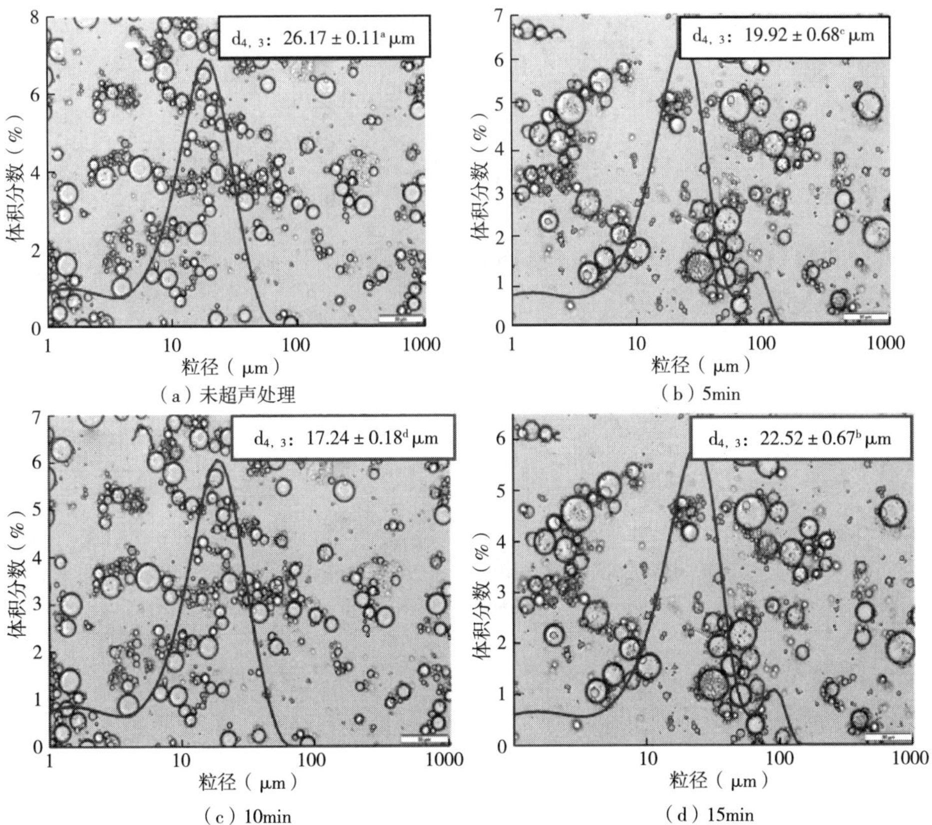

图 3-23　乳液的粒径分布、平均粒径（$d_{4,3}$）和显微镜图

3.3.6　乳液的冷场电镜图

通过 Cryo-SEM 进一步分析了分离蛋白稳定乳液的微观结构。从图 3-24 可以看出，对照组的液滴颗粒较大且不均匀，出现大量架桥絮凝，这表明对照组中的蛋白质乳液稳定。随着 UAE 时间的增加，油滴颗粒逐渐减少，在 UAE 10min 时油滴最小，油滴分布比较均匀。此外，还观察到蛋白质吸附在油滴表面。然而，UAE 15min 时油滴大小进一步增加。这与上述粒度分布和显微镜照片的结果一致（图 3-23）。在冷场电镜图中，球形和椭圆形为油滴，架桥代表蛋白质，这可能是样品制备冷冻过程中蛋白质在连续相中形成的。因此，从图 3-24 可以看出，该乳液为水包油型乳液。

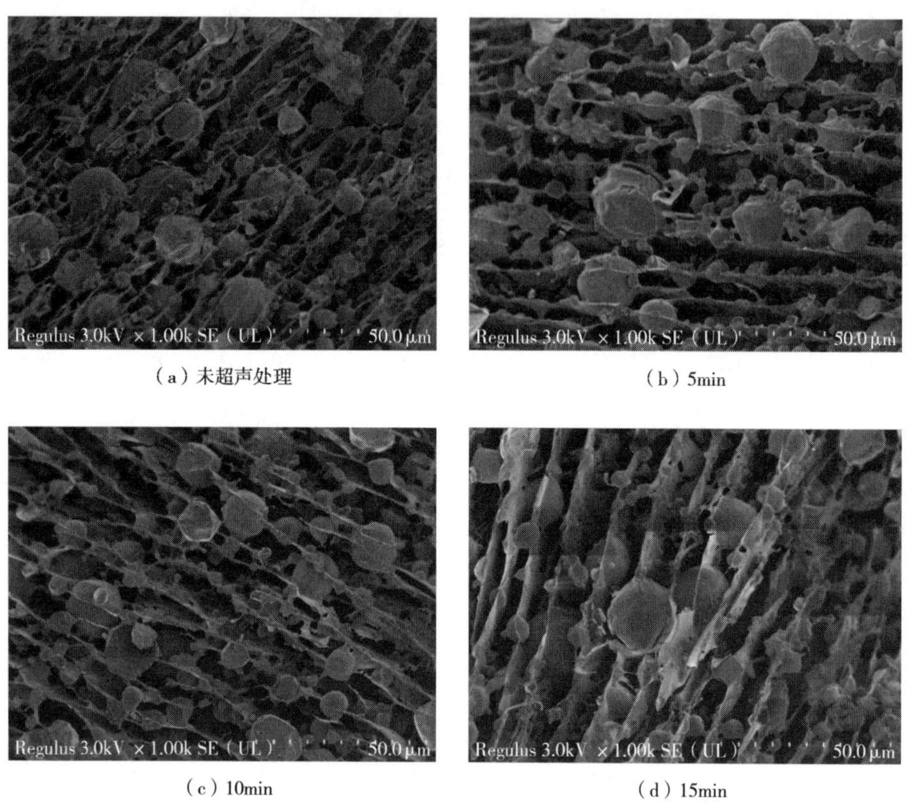

（a）未超声处理　（b）5min

（c）10min　（d）15min

图 3-24　乳液的冷场电镜图

3.3.7　乳液的流变特性

水包油乳液的表观黏度对食品行业非常重要。从图 3-25（a）可以看出，随剪切速率的增加，乳液的黏度逐渐降低，然后稳定下来，表明这些分离蛋白稳定的乳液是假塑性液体，表现出剪切稀化行为。根据剪切压力—剪切速率［图 3-25（b）］，通过幂律方程模型拟合计算的相关参数如表 3-6 所示。n 小于 1 表明乳液为剪切稀化流体。随 UAE 时间的增加，乳液的黏度逐渐降低。同样，有研究发现超声处理后由鳕鱼蛋白稳定的乳液黏度降低。这可能是由于超声空化破坏了分离蛋白之间的非共价键以展开蛋白质结构，减小了分离蛋白聚集体的粒径（图 3-2）。然而，UAE 15min 的乳液黏度略有增加。这与表 3-6 中 k 的结果一致。上述结果表明，与对照组相比，UAE 10min 的油滴更均匀（图 3-24），油滴之间的聚集越少，油滴黏度就越低。Keerati-urai等也发现了相同的结果，即大油滴的形成导致大豆蛋白制备的水包油乳液黏度增加。

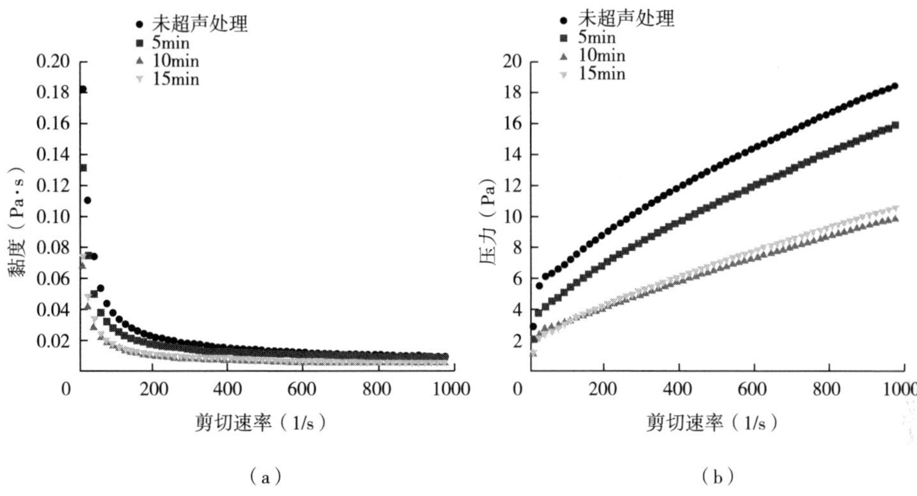

（a）　　　　（b）

图3-25　乳液的表观黏度（a）和剪切压力（b）

表3-6　乳液的黏度系数和流变行为指数

超声时间（min）	黏度系数 k（$Pa \cdot s^n$）	流动指数 n	回归系数 R^2
0	4.51	0.38	0.97
5	2.14	0.47	0.98
10	1.22	0.48	0.98
15	1.56	0.44	0.97

3.3.8　乳液中蛋白质的构象

为了进一步解释分离蛋白乳化能力的变化，采用拉曼光谱分析了分离蛋白稳定乳液的二级结构（α-螺旋、β-折叠、β-转角和无规则卷曲）。从图3-26（b）可以看出，酰胺Ⅰ区的中心在1658cm^{-1}左右。然而，α-螺旋的分布为1650~1665cm^{-1}，表明α-螺旋是主要成分。这与表3-7中α-螺旋含量的结果一致。

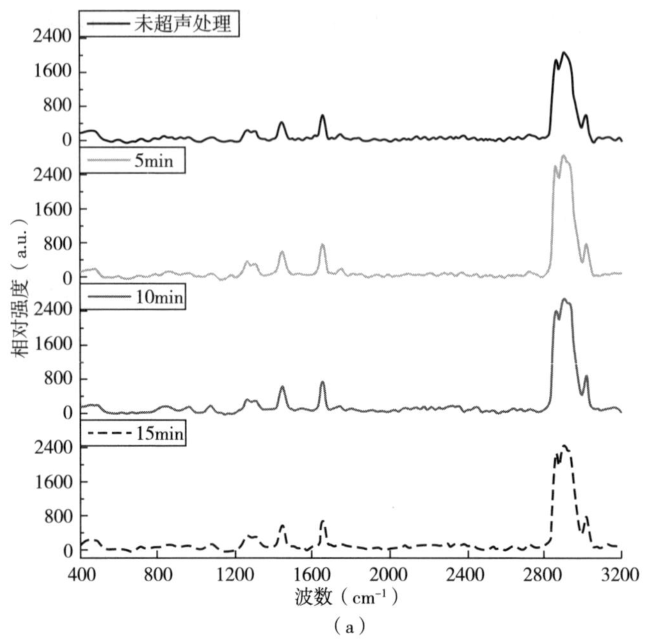

（a）

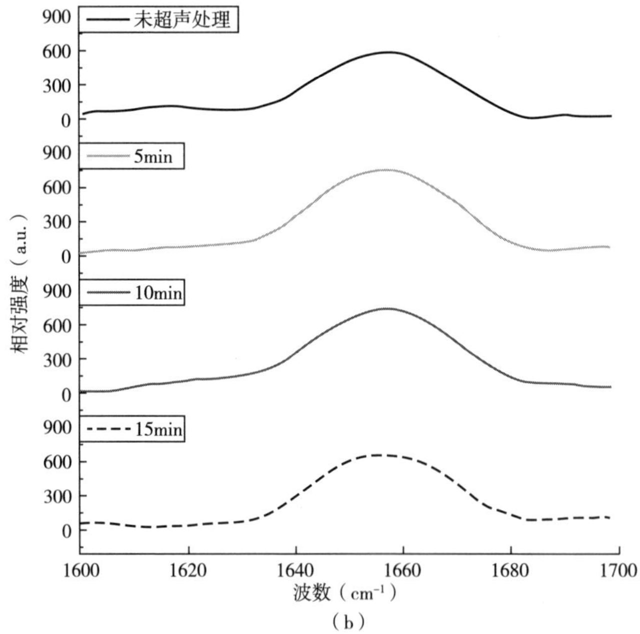

（b）

图 3-26　乳液在 400～3200cm^{-1}（a）和 1600～1700cm^{-1}（b）区域的拉曼光谱

表 3-7　乳液中蛋白质二级结构的相对含量

超声时间（min）	α-螺旋相对含量（%）	β-折叠相对含量（%）	β-转角相对含量（%）	无规则卷曲相对含量（%）
0	48.23 ± 0.18^{c}	11.85 ± 1.68^{b}	3.57 ± 1.03^{a}	36.15 ± 2.65^{a}
5	50.69 ± 0.24^{bc}	10.18 ± 0.38^{b}	2.87 ± 0.28^{a}	36.26 ± 0.69^{a}
10	57.05 ± 3.70^{a}	14.83 ± 0.65^{a}	2.96 ± 0.91^{a}	25.16 ± 2.30^{b}
15	53.13 ± 1.74^{b}	10.74 ± 2.44^{b}	3.12 ± 0.96^{a}	33.01 ± 1.82^{a}

注　同列不同字母表示差异显著（$P<0.05$）。

表 3-7 显示了乳液中蛋白质二级结构的相对含量。随着 UAE 时间的增加 α-螺旋的含量增加，UAE 10min 时含量最高，与对照组相比增加了 18.29%。UAE 10min 时 β-折叠的含量也最高，无规则卷曲含量较低。然而，β-转角含量没有显著变化（$P>0.05$）。这些结果表明，随 UAE 时间的增加，无规则卷曲结构逐渐转变为有序的 α-螺旋结构，这可能有助于界面蛋白质层的空间排斥以避免聚结和絮凝。此外，β-折叠的增加有利于蛋白质之间的相互作用，从而形成更稳定的乳液。Lee 等也报道了吸附蛋白质的二级结构倾向于构象重排，形成有序的蛋白质骨架，从而提高了分离蛋白的乳化性能。

基于以上结果 UAE 分离蛋白乳液稳定的机制可能是超声改变了类 PSE 分离蛋白的二级和三级结构（图 3-2～图 3-21），α-螺旋的含量的增加表明类 PSE 分离蛋白的部分构象恢复，从而增加了蛋白质的功能稳定性。超声处理 10min 时，蛋白质的结构进一步展开，暴露出更多的 SH_F 和疏水残基，疏水基团的适当暴露可以增加蛋白质—油的相互作用，促进更多的蛋白质吸附在油分子表面。因此，油水界面张力（图 3-22）降低，从而增加了分离蛋白的 *EAI* 和 *ESI*（图 3-16）。此外，超声空化效应引起的剪切和湍流减小了分离蛋白的粒径（图 3-12），破坏了蛋白质聚集体之间的非共价相互作用，增加了分离蛋白的溶解度（表 3-13），粒径减小，溶解度更高，分子的流动性越强，更容易以较快的扩散速率吸附在油—水界面，并在油滴周围形成一层蛋白膜（图 3-24），从而提高了分离蛋白的乳化稳定性。因此，经超声处理的分离蛋白具有更小且更均匀的乳液液滴（图 3-23）。

以上研究表明：UAE 对类 PSE 分离蛋白的组成没有影响，然而类 PSE 分离蛋白的二级和三级结构发生了变化，表现为α-螺旋和β-转角的含量增加，β-折叠和无规则卷曲含量降低，这表明UAE促进了蛋白质结构的展开。UAE分离蛋白制备的乳液具有较低的界面张力和更均匀的分布。此外，拉曼光谱表明，UAE后乳液中蛋白质的有序结构（α-螺旋和β-折叠）增加，有利于形成更稳定的乳液。

3.4 超声波辅助碱洗得到的类PSE鸡肉分离蛋白与EGCG复合体系的理化特性研究

超声波加工可以有效辅助酸碱分离和蛋白质提取，具有高效、环保、耗时短、原料损耗率低等优点。另外，超声波对蛋白质修饰产生的物理化学作用已在食品工业中引起了广泛关注。经过研究发现，超声波辅助提取技术可有效提高类PSE鸡肉分离蛋白提取率并改善其加工特性。EGCG是绿茶中最丰富的水溶性生物活性成分。近年来，酚类化合物因具有众多有益特性而在许多领域引起了越来越多的关注。但EGCG在中性和碱性条件下极不稳定。最近的研究表明，蛋白质可以与EGCG结合使用，从而更好地保护其抗氧化特性不被降解。Chen等研究发现与未超声的乳清分离蛋白相比，经过超声预处理的乳清分离蛋白与EGCG的结合能力更强，保护效果更好。Yan等利用酸碱处理的大豆分离蛋白与EGCG结合，提高了大豆分离蛋白与EGCG的结合力，尤其是碱处理的蛋白质更好地阻止了EGCG在贮存过程中的降解。然而，目前关于超声波处理后的类PSE鸡肉分离蛋白对EGCG的保护作用鲜见报道。

本节内容以不同提取方式得到的类PSE鸡肉分离蛋白为研究对象，分析类PSE鸡肉分离蛋白—EGCG复合体系的理化特性，探究经UAE提取的类PSE鸡肉分离蛋白对EGCG的保护效果，以期为开发利用类PSE鸡肉分离蛋白作为生物活性物质载体，以及拓宽超声波辅助提取技术的应用领域提供理论参考。

3.4.1 平均粒径和Zeta-电位分析

不同方式处理类PSE鸡肉分离蛋白的平均粒径、PDI和Zeta-电位见表3-8。

由表3-8可知，与PSE组相比，UHPSE组的平均粒径明显减小（$P<0.05$），由于超声波具有空化效应、机械效应和热效应，产生的高温、高压、高剪切力和湍流可分解蛋白质溶液内的大颗粒，最大程度地诱导较大高分子蛋白质聚集体中非共价键的断裂，并协同蛋白质结构展开，削弱蛋白质分子间的作用力，进一步缩小颗粒尺寸，还可能引起蛋白质表面电荷的重新分配，这也是UAE提取的类PSE鸡肉分离蛋白Zeta-电位绝对值产生变化的部分原因。此外，类PSE鸡肉分离蛋白与EGCG复合体系的平均粒径均相对减小，其中UHPSE—EGCG的平均粒径和*PDI*最小，代表颗粒分布最均匀，表明EGCG会抑制蛋白质聚集，可能是EGCG与类PSE鸡肉分离蛋白能够通过氢键作用和疏水相互作用可逆地结合形成复合体系，而这种可逆结合可能会修饰和改变体系中类PSE鸡肉分离蛋白的结构，使二者内部连接更紧密。而超声波的空化效应和剪切作用导致蛋白质聚集体中的非共价键被破坏，抑制蛋白质的聚集，因而导致UHPSE—EGCG组平均粒径最小。

表3-8　不同方式处理类PSE鸡肉分离蛋白的平均粒径、*PDI*和Zeta-电位

样品	平均粒径（nm）	*PDI*	Zeta-电位（mV）
PSE	3856.67±39.70[a]	0.546±0.050[a]	−29.2±0.693[a]
PSE—EGCG	3759.00±60.40[b]	0.500±0.036[a]	−32.3±0.400[b]
UHPSE	3472.33±44.11[c]	0.341±0.028[b]	−37.53±0.802[c]
UHPSE—EGCG	1864.33±37.17[d]	0.036±0.034[c]	−44.96±1.484[d]

Zeta-电位绝对值可衡量体系的稳定性。由表3-8可知，与PSE组相比，UHPSE组的Zeta-电位绝对值明显增加（$P<0.05$）；PSE组和UHPSE组与EGCG复合后，Zeta-电位绝对值均有一定程度的增加，且UHPSE—EGCG组的Zeta-电位绝对值最高，表明此复合体系稳定性最好。这可能是因为超声处理使蛋白质分子的内部结构展开，暴露了更多带负电的氨基酸，增加了蛋白质分子间的静电斥力，使蛋白质与EGCG的相互作用增强，进而使体系更稳定。

3.4.2　浊度分析

浊度包括溶质分子对光的吸收及不溶性物质对光的散射，主要与不溶性物质的含量、大小、溶液颜色等有关，浊度数值越高，代表蛋白质聚集程度越高。不同方式处理类 PSE 鸡肉分离蛋白的浊度如图 3-27 所示，其中不同字母代表组间差异显著（P<0.05）。由图 3-27 可知，与 PSE 组相比，UHPSE 组的浊度出现减小趋势（P<0.05），这一方面可能与超声波的机械效应有关，机械效应产生的剪切力使蛋白质结构发生变化，导致蛋白质粒径减小，降低了类 PSE 鸡肉分离蛋白的浊度；另一方面可能因为碱处理产生了静电斥力，导致浊度减小，从而提高了溶液体系的稳定性。PSE—EGCG 组的浊度与 PSE 组相比明显增加，UHPSE—EGCG 组的浊度相较于 UHPSE 组也有一定幅度的增加，这可能是由于 EGCG 的加入使复合体系的平均粒径和 PDI 减小，溶液颗粒分布更均匀，增加了投射在颗粒表面的光漫反射。

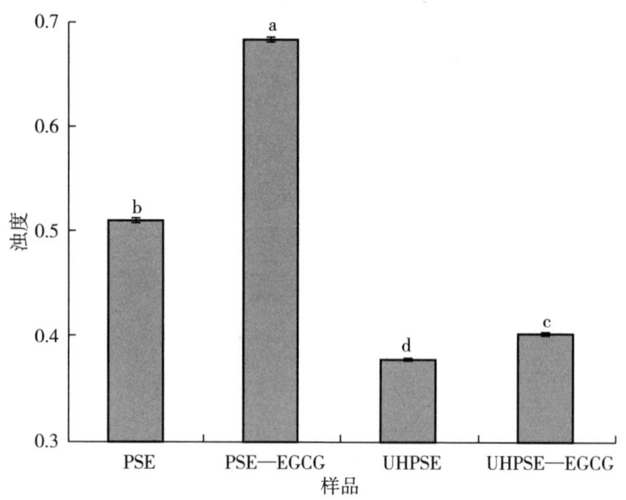

图 3-27　不同方式处理类 PSE 鸡肉分离蛋白的浊度

注　不同字母表示差异显著（P<0.05）。

3.4.3　红外吸收光谱分析

不同方式处理类 PSE 鸡肉分离蛋白的红外吸收光谱和二级结构相对含量如图 3-28 和表 3-9 所示。由图 3-28 可知，与 PSE 组相比，各组的类 PSE 鸡肉分离蛋白的酰胺 Ⅰ 带的特征峰略微发生偏移；相对于 EGCG（$1692cm^{-1}$），类 PSE 鸡肉分离蛋白与 EGCG 结合后酰胺 Ⅰ 带的特征峰均发生较明显的偏移。由表 3-9 可知，与 PSE 组相比，UHPSE 组蛋白质的 α-螺旋与 β-折叠的相对含量显著减小，β-转角的相对含量显著增加，无规则卷曲变化不显著（P<

0.05)。这是因为超声波的空化效应产生剧烈的机械运动，使蛋白质分子相互摩擦碰撞并形成了松散且无序的结构，且其二级结构向不定型结构转化；也有可能是碱作用后产生的静电斥力使蛋白质多肽链解链重排，导致蛋白质的二级结构发生了改变，提高了蛋白质结构的柔韧性，这与李扬等的研究结论较一致。但并不是所有的超声波辅助提取都可引起 β-折叠相对含量的减小，如殷春燕等研究发现，大多数植物蛋白经超声波辅助提取后，α-螺旋相对含量减小，而 β-折叠相对含量增加，这可能与蛋白质的种类、自身性质、提取条件、温度等有关。相较于 UHPSE 组，UHPSE—EGCG 组无规则卷曲相对含量明显增加，α-螺旋相对含量明显减小，β-折叠相对含量增加，表明 EGCG 与蛋白质间的相互作用提高了蛋白质二级结构的有序性，这可能是因为超声波导致蛋白质中疏水性氨基酸残基暴露，增强了蛋白质与 EGCG 之间的相互作用，进一步改变了蛋白质的结构。

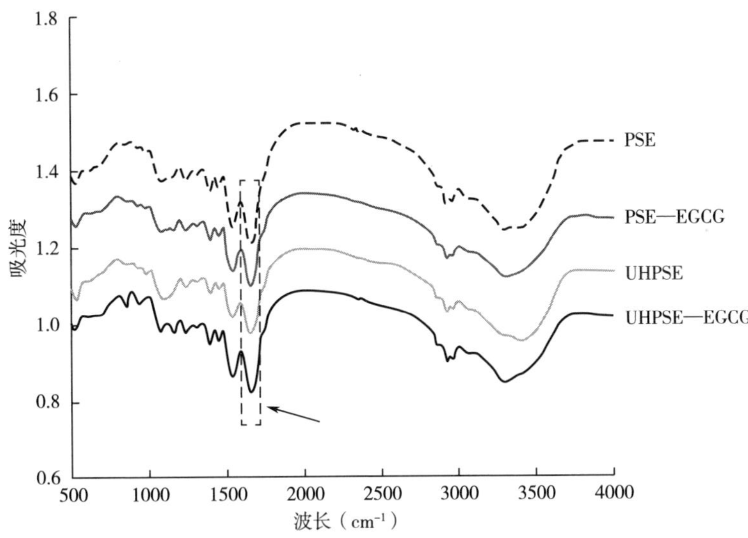

图 3-28　不同方式处理类 PSE 鸡肉分离蛋白的红外吸收光谱

表 3-9　不同方式处理类 PSE 鸡肉分离蛋白的二级结构相对含量

样品	α-螺旋（%）	β-折叠（%）	β-转角（%）	无规则卷曲（%）
PSE	16.90 ± 0.1^{a}	24.18 ± 0.20^{a}	43.86 ± 0.06^{b}	15.05 ± 0.20^{c}
PSE—EGCG	17.02 ± 0.05^{a}	27.77 ± 0.10^{a}	38.91 ± 0.30^{c}	16.03 ± 0.30^{b}

续表

样品	α-螺旋（%）	β-折叠（%）	β-转角（%）	无规则卷曲（%）
UHPSE	12.84±0.02[b]	11.96±0.09[c]	63.17±0.06[a]	12.03±0.10[d]
UHPSE—EGCG	9.07±0.10[c]	19.08±0.20[b]	54.05±0.20[a]	17.79±0.08[a]

注 不同字母表示差异显著（$P<0.05$）。

3.4.4 紫外—可见光吸收光谱分析

不同方式处理类 PSE 鸡肉分离蛋白的紫外—可见光吸收光谱如图 3-29 所示。由图 3-29 可知，与 PSE 组和 UHPSE 组相比，加入 EGCG 后，其蛋白质吸收峰的吸光度均增大，其中 UHPSE—EGCG 组吸收峰的吸光度最大，这可能是 EGCG 与蛋白质中的色氨酸（Trp）等氨基酸残基之间形成了新的共轭体系，π-π＊电子对发生了能级跃迁。同时，加入 EGCG 后形成的复合体系的最大吸收峰位置发生了轻微红移，产生这种现象的原因可能是 EGCG 小分子与蛋白质生物大分子间相互作用产生了新的产物，使不同方式处理的蛋白质结构松散，肽链延伸，从而使包埋于类 PSE 鸡肉分离蛋白疏水区域中氨基酸残基的芳香杂环疏水基团暴露在外，使微环境的疏水性降低，引起类 PSE 鸡肉分离蛋白构象发生改变。动态猝灭是由分子相互动态碰撞产生的，其蛋白质生物大分子的紫外—可见光吸收光谱不会发生变化；静态猝灭是由分子之间形成复合物而产生的，蛋白质生物大分子的紫外—可见光吸收光谱将发生变化。由图 3-29 可知，类 PSE 鸡肉分离蛋白与 EGCG 发生相互作用后，蛋白质的紫外吸收峰发生了变化，初步证明了 EGCG 对类 PSE 鸡肉分离蛋白的荧光猝灭过程为静态猝灭。

3.4.5 荧光强度分析

芳香族氨基酸中的色氨酸 Trp、酪氨酸（Tyr）和苯丙氨酸（Phe）含有共轭双键和苯环结构，是蛋白质内源荧光的主要来源。不同方式处理类 PSE 鸡肉分离蛋白的荧光强度如图 3-30 所示。由图 3-30 可知，与 PSE 组相比，UHPSE 组的荧光强度大幅度增加，同时伴随明显的红移，这可能是因为经超声波作用后，超声波产生的空穴作用和剪切力使类 PSE 鸡肉分离蛋白分子伸展，分子间作用力受到干扰，蛋白质内部的疏水基团在处理过程中暴露出来，

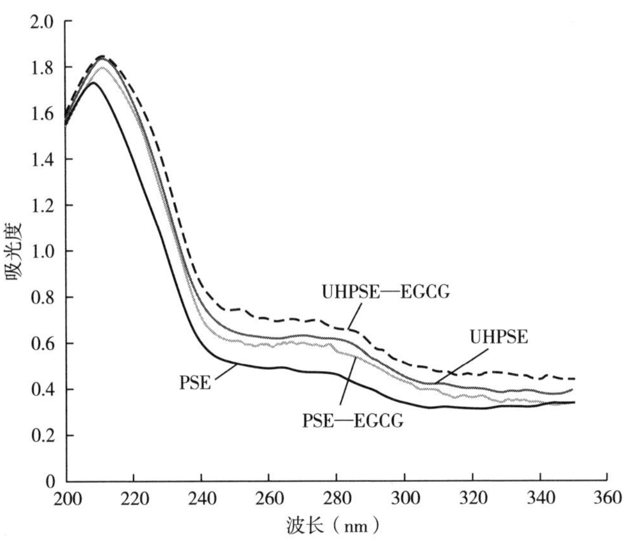

图 3-29　不同方式处理类 PSE 鸡肉分离蛋白的紫外—可见光吸收光谱

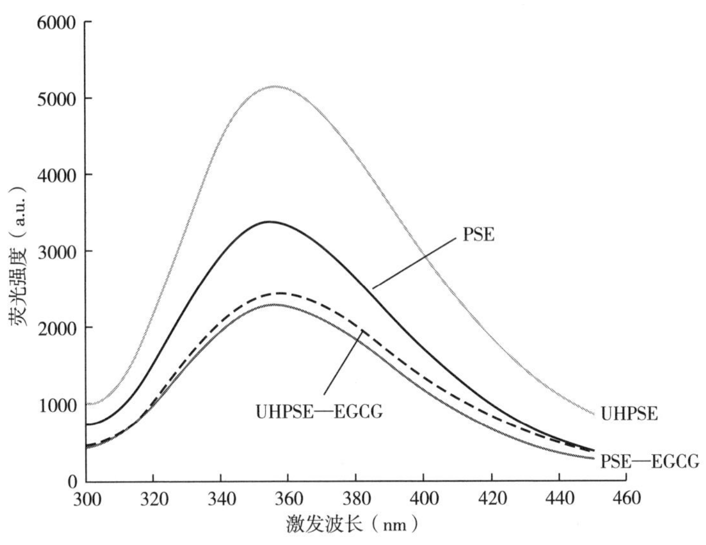

图 3-30　不同方式处理类 PSE 鸡肉分离蛋白的荧光光谱

埋藏在蛋白质内部的侧链暴露在极性环境中，从而改变了蛋白质的荧光性质。加入 EGCG 后，所得复合体系的荧光强度均有不同程度的降低，并伴随不同程度的红移，表明 EGCG 对类 PSE 鸡肉分离蛋白的荧光具有明显猝灭作用，即蛋白质三级结构发生了变化。荧光强度降低可能是因为 EGCG 内部含有酚羟基，当与类 PSE 鸡肉分离蛋白形成复合体系时，生成了不发射荧光的基态配合物，蛋白质分子部分展开内部亲水区域，增加其表面亲水性。UHPSE—EGCG 复合体系的荧光强度最低，可能是 EGCG 与 UAE 协同作用改变了类 PSE 鸡肉分离蛋白的构象所致。

3.4.6 荧光猝灭光谱分析

荧光对 Trp 残基微环境和蛋白质三级结构的变化高度敏感，因此，经常被用作检测蛋白质空间结构变化的一种手段。不同 EGCG 浓度下不同方式处理类 PSE 鸡肉分离蛋白的荧光猝灭光谱如图 3-31 所示。由图 3-31 可知，类 PSE 鸡肉分离蛋白在 360nm 左右具有最强的荧光发射峰，且随 EGCG 浓度的增加，荧光强度逐渐减弱，当 EGCG 浓度为 10μmol/L 时荧光强度最弱，荧光猝灭程度对 EGCG 浓度（0~10μmol/L）具有依赖性，且 EGCG 使得类 PSE 鸡肉分离蛋白的最大发射峰发生轻微红移。这些结果表明，EGCG 可与蛋白质的荧光团结合，猝灭其固有的荧光，而荧光猝灭可能是因为荧光团与猝灭剂之间的碰撞，也可能是因为荧光团与猝灭剂之间形成了基态络合物，EGCG 的猝灭使蛋白质中发色团的微环境改变，并使多肽链结构松散、进一步舒展，进而使蛋白质空间结构处于更加延伸的状态。

为进一步研究猝灭机理，应用 Stern-Volmer 方程对荧光数据进行分析。分离蛋白—EGCG 复合体系的荧光猝灭参数见表 3-10。由表 3-10 可知，PSE 组和 UHPSE 组的 Kq 都大于最大动态猝灭速率常数，故静态猝灭在 EGCG 猝灭 2 组类 PSE 鸡肉分离蛋白荧光过程中起着主导作用（部分荧光物质与猝灭剂 EGCG 生成了非荧光配合物）。EGCG 与不同方式处理类 PSE 鸡肉分离蛋白相互作用的 Stern-Volmer 图及双对数图如图 3-32 所示。由表 3-10 和图 3-32（a）可知，PSE 组和 UHPSE 组均表现出良好的线性关系，$R^2 \geq 0.995$；PSE 组与 UHPSE 组的 Stern-Volmer 曲线斜率明显不同，且类 PSE 鸡肉分离蛋白经超声波处理后，其 Ksv 和 Kq 都显著增加，表明 UHPSE 组与 EGCG 的相互作用比 PSE 组强。由表 3-10 和图 3-32（b）可知，相较于 PSE 组，UHPSE 组具有更大 Ka 和 n，表明 UHPSE 组对 EGCG 的结合程度更高。相关研究发现，蛋白质与多酚之间的相互作用同蛋白质的表面性质相关，超声波处理导致蛋白质的结构改变、分子展开，暴露出更多的内部疏水基团，可与 EGCG

相互作用，进而影响蛋白质与 EGCG 的结合强度。蛋白质结构柔韧性的提高也会增强 EGCG 与蛋白质的结合能力。此外，n 与 Ka 的变化趋势一致，可进一步表明 UHPSE 组与 EGCG 之间的亲和力更高。

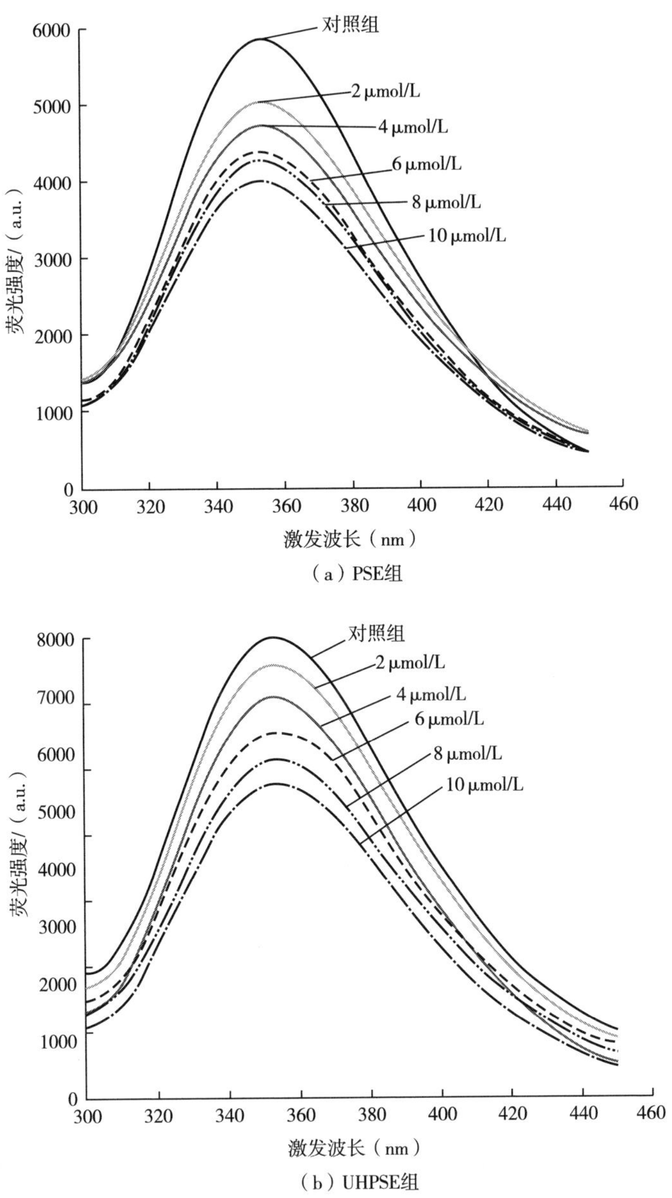

图 3-31　不同 EGCG 浓度下不同方式处理类 PSE 鸡肉分离蛋白的荧光猝灭光谱图

表 3-10　分离蛋白—EGCG 复合体系的荧光猝灭参数

样品	Kq［×10^12 L/(mol·s)］	Ksv（×10^4 L/mol）	Ka（×10^4 L/mol）	n	R^2
PSE	3.840±0.005[b]	3.840±0.005[b]	47.310±0.028[b]	0.661±0.010[b]	0.995
UHPSE	5.590±0.002[a]	5.590±0.002[a]	78.080±0.033[a]	1.265±0.010[a]	0.998

注　不同字母表示差异显著（$P<0.05$）。

图 3-32　EGCG 与不同方式处理类 PSE 鸡肉分离蛋白相互作用的 Stern-Volmer 图及双对数图

3.4.7　EGCG 贮藏稳定性分析

EGCG 是一种水溶性成分，对光和热敏感，可逐渐被氧化形成有色溶液。因此，可根据溶液的颜色变化研究其降解情况。EGCG 与不同方式处理类 PSE 鸡肉分离蛋白复合后的贮藏稳定性如图 3-33 所示。由图 3-33 可知，3 组样品在 425nm 波长处的吸光度都随贮藏时间的延长而持续增加，这表明 3 种处理方式均使 EGCG 发生了氧化降解。而与对照组（EGCG）相比，添加类 PSE 鸡肉分离蛋白的 2 组样品的吸光度略有降低，且吸光度增加的速度也有所减缓，表明类 PSE 鸡肉分离蛋白对 EGCG 具有一定的保护作用，这种较弱的保护作用可能与蛋白质的结构及与 EGCG 的结合能力有关。随着贮藏时间的进一步延长，PSE 组和 UHPSE 组与 EGCG 复合后更大程度地减缓了吸光度的增加，尤其是 UHPSE 组的保护效果更好，这可能是因为超声波的剪切作用和空化效应导致蛋白质结构进一步展开，促进巯基暴露，提高了蛋白质与 EGCG 的结合强度，相关研究发现，蛋白质的巯基可作为抗氧化剂抑制 EGCG 氧化降解。这与 3.4.6 的结果较一致，即 UAE 提取的类 PSE 鸡肉分离蛋白与 EGCG 具有更强的结合能力，对 EGCG 的保护效果更显著。

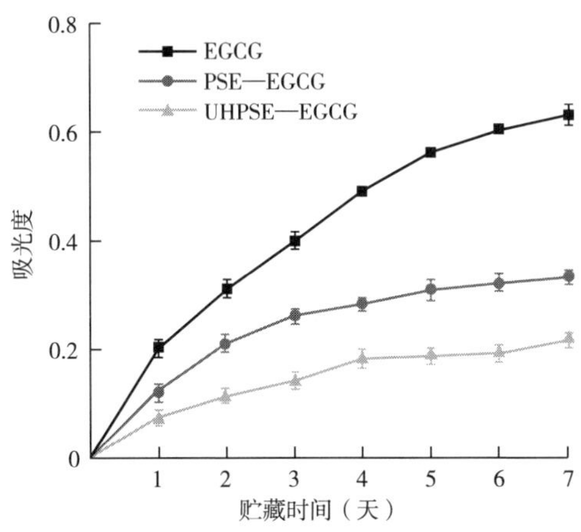

图 3-33　EGCG 与不同方式处理类 PSE 鸡肉分离蛋白复合后的贮藏稳定性

以上研究表明：与碱溶酸沉处理相比，经 UAE 提取的类 PSE 鸡肉分离蛋白的平均粒径和浊度减小、Zeta-电位绝对值增加，添加 EGCG 后，复合体系的平均粒径明显减小（$P<0.05$）；经 UAE 提取的类 PSE 鸡肉分离蛋白的 α-螺旋与 β-折叠相对含量分别下降至 12.84%和 11.96%，β-转角相对含量上升至 63.17%（$P<0.05$），添加 EGCG 后 α-螺旋相对含量下降至 9.07%，β-折叠相对含量上升至 19.08%（$P<0.05$）；经 UAE 提取的类 PSE 鸡肉分离蛋白与 EGCG 之间具有更强的结合能力，结合位点较大（1.265），对 EGCG 的保护效果更好。UAE 改变了类 PSE 鸡肉分离蛋白的结构，增强了类 PSE 鸡肉分离蛋白与 EGCG 的相互作用，减缓了 EGCG 的氧化降解。

3.5　本章小结

本章研究了超声处理对类 PSE 鸡肉分离蛋白结构和乳化特性的影响，研究了超声辅助碱法提取对类 PSE 鸡肉分离蛋白提取率以及功能特性的影响，此外，从油—水界面和结构特性的角度研究了 UAE 对乳液稳定性的影响机制，最后研究了 UAE 对类 PSE 鸡肉分离蛋白结构的影响及对表没食子儿茶素没食子酸酯（EGCG）的保护作用。主要结论如下。

（1）采用不同功率超声波处理类 PSE 分离蛋白，结果发现随着超声功率的增加，类 PSE 分离蛋白结构展开，暴露出更多的自由巯基、Trp/Tyr 残基和疏水基团，从而增加蛋白质的疏水性，进而增加蛋白质的 *EAI*；同时蛋白质颗粒粒径降低，溶解度提高，更多蛋白质分子更容易吸附到油—水界面，增强了界面处蛋白质之间的稳定性，使蛋白质 *ESI* 的升高。超声处理能够改变类 PSE 分离蛋白的结构和物理性质，从而改善类 PSE 分离蛋白的乳化特性，并且相关性分析和主成分分析表明蛋白质乳化特性的增加与其结构的改变显著相关。因此，超声处理提高类 PSE 分离蛋白的功能特性，将有助于拓展应用超声波辅助酸碱洗处理提取利用类 PSE 鸡肉蛋白。

（2）UAE 显著提高了类 PSE 鸡肉蛋白的提取率和蛋白质含量，降低了蛋白质的粒径、浊度、蒸煮损失率。超声处理改变了类 PSE 鸡肉蛋白的微观结构，使蛋白质的粒径降低。粒径降低增大了蛋白质的比表面积，促进了蛋白质与水之间的相互作用，使溶解度增加、蒸煮损失率降低，蒸煮损失率的降低表明凝胶保水性增加，但是凝胶强度降低。此外，UAE 改善了类 PSE 鸡肉蛋白的乳化特性。

（3）UAE 通过改变分离蛋白的结构进而改善分离蛋白的乳液性能。结果表明，UAE 后蛋白质之间的非共价键断裂，导致蛋白质结构展开，SH_F 基团和 H_0 暴露。此外，粒径更小、溶解度更高的分离蛋白能够以更快的速度迁移到油水界面，形成稳定的界面膜，防止油滴聚集。UAE 后分离蛋白制备的乳液粒径更小，分布更均匀；乳液中蛋白质的 α-螺旋含量增加，表明界面蛋白质结构更加稳定。这些结果表明 UAE 是通过改变其结构来提高分离蛋白乳液稳定性的有用方法。

（4）UAE 使类 PSE 鸡肉分离蛋白和 PSE-EGCG 复合体系的平均粒径减小、Zeta-电位绝对值增加及二级、三级结构发生改变；UAE 能使类 PSE 鸡肉分离蛋白的浊度降低，与 EGCG 复合后的浊度虽有一定幅度的增加，但仍低于对照组；碱溶酸沉处理和 UAE 均可保护 EGCG 的活性，其中 UAE 提取的类 PSE 鸡肉分离蛋白与 EGCG 的结合能力更强，能更大程度地保护 EGCG 活性，减缓其被氧化降解。本研究可有效提高食品加工领域中类 PSE 鸡肉的利用率，发掘类 PSE 鸡肉分离蛋白作为生物活性载体的潜在价值，同时也为超声波辅助提取技术的应用与拓展提供理论依据。

第4章　超声波处理对类 PSE 鸡肉肌原纤维蛋白的结构与乳化性的影响

近年来，研究学者们主要围绕如何加工利用/改善类 PSE 鸡肉蛋白质的功能特性（溶解性、凝胶性、乳化性），以提取的类 PSE 鸡肉肌原纤维蛋白（myofibrillar protein，MP）为对象，应用糖基化处理、pH 偏移处理（酸碱处理）、脉冲电场处理等修饰蛋白质的结构性质，从而改善类 PSE 鸡肉蛋白质的功能特性。我们前期的研究以酸碱处理得到的类 PSE 分离蛋白为对象，发现了超声波处理能够改变类 PSE 分离蛋白的结构并提高其乳化性。超声波是一种快速、高效并且可靠的物理加工技术。近年来研究学者关注了超声波处理对畜禽肌肉蛋白乳化性的影响。Chen 等通过不同频率超声（频率 20kHz，23kHz 和 20/23kHz，5min）处理鸡肉 MP，发现 20/23kHz 的超声处理增强了 MP 的乳化活性、乳化稳定性以及乳液的贮藏稳定性。Amir 等研究发现了不同超声波功率（100W 和 300W）和时间（10min、20min 和 30min）能够显著改善蛋白质的乳化活性和乳化稳定性。然而，Zou 等研究了超声波处理（20kHz，100~200W，20min）对鸡肉肌动球蛋白各种加工特性的影响，发现超声波处理提高了鸡肉肌动球蛋白的乳化活性，却降低了蛋白质的乳化稳定性。这表明超声波处理具有改善肌肉蛋白质乳化性的潜力，而不同研究的超声波处理条件和蛋白质种类的不同很可能对其乳化稳定性影响的结果不同。目前，超声波在改善异质肉蛋白乳化性方面的应用尚未得到全面研究报道。而且，超声波处理对类 PSE 鸡肉 MP 的乳液稳定性、油—水界面性质、微观结构以及乳液凝胶性质等相关研究鲜见报道。

因此，基于当前研究现状，本研究分别研究了①不同超声波功率对类 PSE 鸡肉 MP 结构与理化性质的影响，②不同超声波功率对类 PSE 鸡肉 MP 乳化特性及乳化稳定性的影响，③不同超声波功率对类 PSE 鸡肉 MP 乳液热凝胶性质的影响。研究结果为类 PSE 鸡肉 MP 的超声加工应用，提高其在肉品加工业中的商业价值提供理论依据。

4.1 肌原纤维蛋白的功能特性

MP 是一种等电点在 pH 5.0~5.4，由结构蛋白、收缩蛋白和调节蛋白共同组成的具有纤维状的四级结构蛋白质。MP 在肉中占有 95%的持水能力，肉类约 75%的乳化能力与 MP 存在关系，MP 通过蛋白质交联聚集产生凝胶特性。MP 是肌肉组织中最丰富的蛋白质（55%~60%），MP 主要由肌动蛋白和肌球蛋白组成。溶解性、乳化性和凝胶性是 MP 在肉制品加工中的主要功能特性，对鸡肉的肌肉蛋白制品的产率、质地和感官特性至关重要。

4.1.1 溶解性

蛋白质的溶解度是其加工过程中变性和聚集程度的指标，是开发和利用蛋白质的关键功能特性。蛋白质在一定 pH 下的溶解度由其疏水性、颗粒大小、形成的聚集体大小和变性程度来体现。MP 的溶解性是由肌球蛋白本身特性决定的，作为大分子化合物，MP 在水中的存在形式是胶体肽，其溶解性受蛋白质分子中亲水和疏水基团分布的影响，如蛋白质分子中的疏水性氨基酸越多，溶解度越低。此外也可以通过物理加工的方式来改变蛋白质的溶解性。如 Liu 等研究发现，随超声波功率（20kHz、0~600W、15min）的增大，猪肉 MP 的溶解性逐渐增大。Wang 等研究了不同超声（240W）时间对鸡肉 MP 溶解度的影响，结果表明，超声波处理时间在 6min 内可显著提高鸡肉 MP 的溶解性，而随超声处理时间（9~15min）的延长，会使 MP 形成聚合物，其溶解度逐渐降低。

4.1.2 凝胶性

MP 是形成三维网状凝胶结构最重要的蛋白质。蛋白质的凝胶性可以反映其受热形成凝胶的能力，容易受到蛋白质结构的影响，与肉制品的质地、保水保油性等有关。目前，更多科学研究者们的目光逐渐向乳液凝胶转移。乳液凝胶是一种被油滴填充的、具有凝胶网络结构的半固体食品体系。乳液凝胶的制备方法主要根据基质的特性进行选择，主要依据是填充物与基质之间的相互作用力，而没有相互作用力的则需要外力加工或乳化剂的参与。乳液凝胶在物料包埋上表现出一定的应用前景，不仅能有效抑制成分释放，提高生物活性物质的有效率，还能通过乳液凝胶组分的调整控制包埋物的释放速度，达到控释、缓释的目的，其在功能性食品的开发上极具潜力。

4.1.3　乳化性

MP 是一种潜在的天然乳化剂，是亲水、亲油的两亲性分子。然而 MP 的乳化稳定性并不是很好，在长期贮藏过程中会出现絮凝、聚集、沉降等现象，继而出现分层现象。因此，目前很多专家致力于通过各种技术手段提高、改善 MP 的乳化性。提高 MP 乳化性对提高乳化类肉制品的品质具有重要现实意义。乳化类肉制品属于水包油型多项符合体系，油相以脂肪液滴或固态脂肪颗粒的形式分散在蛋白质的水溶液中。Li 等研究报道称，超声波（450W、20kHz）处理鸡肉 MP，显著提高其乳化活性指数和乳化稳定性指数，还发现超声波处理 6min 使鸡肉 MP 乳液形成的油滴更小、分布更均匀，并且在贮存 48h 后不分层，贮藏稳定性好。除此之外，还有研究者发现，离子强度、环境 pH、外源物质的添加，如转谷氨酰胺酶等也对蛋白质的乳化性有一定的影响。

4.2　超声波对类 PSE 鸡肉肌原纤维蛋白结构性质的影响

鸡胸肉凭借着高蛋白、低脂肪的优点，在优质蛋白质领域掀起新的健康热潮。随着人们对优质蛋白质的甄选，鸡胸肉的品质要求也越来越高。然而，在加工制造过程中，类 PSE 鸡肉发生率极高，给深加工企业造成了巨大的损失。为了不损失鸡胸肉中丰富的肌肉蛋白，研究学者将目光集中于肌肉蛋白的主要成分 MP 上。近年来，研究学者从改善 MP 的功能特性出发，通过应用各种创新的加工方法，如高强度超声、高压和脉冲电场，增强和修饰蛋白质的溶解性和功能特性。

本实验主要探究超声波处理对改善类 PSE 鸡肉 MP 结构性质的影响。通过比较不同功率超声波（0、150W、300W、450W 和 600W，6min）处理后，类 PSE 鸡肉 MP 一级、二级和三级结构以及溶解度、浊度、粒径电位、和分子柔性的变化，研究超声波处理对类 PSE 鸡肉 MP 结构性质的影响，为超声波技术改性 MP 提供理论依据。

4.2.1 超声波处理功率对类 PSE 鸡肉肌原纤维蛋白凝胶电泳的影响

图 4-1 是不同超声波功率处理的类 PSE 鸡肉 MP 在不同条件下的 SDS-PAGE 图谱以及还原条件下肌球蛋白和肌动球蛋条带的光密度值。由图 4-1(a)和(b)电泳图谱可以观察到所有通道分子量分布相似，如 MP 的特征条带，肌球蛋白重链（约 250kDa）、肌动蛋白（约 43kDa）、原肌球蛋白（约 35kDa）等。在还原和非还原条件下，与对照组相比，随超声波功率的增加，类 PSE 鸡肉的 MP 条带没有明显的改变。这一现象表明，类 PSE 鸡肉 MP 在超声处理过程中其基本组成成分没有发生改变。图 4-1(c)显示的是还原条件下肌球蛋白和肌动球蛋白的光密度值，450~600W 下肌球蛋白和肌动球蛋白的光密度值显著大于对照组（$P<0.05$），这可能是超声波功率的增大诱导类 PSE 鸡肉 MP 的溶解性发生改变，从而使光密度值增大。Dong 等研究也发现不同脉冲电场强度（0~28kV/cm）处理类 PSE 鸡肉 MP 的条带光密度值有所不同。Zhu 等研究发现超声处理核桃分离蛋白的电泳带强度大于对照组，因为超声处理核桃蛋白的溶解性更强。

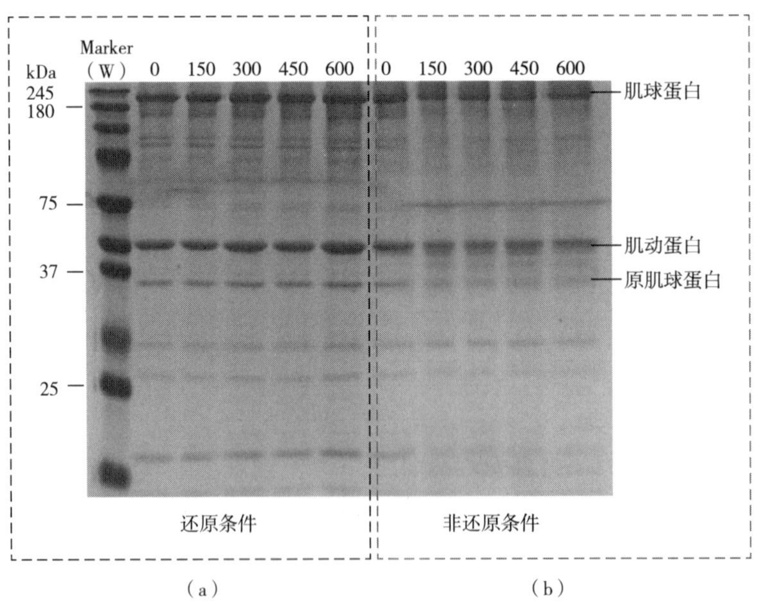

(a) (b)

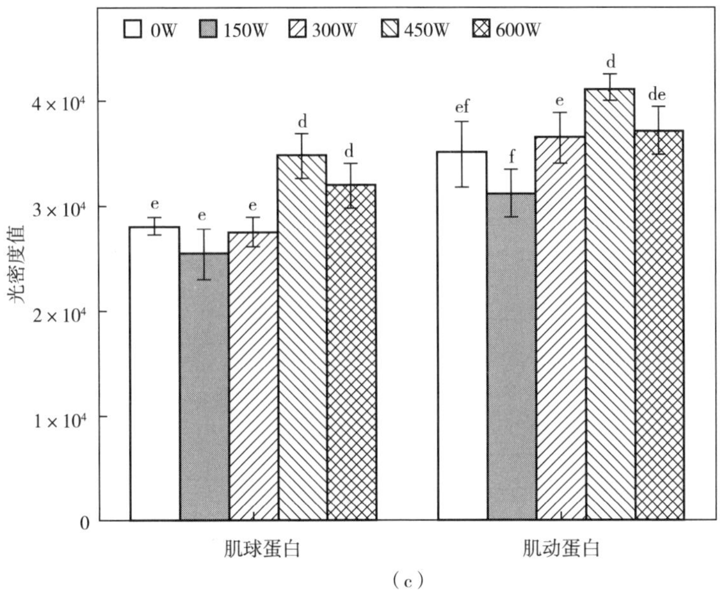

图 4-1　SDS-PAGE 图谱［(a)和(b)］和还原条件下肌球蛋白和肌动蛋白条带的光密度值（c）

注　相同指标小写字母不同表示不同处理组之间差异显著（$P<0.05$）。

4.2.2　超声波处理功率对类 PSE 鸡肉肌原纤维蛋白二级结构的影响

圆二色谱（CD）被用于检测蛋白质二级结构的变化。图 4-2 显示了不同功率超声处理后类 PSE 鸡肉 MP 二级结构的变化，不同超声波功率处理的类 PSE 鸡肉 MP 在 210nm 和 223nm 左右处都显示出两个负吸收峰，这与肌球蛋白尾部的 α-螺旋结构有关。随超声波功率的增加，峰强度逐渐增大，600W 时峰强度减小。为了进一步分析不同超声波功率处理的二级结构的相对含量，由表 4-1 可知，不同超声波功率处理的类 PSE 鸡肉 MP 的 α-螺旋含量增加，而 β-折叠和无规卷曲含量降低。其中 α-螺旋相对含量的上升，说明 MP 分子肽链收缩、疏水性增强。β-折叠的相对含量与蛋白质的疏水性有着密切关系，其含量的降低说明蛋白内部的疏水位点暴露，从而增强了疏水性。Zhao 等研究发现，在高强度超声波（200W、400W 和 600W）和处理时间（10min、20min 和 30min）下不溶性马铃薯分离蛋白的 α-螺旋含量相对增加，使 ISPP 的结构更稳定，热变温度也更高，从而改善不溶性马铃薯分离蛋白的功能特性。所以，不同超声波功率处理后，二级结构的变化是不规则的。因此，超声波处理 MP 二级结构的改变可能影响其溶解性和乳化性。

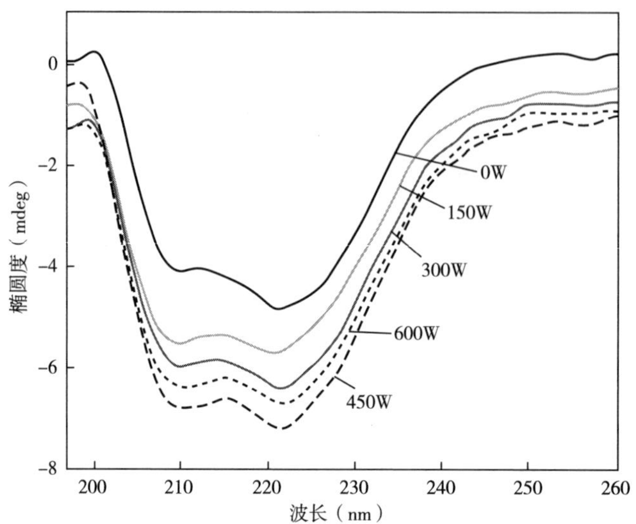

图 4-2　不同超声波功率处理的类 PSE 鸡肉 MP 二级结构的变化

表 4-1　超声波处理类 PSE 鸡肉 MP 二级结构相对含量的变化

超声波功率（W）	α-螺旋（%）	β-折叠（%）	β-转角（%）	无规卷曲（%）
0	20. 53±0. 25[c]	42. 20±0. 44[a]	19. 57±0. 15[a]	39. 53±0. 64[a]
150	21. 4±0. 26[b]	40. 57±0. 23[ab]	19. 00±0. 40[ab]	37. 97±0. 85[ab]
300	21. 67±0. 5[b]	39. 33±0. 59[ab]	18. 33±0. 31[b]	37. 63±1. 10[ab]
450	22. 83±0. 31[a]	37. 70±2. 71[b]	18. 57±0. 51[b]	36. 43±0. 67[b]
600	21. 53±0. 4[b]	42. 20±2. 08[a]	19. 87±0. 81[ab]	37. 8±2. 08[ab]

注　不同字母表示差异显著（$P<0.05$）。

4. 2. 3　超声波处理功率对类 PSE 鸡肉肌原纤维蛋白表面疏水性的影响

表面疏水性（H_0）主要反映蛋白质三级和四级结构的变化。图 4-3 是不同超声波功率对类 PSE 鸡肉 MP 表面疏水性的影响。不同超声波功率处理类 PSE 鸡肉 MP 的 H_0 显著高于对照组，随超声波功率的增加（150～450W），

MP 表面疏水性从（1561.6±38.22）增加到（2314±57.99）。与对照组相比，MP 经 450W 超声波处理后，其表面疏水性从（1284.73±7.48）增加到（2314±57.99）。表面疏水性的增加是因为空化和剪切促进了 MP 大分子聚集体的分解，从而暴露了部分埋藏的内部疏水基团。同时，气泡崩塌过程中释放的能量提供了疏水相互作用的能量，这也是表面疏水性增加的另一个原因。但随超声波功率增加到 600W，其表面疏水性降低，这可能是由于蛋白质在疏水相互作用的驱使下相互靠近，导致暴露的疏水基团重新被包埋在蛋白质内部，王笑宇等研究发现，超声波功率为 300W，超声 15min 后表面疏水性降低。超声处理后 MP 的表面疏水性高于未处理组。蛋白质表面疏水性的增强可以提高蛋白质在油—水界面的吸附特性，有助于改善蛋白质的乳化性。

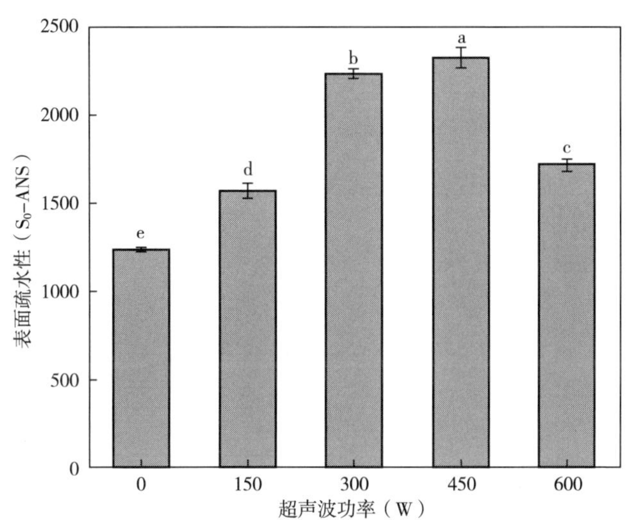

图 4-3　不同超声波功率处理的类 PSE 鸡肉 MP 的表面疏水性

注　不同小写字母表示差异显著（$P<0.05$）。

4.2.4　超声波处理功率对类 PSE 鸡肉肌原纤维蛋白荧光强度的影响

荧光强度的变化是基于色氨酸和酪氨酸残基的微环境变化。图 4-4 是不同超声波功率处理对类 PSE 鸡肉 MP 荧光强度的影响，在 340nm 附近观察到所有样品有一个荧光发射峰，不同超声波功率处理的类 PSE 鸡肉 MP 荧光发射峰位置变化不明显，移动了约 1.0nm，但荧光强度有明显变化。

MP 随超声波功率的增大呈现升高的趋势，这表明色氨酸和酪氨酸残基的局部微环境发生了变化。在 600W 时有最大荧光强度，荧光强度的升高可能是由于超声波效应，MP 的三级结构发生变化，从而将色氨酸和酪氨酸残基埋入疏水区域，导致荧光强度增加。Zou 等提出不同超声时间（200W，5min、10min、20min 和 30min）处理鸡血浆蛋白可以打开蛋白质的分子结构，破坏蛋白质分子的疏水键，使其荧光强度增加。Wang 等提出不同超声波（100W、200W、300W、400W、500W 和 600W）处理氧化大豆分离蛋白可以打开蛋白质结构并增强其荧光强度。荧光强度结果的变化表明超声波可以改变蛋白质的三级结构。

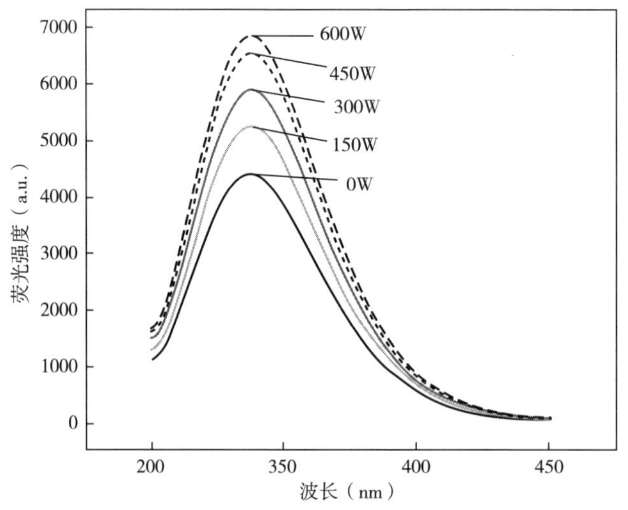

图 4-4　不同超声波功率处理对类 PSE 鸡肉 MP 荧光强度的影响

4.2.5　超声波处理功率对类 PSE 鸡肉肌原纤维蛋白活性巯基的影响

通过测定活性巯基含量来定量蛋白质的交联度。图 4-5 是不同超声波功率处理类 PSE 鸡肉肌原纤维蛋白中活性巯基的变化，从图中可以看出，与未经超声波处理的相比，随超声波功率的增加，类 PSE 鸡肉 MP 中活性巯基含量呈增加的趋势，MP 中-SH 活性基团含量显著增加，说明超声促进了分子结构的延伸和展开，使 MP 中埋藏的-SH 基团暴露在表面或二硫键断裂。超声功率为 600W 时，活性巯基含量最高。从圆二图谱可以看出，α-螺旋比例的降低也表明超声效应引起蛋白质的展开，导致反应性-SH 基团的暴露。反应性-SH 含量的变化提示不同功率超声处理后肌球蛋白头部区域可能发生结构变化。Zhao 等研究发现，超声波处理可以使二硫键断裂形成活性巯基，并使嵌入其中的基团暴露，但当超声时间增加到 20min 时，活性巯基的含量反而降低。

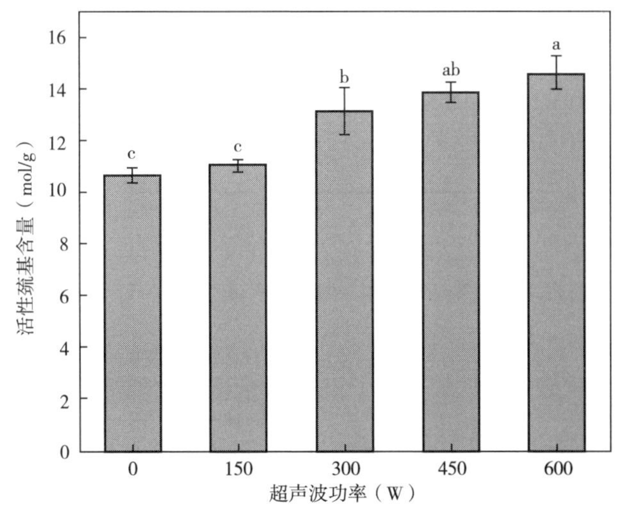

图 4-5　不同超声波功率处理对类 PSE 鸡肉 MP 活性巯基的影响

注　不同字母表示差异显著。

4.2.6　超声波处理功率对类 PSE 鸡肉肌原纤维蛋白紫外光谱的影响

图 4-6 为不同超声波功率处理后类 PSE 鸡肉 MP 的紫外—可见吸收光谱，所有蛋白质样品在 270~280nm 处具有相似的吸光度特征峰（紫外区），这主要是由于芳香族氨基酸残基的存在。如图 4-6 所示，随着超声功率的增大，MP 的紫外吸收强度也随之上升。当超声功率达到最大值 600W 时，其紫外吸收强度也最大，说明此时 MP 分子内部的发色基团暴露在外，MP 的结构发生变化。可以看出 MP 有明显的吸收峰，最大吸收峰都呈现的是先升高后降低的趋势。然而，超声波处理过的 MP 的吸光度有所增加。这种变化可能与蛋白质的展开有关。此外，最大紫外吸收峰的升高也证实了 MP 结构的变化。

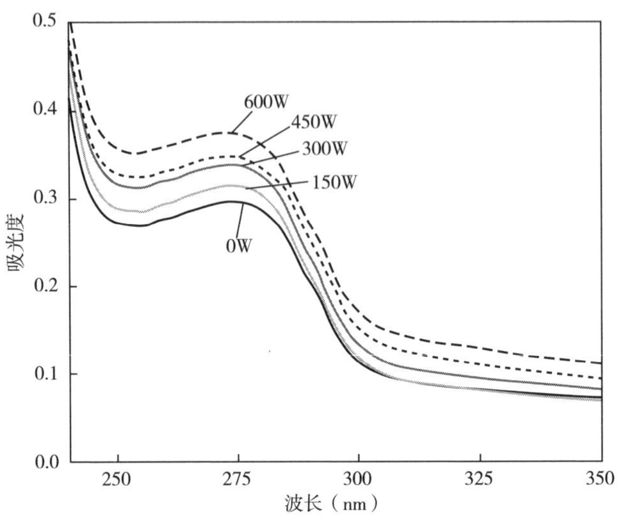

图 4-6　不同超声波功率处理对类 PSE 鸡肉 MP 紫外—可见吸收光谱的影响

4. 2. 7　超声波处理功率对类 PSE 鸡肉肌原纤维蛋白电位和粒径的影响

粒径可用来表示溶液中蛋白质的大小。图 4-7 是不同超声波功率下类 PSE 鸡肉 MP 的粒径分布。由图 4-7 可知，经超声波处理后的 MP 呈现较窄单峰且逐渐向小粒径分布方向移动，而未经超声波处理的 MP 呈现较宽的单峰，说明超声波处理提高了类 PSE 鸡肉 MP 分布的均匀性。这与表 4-2 的粒径变化结果一致，对照组平均粒径为（4170. 67±61. 33）nm，随超声波功率从 150W 增加到 600W，MP 平均粒径分别为（1995. 00±91. 85）nm、（1722. 33±12. 42）nm、（1577. 00±26. 85）nm、（1270. 00±134. 25）nm，这表明超声波可以显著减小类 PSE 鸡肉 MP 的粒径（P<0. 05）。Li 等研究报道不同功率（0~450W、15min）处理后海参性腺蛋白质的粒径也显著减小。粒径的减小可归因于聚集物在强空化效应和高剪切能量波的作用下展开和分解。

Zeta-电位绝对值越大，表明蛋白质分子在溶液中的分散稳定性越好。如表 4-2 所示，经超声波处理后，MP 的 Zeta-电位绝对值均高于未超声组，随超声波功率的增大，其绝对值显著增大（P<0. 05）。超声波功率达到 600W 时，MP 的电位值从-2. 9 降低到-13. 1，这说明 MP 表面具有更多的负电荷。这可能是由于较小的粒径增加了内部基团与水接触的机会，使得蛋白质表面带负电荷的氨基酸数量增加。而负电荷含量的增加也增强了蛋白质之间的静电排斥力，从而

提高了 MP 的分散稳定性。Zhang 等发现，与未经超声波处理的鸡肉 MP 相比，不同超声波功率（200~1000W）处理 MP 均能显著降低 Zeta-电位。

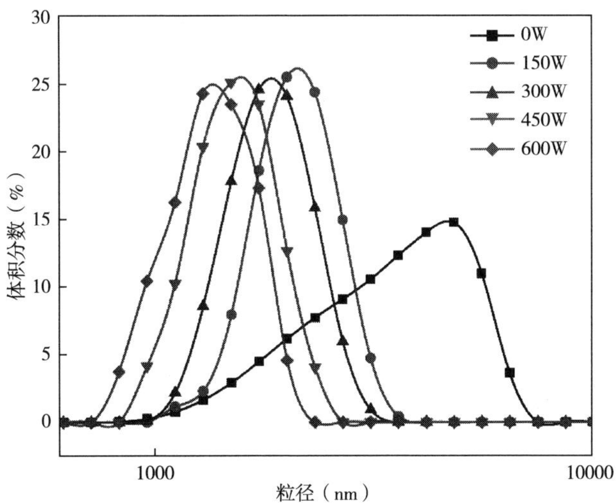

图 4-7　不同超声波功率处理的类 PSE 鸡肉 MP 粒径分布变化

表 4-2　不同超声波功率处理对类 PSE 鸡肉 MP 粒径、Zeta-电位和溶解度的影响

超声波功率（W）	平均粒径（nm）	Zeta-电位（mV）	溶解度（%）
0	4170. 67±61. 33[a]	−2. 90±0. 08[a]	16. 64±1. 22[d]
150	1995. 00±91. 85[b]	−2. 55±0. 11[a]	38. 96±0. 87[c]
300	1722. 33±12. 42[c]	−5. 59±0. 84[b]	49. 93±2. 72[b]
450	1577. 00±26. 85[d]	−8. 75±0. 52[c]	65. 31±5. 31[a]
600	1270. 00±134. 25[e]	−13. 10±3. 21[d]	51. 52±1. 36[b]

注　同列中不同的字母表示差异显著（P<0. 05）。

4. 2. 8　超声波处理功率对类 PSE 鸡肉肌原纤维蛋白溶解度的影响

由表 4-2 可知，经过超声波处理的 MP 的溶解度都显著高于对照组（P<0. 05）。随超声波功率的增加（150 ~ 450W），其溶解度从 38. 96% 增加到 65. 31%。与对照组相比，MP 经 450W 超声波处理后，其溶解度从 16. 64%增加到 65. 31%。溶解度的增加主要归因于超声波空化效应，导致蛋白质结构（部分展开）的构象变化，这有助于将掩埋的亲水基团暴露于周围的水中，从而提高蛋白质—水相互作用，进而提高 MP 的溶解度。当超声波功率达到

600W 时 MP 溶解度降低，但其溶解度仍显著高于对照组，大约增加了 35%。Zou 等发现超声波（100W、150W、200W，20min）功率为 150W 时，鸡肌动球蛋白溶解度最好，200W 时溶解度下降，这可能是更高的超声波功率导致“过度处理”效应。李笑笑等研究发现超声波处理（200W、400W、600W、800W，15min）后大豆分离蛋白的溶解性受蛋白质浓度体系的影响，3%与 5%的蛋白质浓度体系的溶解性有较大的差别。Zhao 等在超声波处理马铃薯分离蛋白中（400W，10min、20min、30min）发现，随超声时间的延长其溶解度逐渐增加。这些研究结果的不同说明，超声波对蛋白质溶解性的影响会因蛋白质的来源、类型以及超声条件的不同而存在差异。

4.2.9 超声波处理功率对类 PSE 鸡肉肌原纤维蛋白浊度的影响

溶液中聚集体的质量和大小的变化会影响浊度水平，并表明非共价蛋白质—蛋白质关联。图 4-8 是不同超声波功率对类 PSE 鸡肉 MP 浊度的影响。可观察到超声波处理后，MP 的浊度变化明显，浊度随超声波功率的增大而减小，这可能是因为超声波处理导致 MP 粒径减小，使聚集体分散，从而使浊度降低。Cao 等研究发现，超声波处理（300W，10min、20min、30min 和 40min）可以改善氧化藜麦蛋白的浊度，随超声时间的增加，藜麦蛋白浊度显著降低。

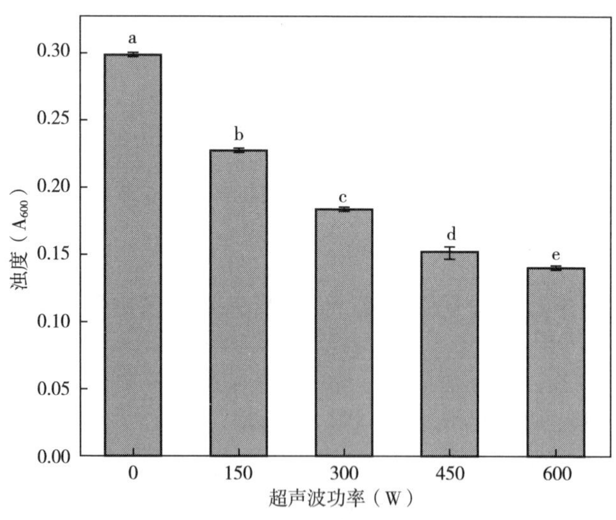

图 4-8 不同超声波功率处理对类 PSE 鸡肉 MP 浊度的影响

注 不同字母表示差异显著（$P<0.05$）。

4.2.10　超声波处理功率对类 PSE 鸡肉肌原纤维蛋白分子柔性的影响

蛋白质的刚性、柔性影响蛋白质的工程特性、营养特性和生物功能。葛世军等探讨了蛋白质的平均分子质量、水化面积、极性、疏水性、柔性及电荷分布与酶作用的关系。图 4-9 显示了不同超声波功率对类 PSE 鸡肉 MP 分子柔性的影响。超声处理后类 PSE 鸡肉 MP 的分子柔性显著提高。这可能是因为超声处理可以直接作用于蛋白质分子并破坏蛋白质的刚性区域结构。蛋白质的柔性发生变化，这反过来又改变了蛋白质的功能特性。蛋白质的柔性往往与蛋白质的功能密切相关，蛋白质的空间结构可以随周围环境的变化而改变。高分子柔性的蛋白质分子更容易发生结构重排和吸附，从而改善蛋白质乳化。因此，蛋白质的弹性区间对其正常功能至关重要。Gui 等研究了超声处理后大豆分离蛋白和大豆分离蛋白—葡萄糖复合物的分子柔性和乳化性。超声波处理（0、130W、195W、260W、325W 和 390W，20min）后大豆分离蛋白的柔性明显提高。与本文研究一致，即超声波处理可以提高蛋白质的分子柔性；而且，高分子柔性的蛋白质可以促进其表面性质的改善。

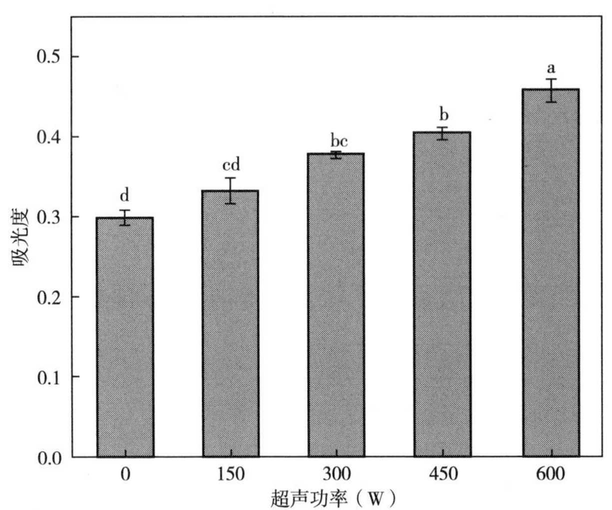

图 4-9　不同超声波功率处理的类 PSE 鸡肉 MP 分子柔性变化

注　不同字母表示差异显著（$P<0.05$）。

以上研究表明：随超声功率增加至 450W，MP 的 α-螺旋含量、表面疏水性增加，β-折叠含量降低；随超声功率的增加，类 PSE 鸡肉肌原纤维蛋白结构展开，MP 的荧光强度增大，修饰了蛋白质的结构，从而改善了 MP 的溶解度，使其增加了 35%。同时 MP 粒径和浊度显著减小（$P<0.05$），Zeta-电位绝对值增大，这表明较小的粒径增加了内部基团与水接触的机会，使蛋白质表面带负电荷的氨基酸数量增加。而负电荷含量的增加也增强了蛋白质之间的静电排斥力，从而提高了 MP 的分散稳定性。

4.3 超声波功率对类 PSE 鸡肉肌原纤维蛋白乳化性的影响

MP 作为潜在的乳化剂，约占肉类总蛋白的 50%~60%，具有良好的乳化能力，能够促进乳状液的形成，赋予乳化凝胶肉制品独特的凝胶特性和良好的乳化稳定性。为了制造高质量肉制品和开发新型营养产品，有必要研究 MP 结构性质的修饰与其功能特性改善的关系。然而，类 PSE 鸡肉引起 MP 质量下降，导致乳化性能和乳液稳定性恶化。乳剂在运输、储存和零售过程中，质量难以控制。所以提高类 PSE 鸡肉 MP 乳液的乳化稳定性是提高类 PSE 鸡肉利用的关键途径。本文将超声波处理后的蛋白质加到油中乳化制成乳化液，探究超声波引起的蛋白质结构变化对类 PSE 鸡肉 MP 乳化性质的影响。通过测定乳液粒径、电位、乳化活性、乳化稳定性、物理稳定性、界面吸附蛋白、界面张力以及微观结构的变化，来探究超声波处理对 MP 乳液乳化稳定性的影响。为改善类 PSE 鸡肉 MP 乳液质量提供有价值的理论依据。

4.3.1 超声波处理功率对类 PSE 鸡肉肌原纤维蛋白乳化活性和乳化稳定性的影响

蛋白质的乳化性与分子柔性和表面电荷等密切相关。图 4-10 是不同超声波功率对类 PSE 鸡肉 MP 的 *EAI* 和 *ESI* 的影响，随超声波功率的增加，*EAI* 显著增加（$P<0.05$）。超声波功率达到 600W 时，类 PSE 鸡肉 MP 的 *EAI* 达到最大值（45.81±0.12）m^2/g，相比未经超声波处理组［（30.72±0.14）m^2/g］，*EAI* 增加了 50%，这可能是超声波处理使 MP 局部变性或结构变得无序，同时粒径明显降低，增加了它在油水界面的吸附潜力，从而改善了类 PSE 鸡肉 MP 在油—水界面的吸附能力。结果表明，加大超声波处理功率能够有效增强类

PSE 鸡肉 MP 在油—水界面的吸附作用，并改善其乳化性能。*ESI* 趋势与 *EAI* 一致，随超声波功率的增加而显著增大（$P<0.05$）。与未超声波处理组［（42.14±2.13）min］相比，超声波功率为 600W 时的类 PSE 鸡肉 MP 的 *ESI* 达到最大［（179.06±8.09）min］，增加了约 3.2 倍，说明超声波处理可以显著提高类 PSE 鸡肉 MP 稳定乳液分散体系的能力，改善其乳化稳定性。Kang 等的研究发现超声波处理能够有效地改善小麦和绿小麦醇溶蛋白的乳化性能。孔保华等也发现 165W 的超声辅助冷冻能够增强冷冻鸡胸肉 MP 的乳化稳定性。Zou 等研究发现超声波处理提高了鸡肉肌动球蛋白的乳化活性，但降低了蛋白质的乳化稳定性。产生差异结论的原因可能是肌肉种类、肌肉蛋白质类型及超声时间、强度和功率的不同。

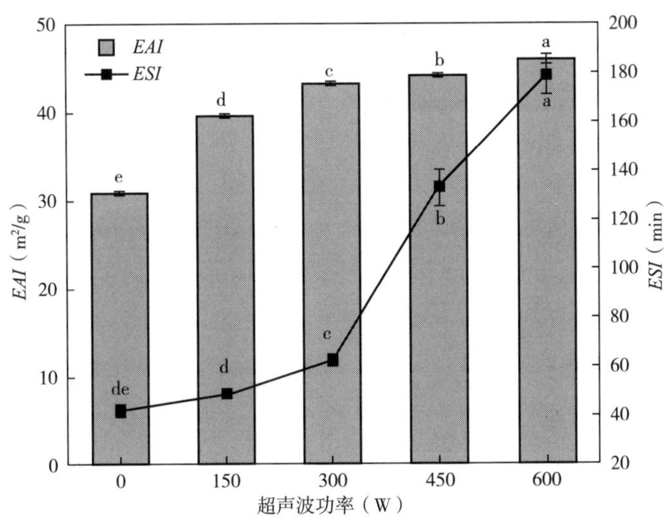

图 4-10　不同超声波处理功率下类 PSE 鸡肉 MP 的 *EAI* 和 *ESI*

注　相同指标小写字母不同表示不同处理组之间差异显著（$P<0.05$）。

4.3.2　超声波处理功率对类 PSE 鸡肉肌原纤维蛋白乳液粒径和电位的影响

不同超声波功率处理的类 PSE 鸡肉 MP 乳液的液滴大小分布如图 4-11 所示。不同超声波功率处理均提高了类 PSE 鸡肉 MP 乳液液滴分布的均匀性。与对照组相比，经超声波处理的粒径分布显示出向较小粒径方向移动的趋势，偏光显微镜也显示粒径在逐渐减小。由表 4-3 所示，随超声波功率的增加，平均粒径显著减小（$P<0.05$）。超声波功率从 0 增加到 600W，乳液的平均粒径从（26.68±0.69）μm 显著降低到（17.69±0.31）μm（$P<0.05$）。结果表明，与对照组相比，超声波处理的类 PSE 鸡肉 MP 促进了较小乳滴的形成，从而有助于增加乳液稳定性。Bai 等将不同高压（0.1MPa、100MPa、150MPa 和 200MPa）处理的鸡肌球蛋白制备成乳液，结果显示乳液经高压处理后粒径减小。

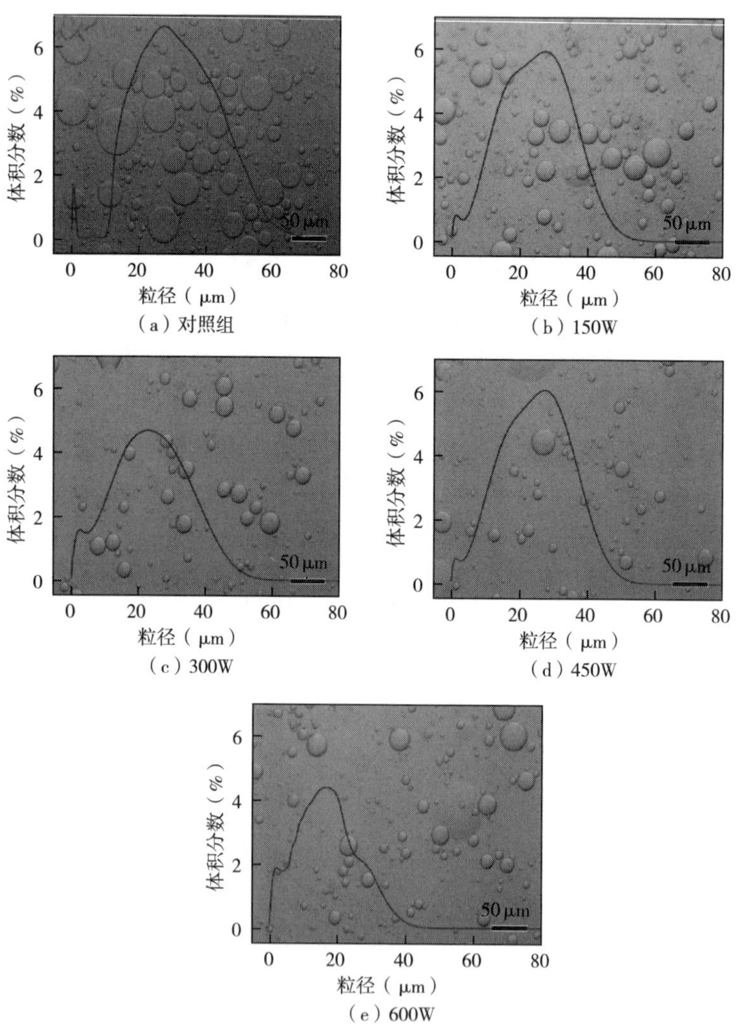

图 4-11　不同超声波处理功率下类 PSE 鸡肉 MP 制备的乳液粒径分布与光学显微图

如表 4-3 所示，随超声波功率的增加，电位绝对值显著增加（$P<0.05$）。超声波功率从 0 增加到 600W，MP 电位值从-1.60 降低到-4.98。超声波处理导致类 PSE 鸡肉 MP 表面负电荷增多，在形成乳液时，乳液液滴表面带有负电荷，增加了类 PSE 鸡肉 MP 乳液液滴之间的静电斥力，从而增强了 MP 乳液的稳定性。这与所得到的 MP 的乳化活性结果相对应。Xiong 等通过超声波降低了豌豆分离蛋白的电位值，使其乳化能力更强，界面吸附能力更好。超声处理后 MP 乳液电位值变小，说明液滴之间的静电斥力越强，有利于提高乳液的稳定性。

表 4-3　不同超声波功率处理类 PSE 鸡肉 MP 制备的乳液平均粒径和 Zeta-电位

超声波功率（W）	平均粒径（μm）	Zeta-电位（mV）
0	26.68±0.69[a]	-1.60±0.88[a]
150	20.30±0.06[b]	-2.02±0.96[ab]
300	19.65±0.23[c]	-3.30±1.16[bc]
450	18.73±0.08[d]	-4.29±0.58[cd]
600	17.69±0.31[e]	-4.98±0.66[d]

注　同列小写字母不同，表示差异显著（$P<0.05$）。

4.3.3　超声波处理对类 PSE 鸡肉肌原纤维蛋白乳液吸附蛋白质的影响

通过对乳液吸附蛋白质含量值的分析，揭示了超声波处理对 MP 乳液吸附蛋白质的影响。不同超声波功率处理下乳状液界面蛋白质含量变化如图 4-12 所示，超声波功率越大，吸附蛋白质含量值增加越大。吸附蛋白质的含量会影响乳液界面层的稳定性，这与乳液的稳定性密切相关。随超声波功率从 0 增加到 600W，乳状液中吸附蛋白质含量从 39.17%逐渐增加到 58.54%。吸附蛋白质含量的增加可能是由于超声处理引起的空化，使液滴尺寸减小，液滴表面积增大。同时，超声波处理引起了蛋白质分子空间排列的变化，颗粒直径较小的蛋白质可更快地扩散到油滴表面，增加了吸附蛋白质的含量。因此，在乳液形成过程中，界面蛋白质含量增加，乳液稳定性提高。Wang 等用不同超声波功率处理大豆蛋白—果胶复合乳液。结果证明，超声波处理降低了乳液的界面张力和表观黏度，提高了乳液的热稳定性和贮藏稳定性，显著提高了乳液的乳化性。这些结果表明，超声波可以作为一种提高乳化液稳定性的有效技术应用于食品工业。

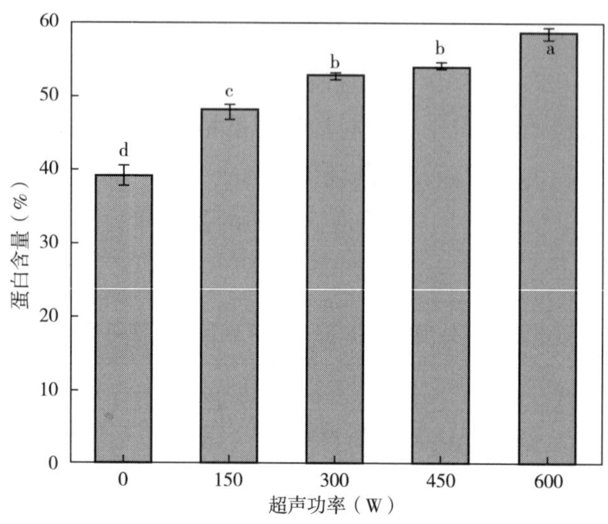

图 4-12　不同超声处理功率对类 PSE 鸡肉 MP 乳液吸附蛋白质含量的影响

注　不同小写字母表示差异显著（$P<0.05$），下同。

4.3.4　超声波处理功率对类 PSE 鸡肉肌原纤维蛋白乳液 Turbiscan 稳定性指数的影响

Turbiscan 稳定性指数（turbiscan stability index，*TSI*）被用于测量乳液的稳定性，是衡量分散体系不稳定性的重要指标。*TSI* 值越小，表明系统越稳定。图 4-13 是不同超声波处理功率对类 PSE 鸡肉 MP 乳液 *TSI* 的影响，在 3600s 的测试过程中，未经超声波处理的类 PSE 鸡肉 MP 乳液 *TSI* 从 0 增加到 4.39。随超声波功率的增大，类 PSE 鸡肉 MP 乳液 *TSI* 逐渐减小，分别从 0 增加到 3.85、3.43、3.317 和 2.84，明显低于未经超声波处理的，这表明超声波处理可以有效提高类 PSE 鸡肉 MP 乳液的稳定性。MP 结构在超声波空化效应的作用下展开，使其更容易吸附在液滴界面上。蛋白质之间的相互作用可以形成多层蛋白质吸附，并在油滴之间产生强大的空间位阻，以此来提高类 PSE 鸡肉 MP 乳液的稳定性。这一结果与 *EAI*、*ESI* 的变化相对应。Liu 等的研究也证实了不同功率超声波（0、150W、300W、450W 和 600W）处理猪 MP 可明显改善其乳化稳定性。

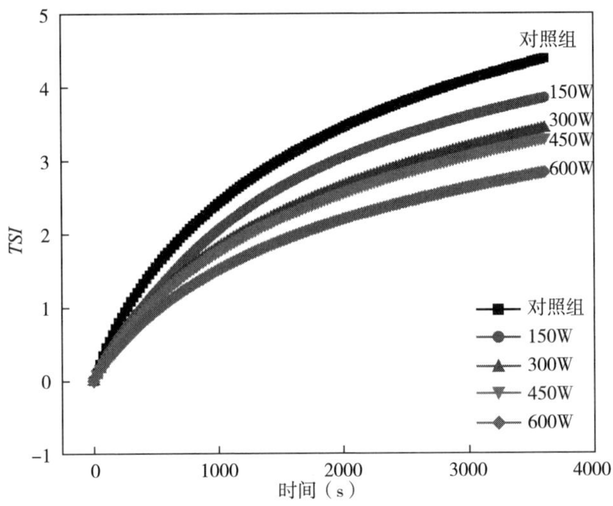

图 4-13　不同超声波功率处理对类 PSE 鸡肉 MP 乳液 *TSI* 的影响

4.3.5　超声波处理功率对类 PSE 鸡肉肌原纤维蛋白乳液界面张力的影响

蛋白质的界面性质对其乳化性能有很大影响，界面张力越小，说明蛋白质乳液的稳定性越好。图 4-14 是不同超声波功率处理对类 PSE 鸡肉 MP 油—水界面张力的影响，可以看到不同超声波功率处理的类 PSE 鸡肉 MP 的界面张力都随着时间的延长而下降，表明 MP 能够吸附到油滴表面，使油—水界面趋于稳定。随超声波功率的增加，MP 界面张力逐渐降低，这是由于超声波功率的增加使 MP 的粒径减小，从而使 MP 乳液的粒径也逐渐减小，蛋白质的界面分布增加。较小粒径的类 PSE 鸡肉 MP 能够更加快速地吸附到油水界面上，尤其超声波功率达到 600W 时，MP 的粒径最小，其界面张力也达到了最低值，说明此时的乳液稳定性最好。Wang 等研究发现不同超声波功率（150~600W）处理能够降低大豆分离蛋白—果胶复合物与大豆油之间的界面张力。这进一步证实界面张力越低乳液稳定性越好。

4.3.6　超声波处理功率对类 PSE 鸡肉肌原纤维蛋白乳液流变特性的影响

不同超声波功率处理的类 PSE 鸡肉 MP 乳液的表观黏度与剪切速率的关

系如图 4-15 所示。随剪切速率的增加，所有乳液的黏度均在下降，呈现出剪切变薄的行为，这可能是由絮凝体在流场中的变形和破坏造成的。此外，在相同剪切速率下，超声波功率大的乳液黏度明显大于超声波功率小的乳液黏度。当超声波功率达到 600W 时，MP 乳液表现出明显的高黏度。粒径较小的乳液通常黏度较高，超声波处理降低了乳液的粒径，其乳液表观黏度显著增加。Fu 等研究结果证明超声波处理有效地提高了乳液的表观黏度。

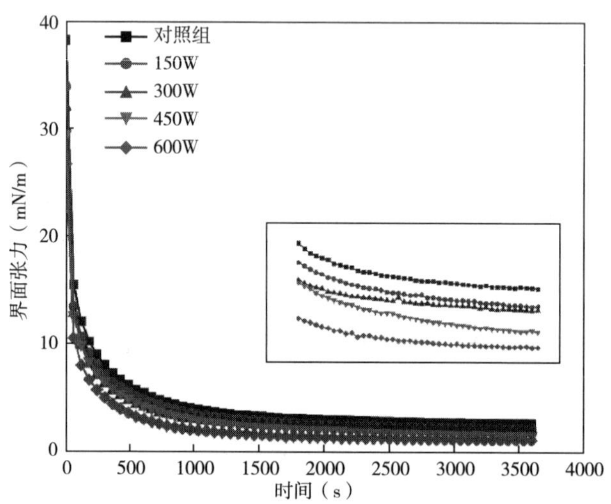

图 4-14　不同超声波功率处理对类 PSE 鸡肉 MP 油—水界面张力的影响

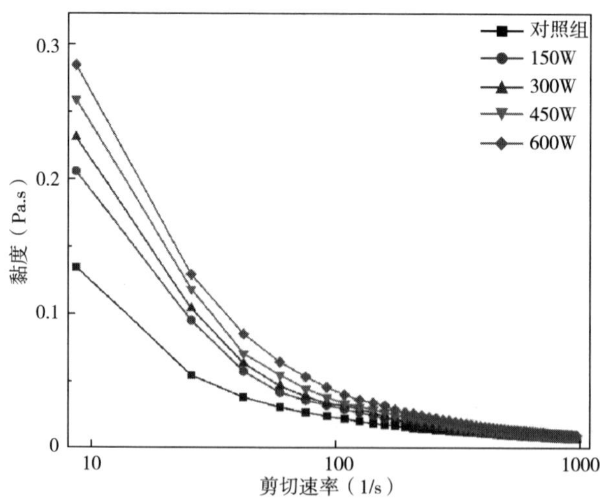

图 4-15　不同超声波功率处理对类 PSE 鸡肉 MP 乳液表观黏度的影响

如图 4-16 所示，不同超声波功率处理对类 PSE 鸡肉 MP 乳液储能模量（G'）和耗能模量（G''）的影响曲线。流变性能对新鲜乳剂的功能性和稳定性至关重要。从图 4-16 可以看到乳液的 G'值和 G''值变化趋势相似，在角频率范围内曲线无交叉。这些特征表明其结构有序、有弹性。乳液的 G'和 G''值随超声功率的增加而增加。此外，在 0～10Hz 范围内，G'值远高于 G''值，表明超声处理有效地改善了乳液的弹性凝胶状结构。上述结果与 Diao 和 Li 的报道一致，与未处理的 MP 乳液相比，超声处理后乳液的凝胶结构逐渐形成。

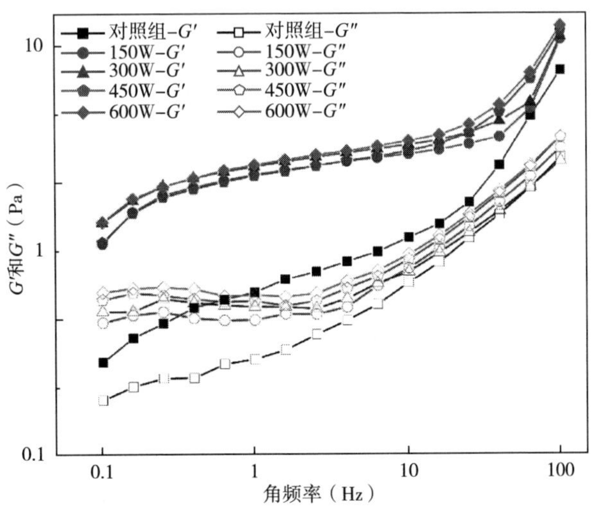

图 4-16　不同超声波功率处理对类 PSE 鸡肉 MP 乳液角频率的影响

4.3.7　超声波处理功率对类 PSE 鸡肉肌原纤维蛋白乳液微观结构的影响

图 4-17 为利用冷场扫描电镜表征的不同超声波处理后类 PSE 鸡肉 MP 乳液的微观结构图。随超声波功率从 0 增加到 600W，乳液的油滴变得小而均匀。乳液中的油滴在乳化体系中被 MP 紧紧包裹，这有助于 MP 在溶液中油滴的周围形成蛋白质膜来增强蛋白质的稳定性。

以上研究表明：超声波处理后的乳液粒径和 TSI 显著降低（$P<0.05$），类 PSE 鸡肉肌原纤维蛋白的乳化特性增强。随超声波功率的增加，肌原纤维蛋白在油—水界面的吸附含量显著上升（$P<0.05$），吸附蛋白质含量从

39.17%逐渐增加到58.54%，增强了肌球蛋白与肌动球蛋白在油—水界面的吸附。同时油—水界面张力显著下降（$P<0.05$），这表明超声波处理能够促进肌原纤维蛋白在油—水界面的吸附。乳液乳化活性和乳化稳定性分别增加了50%和3.2倍，乳液黏度增大。乳液微观结构进一步表明超声波处理能够使乳液的油滴变得小而均匀，有利于提高乳液的稳定性。

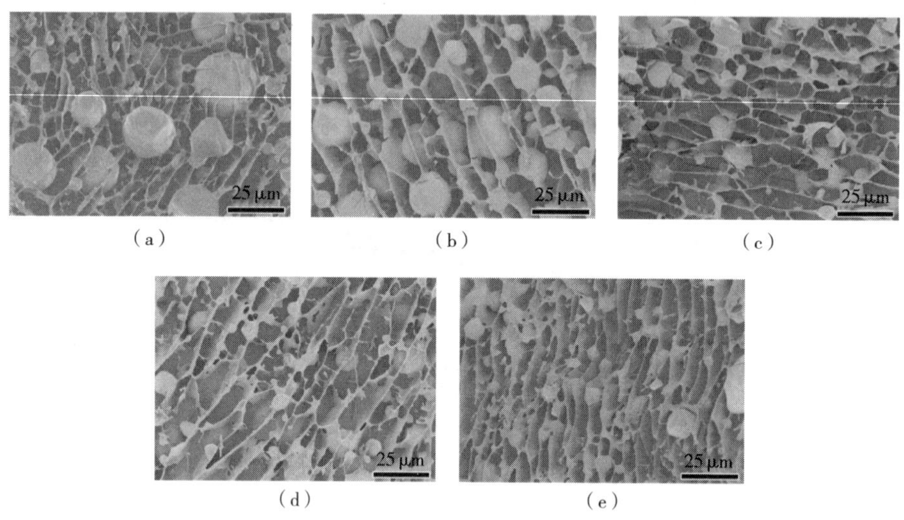

图4-17 不同超声波功率处理对类PSE鸡肉MP乳液微观结构的影响

注 (a)~(e) 表示不同超声波功率（0、150W、300W、450W和600W）。

4.4 超声波对类PSE鸡肉肌原纤维蛋白乳液凝胶特性的影响

蛋白质乳剂作为风味和营养化合物的食品级输送系统，广泛应用于食品、营养品、制药和化妆品的开发。相较于传统的蛋白质乳剂，乳液凝胶因其特定的凝胶状网络结构和固体状力学特性而具有良好的稳定性，且应用广泛。因此，具有优良特性的乳液凝胶的制备与改性也引起了相关领域的广泛关注。本节以肌原纤维蛋白为研究对象，探究了不同超声波功率处理类PSE鸡肉肌原纤维蛋白对肌原纤维蛋白乳液热诱导凝胶的影响。通过乳液凝胶的保水保油性、凝胶强度、流变特性、水分分布、分子间作用力以及微观结构的变化，分析不同功率处理对肌原纤维蛋白乳液凝胶的影响，从乳液凝胶方面分析超声波处理对类 PSE 鸡肉肌原纤维蛋白乳液稳定性的影响，为后续乳液凝胶运载体系的稳定性奠定基础、提供理论依据。

4.4.1　超声波处理功率对类 PSE 鸡肉肌原纤维蛋白乳液凝胶保水保油性的影响

图 4-18 是不同超声波功率处理下类 PSE 鸡肉 MP 乳液凝胶的保水保油性，随超声波功率的增大，类 PSE 鸡肉 MP 的乳液凝胶强度有所改善。超声波功率达到 600W 时，乳液凝胶保水保油性也达到最大值（58.78%），说明此时的凝胶三维网络结构达到最好。600W 时，类 PSE 鸡肉 MP 乳液状态也是最好的。Ma 等研究发现 pH_{12} 偏移和超声处理会引起豌豆分离蛋白结构的展开，暴露出更多的豌豆分离蛋白疏水性基团和巯基基团，从而提高乳化油滴的乳化活性，使其可以作为活性填料嵌入到豌豆分离蛋白凝胶网络中，从而提高了豌豆分离蛋白的乳液凝胶保水保油性。保水保油是凝胶的重要功能之一，表明了蛋白质与水和脂肪结合的能力，保水保油性的提高证明超声处理对 MP 的乳液凝胶性能有所改善。

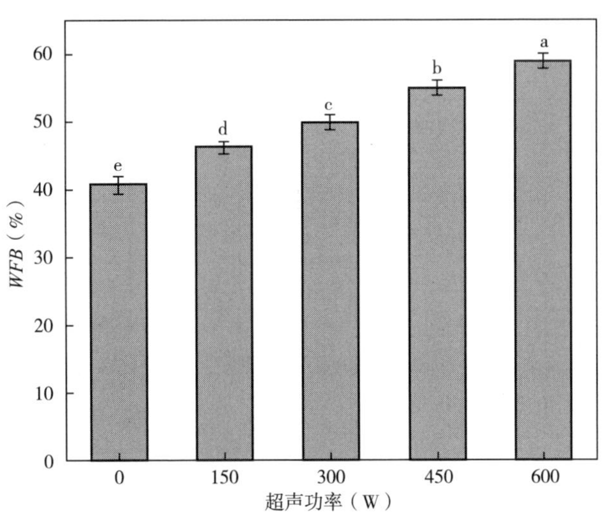

图 4-18　不同超声波功率处理对类 PSE 鸡肉 MP 乳液凝胶保油保水性的影响

注　不同小写字母表示差异显著（$P<0.05$）。

4.4.2 超声波处理功率对类 PSE 鸡肉肌原纤维蛋白乳液凝胶强度的影响

凝胶强度可以客观地反映蛋白质凝胶三维网络结构的聚集程度，可以作为主要方法之一来评估乳液凝胶的最终质量。图 4-19 是不同超声功率处理对类 PSE 鸡肉 MP 乳液凝胶强度的影响。凝胶强度与超声功率成正比，随超声功率的增大，乳液凝胶强度也增大。这说明超声功率的增大对类 PSE 鸡肉 MP 乳液凝胶的凝胶强度有所改善。超声功率从 0 增加到 600W，MP 乳液凝胶的凝胶强度从（17.83±1.03）增加到（24.51±1.14）。这可能是由于超声处理改变了 MP 的结构，促使乳液稳定性的提高，从而改善其凝胶强度。Geng 等研究结果表明，超声波处理的乳液凝胶具有更高的凝胶强度和持水能力［分别为（91.02±3.58）%和（99.81±0.19）%］，超声波可以通过改变蛋白质构象来改善大豆蛋白凝胶的凝胶性能。其次，超声处理过的乳液凝胶可形成更致密、更均匀的凝胶网络，可以提高凝胶强度。综上，超声波处理对 MP 的乳液凝胶强度有所改善。这一结果与上述乳液凝胶保水保油性一致。

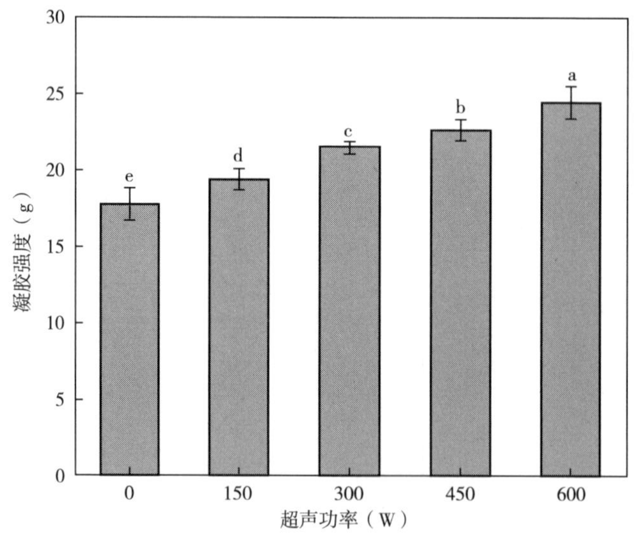

图 4-19 不同超声波功率处理对类 PSE 鸡肉 MP 乳液凝胶强度的影响

注 不同字母表示存在显著差异（$P<0.05$）。

4.4.3　超声波处理功率对类 PSE 鸡肉肌原纤维蛋白乳液凝胶流变特性的影响

流变特性是通常用来描述肉凝胶中蛋白质功能的一个重要性质。通过动态流变学测量 MP 乳液的储能模量和耗能模量来估计弹性部分的存储能量和粘性部分的耗散能量。据报道，超声波处理的蛋白质变性与储能模量和耗能模量的变化直接相关。图 4-20 是不同超声波功率处理下类 PSE 鸡肉 MP 乳液的储能模量，与未经超声波处理的相比，150～600W 的储能模量都明显增加，表明乳液逐渐凝胶化，这可能是超声波处理使蛋白质展开，有利于蛋白质分子交联，形成良好的三维网络结构。从 25℃到 45℃，所有 MP 乳液的 G'开始缓慢上升，在 51℃达到最大值。达到最大值后 G'开始急剧下降，在 56℃左右达到最小值。随着进一步加热至 85℃，G'又开始上升。超声功率为 600W 时，制备的乳液在热处理过程中 G'值最高。超声波处理的类 PSE 鸡肉 MP 乳液 G'值的增加可能与蛋白质链或乳液油滴之间通过疏水相互作用和二硫键形成更多的交联有关。Rassoul 等研究不同超声波振幅（20%，50%和 70%）和不同时间（5min，10min 和 20min）对草豌豆分离蛋白乳液凝胶的流变特性和结构的影响，与天然蛋白质相比，超声草豌豆分离蛋白制备的乳液凝胶的分布具有均匀性，弹性模量更高。在 75%振幅下处理 10min 后，可形成 G'值较高、硬度较高的乳状凝胶。

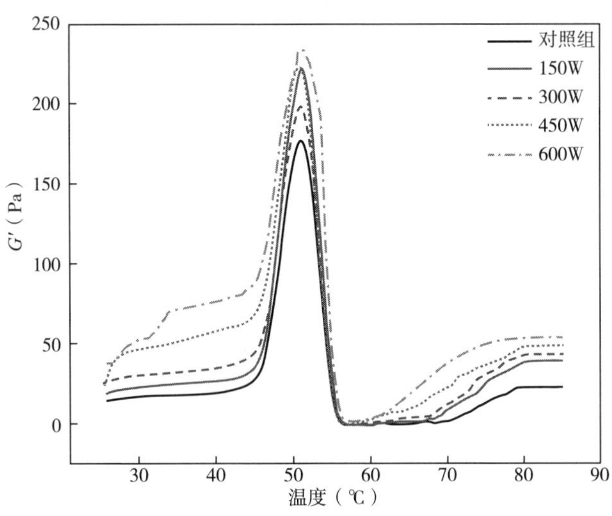

图 4-20　不同超声波功率处理的类 PSE 鸡肉 MP 乳液的储能模量（G'）

4.4.4 超声波处理功率对类 PSE 鸡肉肌原纤维蛋白乳液凝胶水分分布的影响

LF-NMR 是一种有效的分析方法，用于研究肉类蛋白质分散体热处理后的水状态，可以直观地反映乳液凝胶中水分的分布，被广泛应用于蛋白质/多糖凝胶体系中质子迁移率的研究。图 4-21 为不同超声功率下乳液凝胶的弛豫时间（T_2）。本研究观察到 4 个峰，其中 T_{2b}（1~10ms）反映了结合水，T_{22}（10~200ms）代表了不易流动水，T_{23}（200~1000ms）代表了自由水，表明了水在乳液凝胶中的运动。图 4-22 展示的是 T_{22} 对应的弛豫时间和峰面积分数（P_{22}）。横向弛豫时间 T_2 代表氢质子与其他非水组分结合的紧密程度，弛豫时间越短，结合越紧密，即水分的流动性越差；峰面积比例 P_{22} 代表对应水分的相对含量，P_{22} 越大，相对含量越高。超声波处理对乳液凝胶中结合水无明显影响。随超声功率的增大，自由水开始向不易流动水的方向移动。这表明超声波处理增强了乳液凝胶的水结合能力。当超声波功率为 600W 时，P_{22} 的面积分数最大，说明游离水转化为固定水，有助于提高乳液凝胶的保水性。此外，超声波功率有效减小了 MP 的粒径，有利于乳液凝胶网络捕获更多的水。Qin 等研究超声波处理对大豆蛋白—小麦蛋白混合凝胶的影响时发现，经过超声波处理的微观结构更加致密均匀，致密均匀的凝胶结构束缚水分子的能力增强，凝胶网络中不易流动水含量升高，自由流动水含量降低。

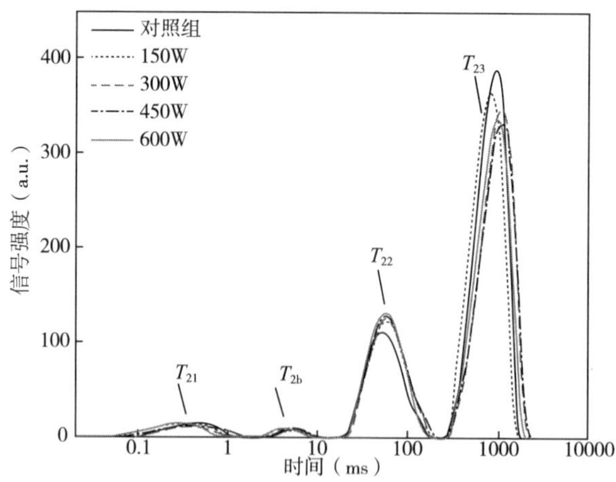

图 4-21 不同超声波功率处理的类 PSE 鸡肉 MP 的自旋—自旋弛豫时间（T_2）分布的影响

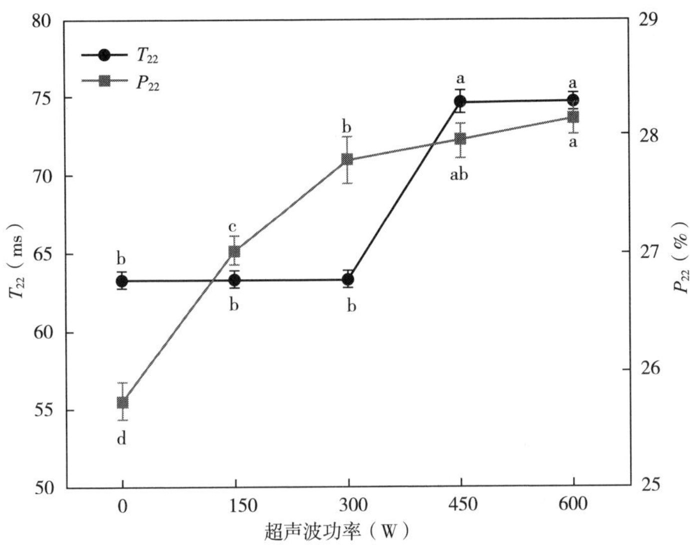

图 4-22　不同超声波功率处理对类 PSE 鸡肉 MP 乳液凝胶 T_{22} 和 P_{22} 的影响

注　相同指标小写字母不同表示不同处理组之间差异显著（$P<0.05$）。

低场核磁成像获得的凝胶内部水分分布的伪彩图如图 4-23 所示，其反映的是流动态氢质子的分布情况，图像中红色代表氢质子，其密度越大表示水分含量越高。由图 4-23 可知，与未经超声波处理的彩图相比，超声波处理过的乳液凝胶的氢质子分布更多、更均匀，即乳液凝胶内含有更多的水分，且水分分布更均匀，随着超声波功率的增加，600W 时乳液凝胶内部的氢质子分布最均匀，这表明 600W 处理可以使凝胶保留更多的水分，且更均匀地分布于凝胶内部，表明水分滞留在凝胶中，流动性减弱，这与自旋—自旋弛豫时间（T_2）分布相一致。这一结果可能是因为超声波空化效应产生的高能力，包括剪切力、冲击波和湍流的作用。Yang 等为提高小麦蛋白素肉饼的品质，比较了不同处理（真空、超声和真空超声）在质构、水分分布、微观结构和化学键相互作用等方面的效果。相比之下发现，真空超声处理后小麦蛋白素肉饼的图像颜色分布最均匀，整个部分为深绿色，这也表明真空超声处理后小麦蛋白素肉饼的整体水分分布最均匀。

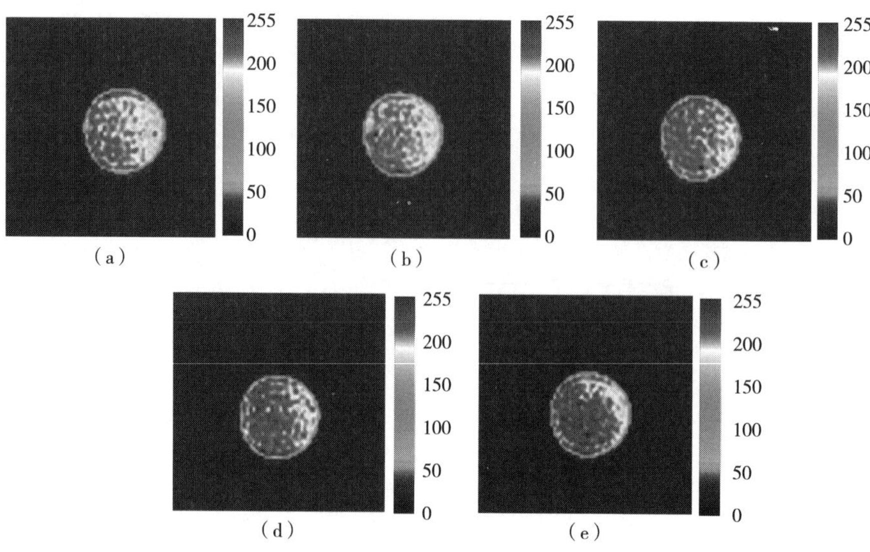

图 4-23　不同超声波功率处理 MP 的乳液凝胶水分分布伪彩图

注　(a)~(e) 表示不同超声波功率（0、150W、300W、450W 和 600W）。

彩图二维码

4.4.5　超声波处理功率对类 PSE 鸡肉肌原纤维蛋白乳液凝胶分子间作用力的影响

通过对凝胶进行不同的溶解性溶剂处理，计算了凝胶结构形成的理化键。图 4-24 是不同超声波功率处理对类 PSE 鸡肉 MP 乳液凝胶分子间作用力的影响，其中离子键、疏水相互作用和二硫键随超声波功率的增加而增加，而氢键呈现减小的趋势。在以破坏氢键为主的 8M 尿素中，蛋白质被高度溶解，在未经过超声波处理的类 PSE 鸡肉 MP 乳液凝胶中，分子间氢键是可以加强的主要力量。结果表明超声波处理后类 PSE 鸡肉 MP 的结构修饰使部分氢键转向其他类型的分子间作用力。离子键含量均升高，离子键可以维持 MP 三级结构，且离子键被破坏意味着蛋白质发生了聚集。SDS 的主要作用是破坏蛋白质凝胶中的疏水相互作用，疏水相互作用的增大，可以解释为超声波处理使MP暴露了更多的疏水基团，增强了蛋白质膜和基质蛋白质之间的疏水相互作用。二硫键有助于蛋白质凝胶网络的形成，并且在超声波处理过的凝胶中略有增强，蛋白质分子间二硫共价键的形成有助于蛋白质交联，更有助于形成更好的凝胶状态。Wang等通过研究不同盐浓度下超声波（300W，0、10min、20min和30min）对大豆分离蛋白凝胶性质的影响，发现同一盐浓度下超声波处理增强了凝胶中的疏水相互作用和二硫键相互作用。

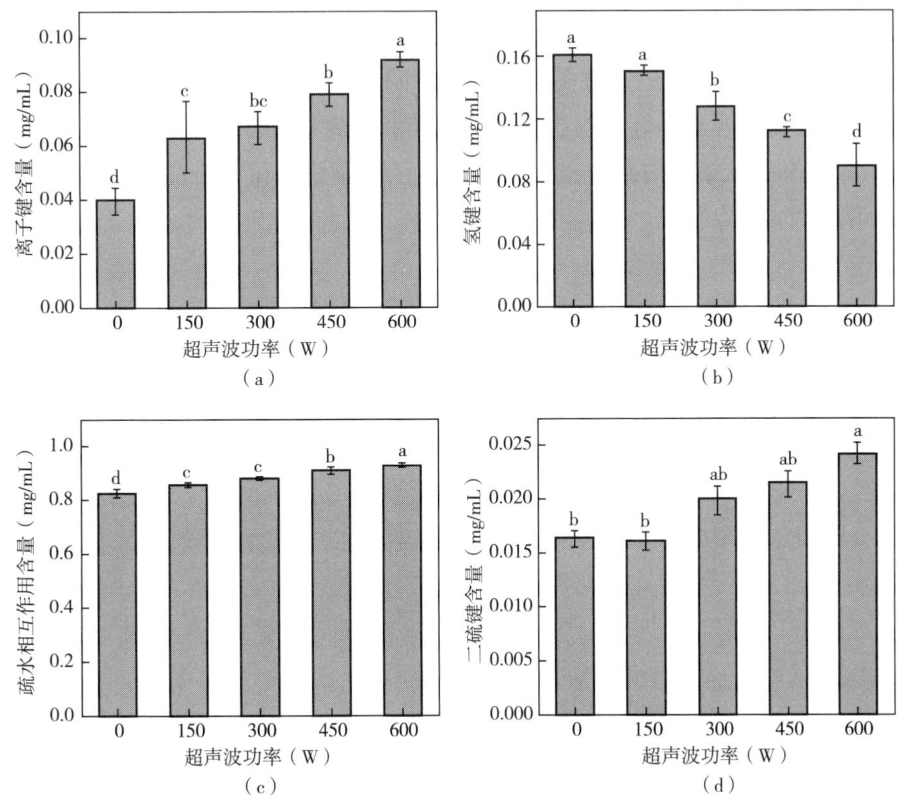

图4-24　MP乳液凝胶分子间作用力

注　（a）离子键；（b）氢键；（c）疏水相互作用；（d）二硫键。

4.4.6　超声波处理功率对类PSE鸡肉肌原纤维蛋白乳液凝胶红外光谱的影响

不同超声功率处理后乳液凝胶的FTIR光谱结果如图4-25所示。蛋白质的酰胺键具有许多不同的振动模式，其中酰胺Ⅰ带（1600~1700cm^{-1}）和酰胺Ⅲ带（1220~1330cm^{-1}）通常用于研究蛋白质的二级结构（α-螺旋，β-折叠，β-转角和无规卷曲），对外界感应非常敏感。图 4-26 是不同超声波功率下类 PSE 鸡肉 MP 乳液凝胶中二级结构的相对含量。可以观察到，随超声波功率的增大，α-螺旋含量显著降低（$P<0.05$），α-螺旋主要依靠肽键之间的氢键维持稳定，这一结果与分子间作用力中氢键减少相对应。β-折叠含量明显升高，这可能是超声波处理诱导 MP 展开，暴露出更多的活性基团，促使 α-螺旋向 β-折叠转变。Wang 等研究了热诱导凝胶过程中不同强度的超声（0~800W）对 MP 凝胶特性的影响。结果发现，随超声功率的增强，凝胶中的 α-螺旋含量明显降低，β-折叠、β-转角和无规卷曲含量增加；此时，疏水相互作用和二硫键也得到加强。研究证明，β-折叠含量的升高有助于形成更好的凝胶。

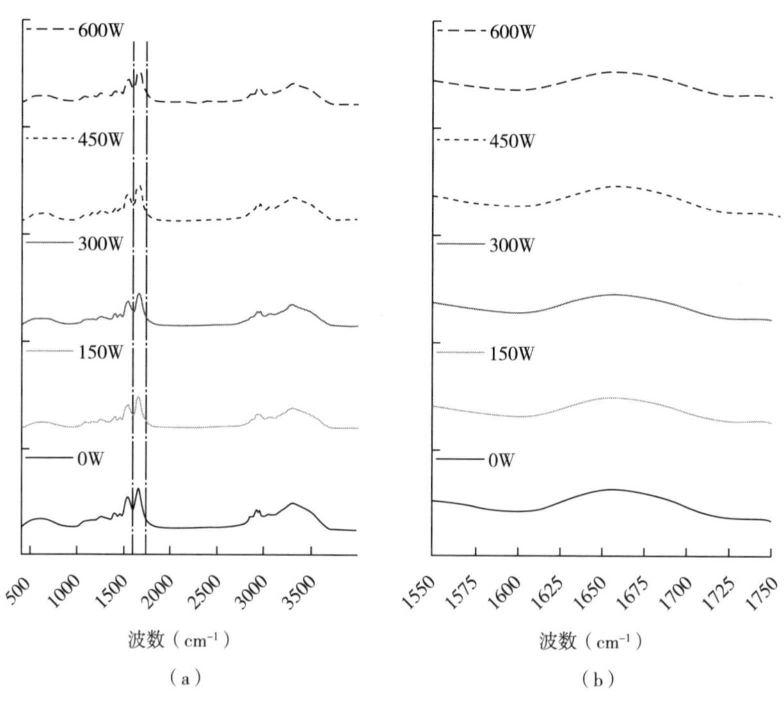

图 4-25　乳液凝胶在 500~3900cm^{-1}（a）和 1550~1750cm^{-1}（b）区域的傅里叶红外光谱

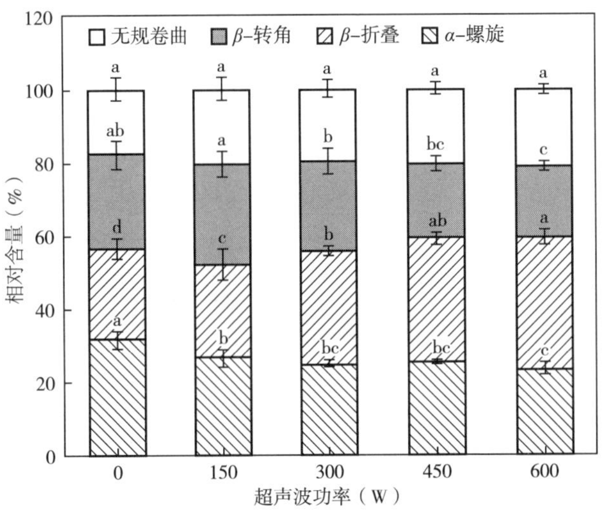

图 4-26　不同超声波功率处理的类 PSE 鸡肉 MP 乳液凝胶中二级结构相对含量的变化

注　不同字母表示差异显著（$P<0.05$）。

4.4.7　超声波处理功率对类 PSE 鸡肉肌原纤维蛋白乳液凝胶微观结构的影响

利用扫描电镜观察了不同超声波处理功率下类 PSE 鸡肉 MP 乳液凝胶的微观结构（图 4-27）。未经超声波处理的乳液凝胶表现出密集的网状结构，有许多小空腔，超声波处理后乳液凝胶也表现出类似的凝胶结构。当超声波功率为 600W 时，空腔减少，乳状凝胶显示出非常致密或致密的基质，这与其凝胶强度的增加相一致。根据 Zhang 等报道的超声波处理 MP 与胡萝卜素复合乳液凝胶的结果，这可能是因为 MP 在 600W 条件下处理后粒径最小，因此在 MP 乳液中粒径较小。未经超声波处理的乳液凝胶的空腔变大，聚集物呈球状，结构变粗、不致密，这与其相对较低的凝胶强度相一致。因此，超声波处理可以增强乳液凝胶的保水性和凝胶强度，从而改善乳液凝胶的特性。

以上研究表明：当超声波功率达到 600W 时，类 PSE 鸡肉 MP 乳液凝胶的保水保油性从 40.52%增加到 58.76%，凝胶强度从 17.83g 增加到 24.51g，储能模量和不易流动水的含量均有所增加，说明超声波处理能增强 MP 乳液凝胶的凝胶特性。超声波处理功率的增大促进了 α-螺旋向 β-折叠的转化，MP

内部的活性巯基和疏水性基团被暴露出来，从而影响了 MP 乳液凝胶的凝胶特性，使乳液凝胶的微观结构和流变性得到显著改善。

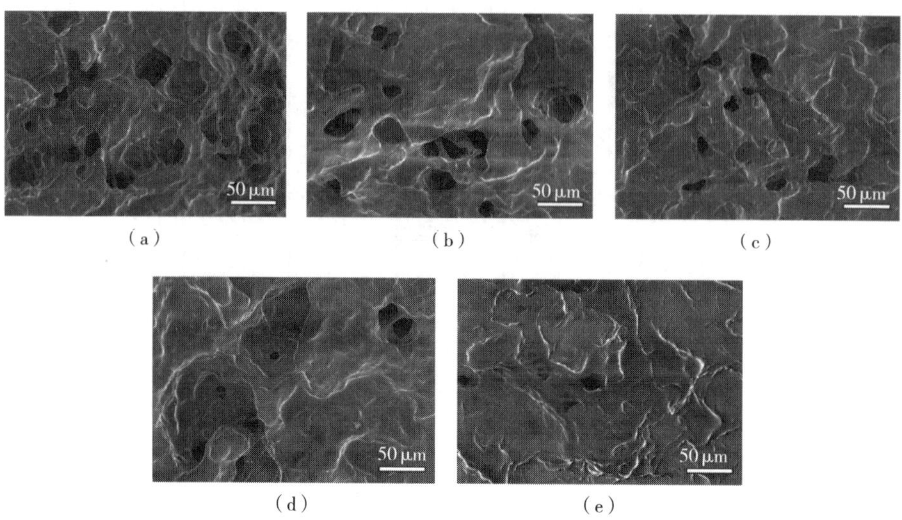

图 4-27 不同超声波功率处理的类 PSE 鸡肉 MP 乳液凝胶的微观结构

注 (a)：未超声处理；(b)：150W；(c)：300W；(d)：450W；(e)：600W。

4.5 本章小结

本章以类 PSE 鸡肉 MP 为研究对象，从改善类 PSE 鸡肉 MP 的功能特性切入，研究了不同超声波功率处理对类 PSE 鸡肉 MP 结构、理化性质以及乳化性的影响，并探讨了超声波处理对 MP 乳液凝胶性的影响。主要结论如下。

(1) 采用不同超声波功率处理类 PSE 鸡肉 MP，实验结果表明：超声波破坏了 MP 的天然结构，从而增加了 MP 的溶解度和疏水性，有利于提高 MP 的功能特性；超声波处理显著增加了类 PSE 鸡肉 MP 分子的柔性和 Zeta-电位的绝对值，并显著降低了浊度和粒径。表明超声波处理改变了类 PSE 鸡肉 MP 的结构性质。

(2) 采用不同超声波功率处理类 PSE 鸡肉 MP，并研究了 MP 乳液的乳化特性。实验结果表明：乳液粒径和 *TSI* 明显降低，表明超声波处理能够增强类 PSE 鸡肉 MP 的乳化特性；随超声波功率的增加，MP 在油—水界面的吸附含量显著上升，油—水界面张力显著下降，这表明超声波处理促进了 MP 在油—水界面的吸附；乳液的微观结构表明超声波处理能够使乳液的油滴变得小而均匀，有利于提高乳液的稳定性。所以类 PSE 鸡肉 MP 经超声波处理后，乳化活性和乳化稳定性都得到显著地提高。

（3）采用不同超声波功率处理类 PSE 鸡肉 MP，并研究了 MP 乳液凝胶的凝胶强度、保水保油性、凝胶二级结构以及水分分布等性能。实验结果表明：超声波处理改善了类 PSE 鸡肉 MP 乳液凝胶的保水保油能力和凝胶强度，进而优化了乳液凝胶的凝胶性能。低场核磁共振分析表明，超声波处理促使疏水性基团暴露，降低了自由水的含量，更有利于加热过程中形成更加致密的凝胶网络结构；由于超声波处理使 MP 的结构展开，更加有利于蛋白质分子交联，形成良好的三维网络结构，使超声波处理后的类 PSE 鸡肉 MP 具有良好的流变性能。另外，乳液凝胶二级结构中 α-螺旋含量降低，β-折叠含量升高，有利于提高乳液凝胶的凝胶特性。因此，超声波处理后的类 PSE 鸡肉 MP 乳液凝胶的微观结构空腔减少，结构致密。

第 5 章　超声波处理对类 PSE 鸡肉肌浆蛋白结构性质和乳化性的影响

类 PSE 鸡肉给鸡肉深加工业造成了巨大的经济损失。近年来，国内外研究学者研究了类 PSE 鸡肉蛋白的理化和结构性质在肉品或肉蛋白基食品加工与制造中的变化。目前，与鸡肉肌原纤维蛋白的结构性质与功能特性研究相比，作为肌肉蛋白的另一个重要类别——肌浆蛋白，还没有得到很好的研究与利用。肌浆蛋白占肌肉蛋白质的 30%~35%，种类丰富（包括肌红蛋白、肌浆酶、肌粒蛋白、肌质网蛋白等），能够溶于水或低离子强度的中性盐溶液中，对肌原纤维蛋白的凝胶乳化特性以及肉品加工特性很重要。然而，与正常或较高 pH 的鸡肉相比，类 PSE 鸡肉肌浆蛋白的乳化性能明显降低。因此，有必要改善类 PSE 鸡肉肌浆蛋白的乳化特性，才能满足肉品蛋白加工成功的需求，使肌浆蛋白在食品工业中得到广泛应用。

近年来，动植物蛋白质的超声波加工修饰越来越受到研究者的关注。超声波处理是食品物理加工技术之一，可增强各种蛋白质的功能特性。其中，Chen 等用不同功率超声波（频率 20kHz，23kHz 和 20/23kHz，5min，）处理鸡肉肌原纤维蛋白，发现处理后蛋白质的乳化活性、乳化稳定性以及乳液的贮藏稳定性显著增强。涂宗财等研究了不同超声功率或不同超声时间对正常鸡肉肌浆蛋白的影响，结果显示，超声 4min 条件下，随超声功率的增强，肌浆蛋白的乳化性呈先上升后平稳下降的趋势；480W 功率条件下，随超声时间的增加，肌浆蛋白的乳化性显著下降，乳化稳定性先上升后下降。Zou 等研究了超声波处理（20kHz，600W，5min，10min，20min 和 30min）对贻贝肌浆蛋白性质及乳液稳定性的影响，结果显示超声处理（600W、20min）有效改善了肌浆蛋白的水包油乳液的稳定性。然而，还没有关于超声波加工对类 PSE 鸡肉肌浆蛋白结构性质变化程度及其乳化性能影响的研究报道。

基于此，本研究以类 PSE 鸡肉肌浆蛋白为研究对象，全面研究不同超声功率（20kHz，0、150W、300W、450W、600W）和不同超声时间（0、5min、10min、15min）对类PSE鸡肉肌浆蛋白的结构性质和乳化特性的影响，以期阐明超声波改善类PSE鸡肉肌浆蛋白乳化特性的机制，为超声波提高类PSE鸡肉肌浆蛋白超声波的加工应用提供参考依据。

5.1 超声波处理对类PSE鸡肉肌浆蛋白结构性质的影响

本节内容以类PSE鸡肉肌浆蛋白为对象，探讨不同超声功率（20kHz，0、150W、300W、450W、600W）和不同超声时间（20kHz，0、5min、10min、15min）对肌浆蛋白的结构性质的影响。

5.1.1 类PSE肌浆蛋白的凝胶电泳结果分析

如图5-1所示，采用SDS—PAGE观察不同超声波功率和时间对类PSE鸡肉肌浆蛋白组成的影响。在还原条件下［图5-1（a）］，与对照组相比（泳道1），所有超声处理后的肌浆蛋白样品之间的主要条带种类和含量没有明显变化，表明超声波处理未改变类PSE鸡肉肌浆蛋白的组成。而在非还原条件下，分子内和分子间二硫键未断裂，从而反映了超声处理导致蛋白质高级结构和聚集状态的变化。如图5-1（b）所示，与对照组相比，超声处理组之间的条带也无明显差异，条带密度接近对照样品，表明类PSE鸡肉肌浆蛋白分子的二硫键没有受到超声波的显著影响。Ding等也得出相似的研究结果。由此可以得出，类PSE鸡肉肌浆蛋白经不同超声波功率和超声时间处理后未发生明显降解和聚集。

5.1.2 类PSE肌浆蛋白二级结构的结果分析

超声处理对类PSE鸡肉肌浆蛋白二级结构的影响见图5-2和表5-1。由图5-2可以看出，190nm附近的正峰和负双峰表明α-螺旋是主要的二级结构。当超声处理类PSE鸡肉肌浆蛋白后，在208nm和222nm附近观察到明显的负衰减，表明螺旋结构遭到破坏。如表5-1所示，与对照组相比，随超声功率的升高，α-螺旋和β-转角的百分比略有上升，但β-折叠含量略有降低，且无规卷曲的百分比无显著变化。同样，随超声时间的延长，α-螺旋和β-转

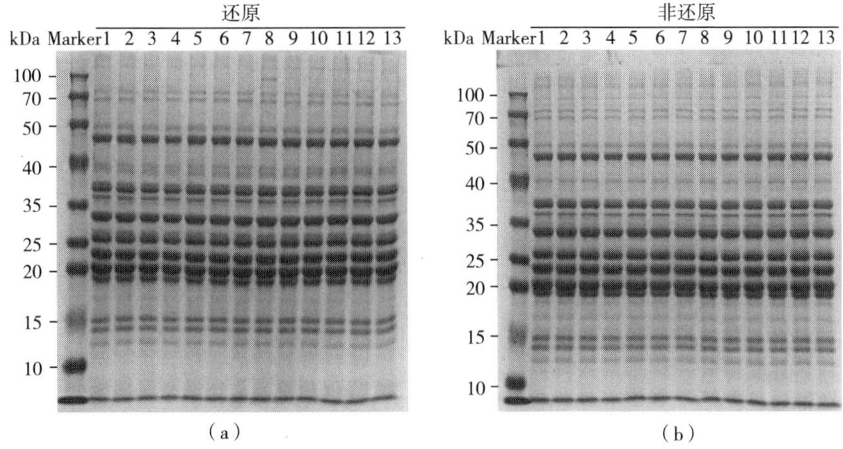

图 5-1　不同超声波处理后的类 PSE 鸡肉肌浆蛋白的 SDS-PAGE

注　1~13 泳道分别表示：1—对照组，2—150W、5min，3—150W、10min，4—150W、15min，5—300W、5min，6—300W、10min，7—300W、15min，8—450W、5min，9—450W、10min，10—450W、15min，11—600W、5min，12—600W、10min，13—600W、15min。

角的百分比略有下降，β-折叠含量也略有降低，且无规卷曲的百分比无显著变化。二级结构转变可能是由于超声处理诱导了氢键的变化。由于氢键稳定，而超声波可以将β-转角、β-折叠、无规卷曲转化为稳定有序的α-螺旋。由于α-螺旋由多肽链的羰基氧和氨基氢之间的分子内氢键稳定，β-折叠依赖于肽链之间的氢键，超声处理可以破坏类 PSE 鸡肉肌浆蛋白的完整结构，并可能扰乱分子内氢键，从而促进类 PSE 鸡肉肌浆蛋白内部氢键的重建。超声空化诱导的物理力和自由基改变了类 PSE 鸡肉肌浆蛋白的二级结构。Jiang 等研究表明，超声处理减少了 α-螺旋，但增加了黑豆蛋白的 β-折叠。这也与超声处理的牛血清白蛋白结果相似。然而，也有研究表明，超声处理增加了 β-乳球蛋白的 α-螺旋结构，减少了 β-结构。此外，Hu 等发现超声处理增加了大豆蛋白中的 α-螺旋和无规卷曲，并减少了 β-折叠。还有研究观察到超声处理对卵清蛋白的二级结构几乎没有影响。这些不同的结果可能是由于二级结构取决于多种因素，主要包括二级结构类型、蛋白质性质、变性程度、聚集状态和超声条件等。本研究结果表明，不同超声功率和不同超声时间处理在一定程度上改变了类 PSE 鸡肉肌浆蛋白的二级结构。

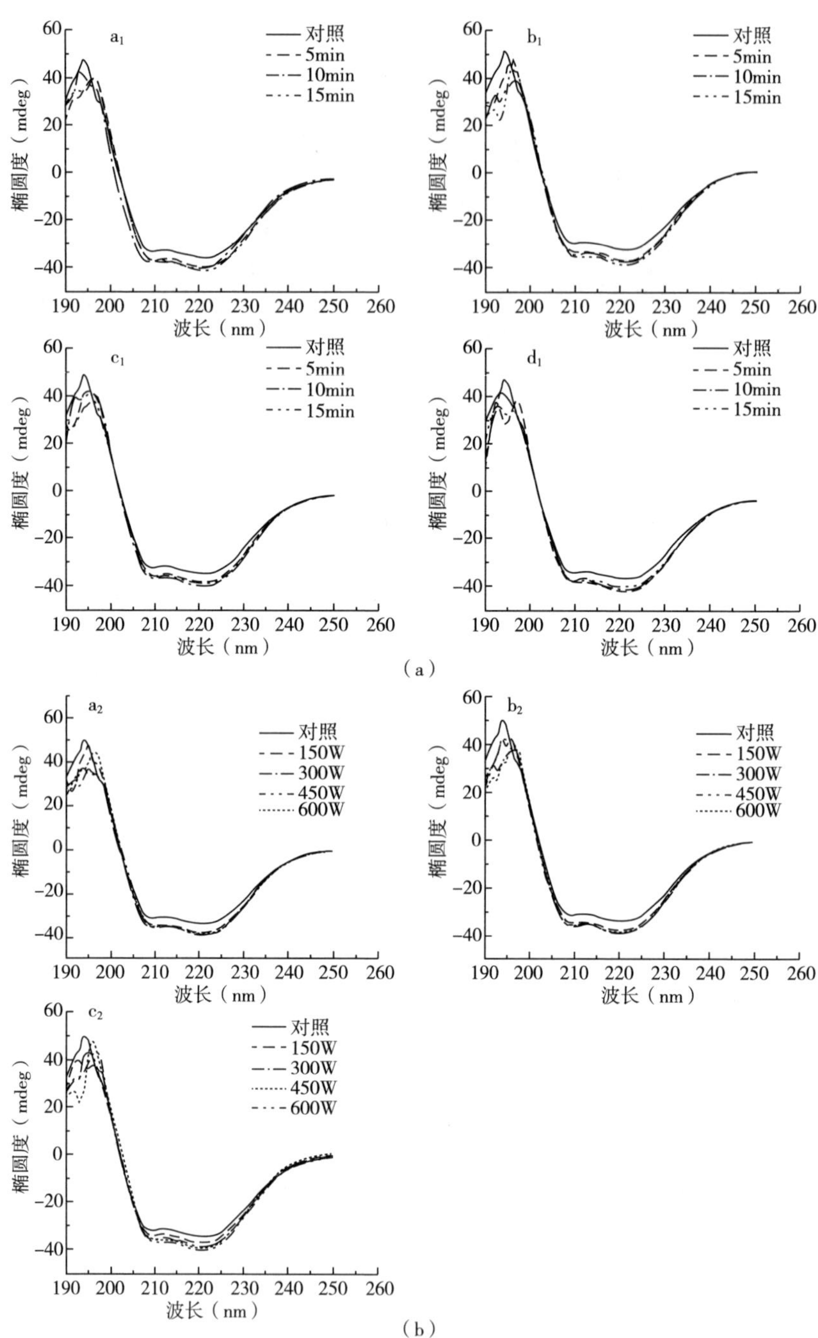

图 5-2 不同超声波处理对类 PSE 鸡肉肌浆蛋白二级结构的影响

注 a_1：功率 150W；b_1：功率 300W；c_1：功率 450W；d_1：功率 600W；a_2：时间 5min；b_2：时间 10min；c_2：时间 15min。

表 5-1　超声处理类 PSE 鸡肉肌浆蛋白二级结构相对含量的变化

超声时间（min）	超声功率（W）	α-螺旋（%）	β-折叠（%）	β-转角（%）	无规则卷曲（%）
5	0		26. 61±0. 01[a]	17. 29±0. 04[a]	42. 54±0. 05[a]
	150		25. 86±0. 06[d]	17. 33±0. 01[a]	42. 07±0. 00[c]
	300		26. 20±0. 17[bcd]	17. 29±0. 02[a]	42. 29±0. 11[bc]
	450		26. 03±0. 09[bcd]	17. 35±0. 02[a]	42. 18±0. 04[b]
	600		25. 99±0. 14[bcd]	17. 30±0. 01[a]	42. 17±0. 04[b]
10	150	14. 22±0. 04[a]	26. 22±0. 04[bc]	17. 31±0. 00[a]	42. 25±0. 02[b]
	300	14. 41±0. 01[a]	26. 07±0. 00[bcd]	17. 32±0. 01[a]	42. 20±0. 01[bc]
	450	14. 43±0.'05[a]	26. 03±0. 02[bcd]	17. 35±0. 03[a]	42. 18±0. 00[bc]
	600	14. 42±0. 00[a]	26. 09±0. 01[bcd]	17. 34±0. 01[a]	42. 15±0. 01[bc]
15	150	14. 20±0. 26[a]	26. 26±0. 02[b]	17. 28±0. 00[a]	42. 26±0. 01[b]
	300	14. 46±0. 04[a]	25. 99±0. 01[cd]	17. 38±0. 04[a]	42. 17±0. 00[bc]
	450	14. 42±0. 04[a]	26. 09±0. 00[bcd]	17. 34±0. 00[a]	42. 15±0. 04[bc]
	600	14. 31±0. 00[a]	26. 14±0. 01[bcd]	17. 31±0. 01[a]	42. 25±0. 02[b]

注　字母不同表示同组蛋白质中差异显著（$P<0.05$）。

5. 1. 3　类 PSE 鸡肉肌浆蛋白表面疏水性（H_0）的结果分析

表面疏水性反映了蛋白质分子内疏水氨基酸残基的暴露程度。表面疏水性随着表面疏水基团暴露的增加而增加，从而导致蛋白质展开程度更高。如图 5-3 所示，与对照组相比，超声处理后类 PSE 鸡肉肌浆蛋白的表面疏水性显著提高（$P<0.05$）。图 5-3（a）中，相同超声功率（150W）处理下，蛋白质样品的表面疏水性在超声时间为 15min 时达到最高；超声功率为 300W、450W、600W 的结果与超声功率为 150W 时结果一致，表面疏水性均在超声时间为 15min 时达到最高；而超声处理时间相同（5min、10min、15min），超声处理功率不同时，均在超声功率为 600W 时［图 5-3（b）］，蛋白质样品的表面疏水性达到最大。Liu 等研究的金枪鱼肌原纤维蛋白的 H_0 也随超声时间（40kHz，280W，0～24min）的增加而增加。一方面，这是由于超声效应在一定程度上诱导蛋白质展开，导致最初位于分子内部的疏水基团暴露。另一方面，超声空化将蛋白质的球形结构转变为网络结构，并暴露出

大量的内部疏水基团，从而破坏蛋白质的疏水相互作用来诱导变性，最终显著增加疏水性。表明超声处理可以增加类 PSE 鸡肉肌浆蛋白的表面疏水性。然而 Zou 等研究贻贝肌浆蛋白的结果表明，在超声功率相同（600W）的条件下，超声时间从 5min 到 20min 时，表面疏水性逐渐增加；处理 30min 后降低，表明蛋白质聚集体的形成。这些结果表明，长时间超声处理过程中部分变性的蛋白质引起了广泛的键合。以上结果表明，并不是超声时间越长，效果越好，应根据实际需求来制定合适的超声条件。

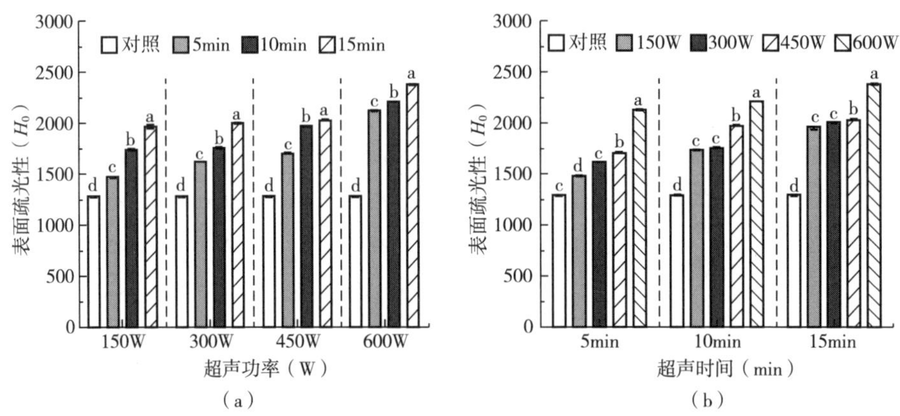

图 5-3　不同超声波处理对类 PSE 鸡肉肌浆蛋白表面疏水性的影响

注　字母不同表示同组蛋白中差异显著（$P<0.05$）。

5.1.4　类 PSE 鸡肉肌浆蛋白荧光强度的结果分析

图 5-4 为不同超声时间、不同超声功率处理对类 PSE 鸡肉肌浆蛋白荧光强度的影响。蛋白质中色氨酸（Trp）、酪氨酸（Tyr）残基的固有荧光对微环境的荧光能量和极性特别敏感，其荧光发射主要取决于蛋白质折叠，能够反映三级结构的构象变化。经过超声处理的类 PSE 鸡肉肌浆蛋白的最大荧光发射峰变化不明显（335nm 处），但荧光强度有明显变化。超声处理后的类 PSE 鸡肉肌浆蛋白荧光强度明显高于对照组。其中，相同超声功率、不同超声时间［图 5-4（a）］条件下，当超声时间从 5min 延长至 15min 时，荧光强度达到最高；而相同超声时间、不同超声功率［图 5-4（b）］条件下，当超声功率从 150W 升高至 600W 时，荧光强度同样达到最高。荧光强度的升高，表明超

声处理在一定程度上可以改变类 PSE 鸡肉肌浆蛋白的三级结构，有利于改善其乳化性能。该结果与表面疏水性（H_0）想对应。荧光强度的增加，可能与先前埋藏的 Trp/Tyr 残基和蛋白质疏水部分的暴露有关，超声预处理可以导致蛋白质分子结构的展开，破坏蛋白质分子的疏水键，诱导蛋白质分子内部更多的疏水基团暴露，更多暴露的 Trp/Tyr 残基将促进分子间疏水相互作用和聚集体的形成而导致水溶性蛋白质的荧光强度增加。

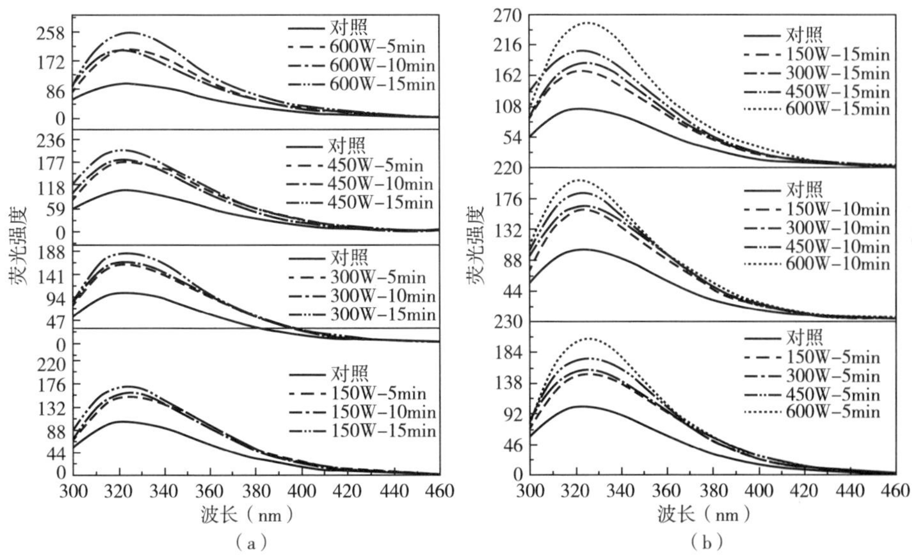

图 5-4 不同超声波处理对类 PSE 鸡肉肌浆蛋白荧光强度的影响

5.1.5 类 PSE 鸡肉肌浆蛋白紫外光谱的结果分析

色氨酸和酪氨酸残基侧链基团对紫外光的吸收，导致蛋白质产生紫外吸收光谱。而色氨酸和酪氨酸生色基团的不同，也导致其有不同的紫外吸收光谱。因此，蛋白质分子构象的变化可根据蛋白质紫外吸收光谱的变化来推断。有两个负吸收峰（284nm 和 292nm）和两个正吸收峰（288nm 和 297nm）。284nm 附近的吸收峰归因于色氨酸和酪氨酸之间的相互作用，296nm 处的吸收峰是色氨酸残基相互作用的结果。由图 5-5 可知，超声波处理可显著降低类 PSE 鸡肉肌浆蛋白的紫外吸收，经过超声处理，类 PSE 鸡肉肌浆蛋白的紫外吸收光谱强度逐渐降低。相同超声功率、不同超声时间（a）条件下，超声时间从 5min 延长至 15min 时，紫外光谱的强度达到最低；同样，相同超声时间、不同超声功率（b）条件下，超声功率从 150W 增加到 600W 时，紫外光谱强度达到最低；尤其在 300~340nm 波长之间，变化尤为明显。原因是随超声波功率的不断增加，更多的疏水氨基酸暴露在蛋白质分子的表面。此时，疏水相互作用的增加会使蛋白质重新凝集并重新嵌入一些疏水氨基酸。这也与超声使类 PSE 鸡肉肌浆蛋白聚集程度的下降有关。

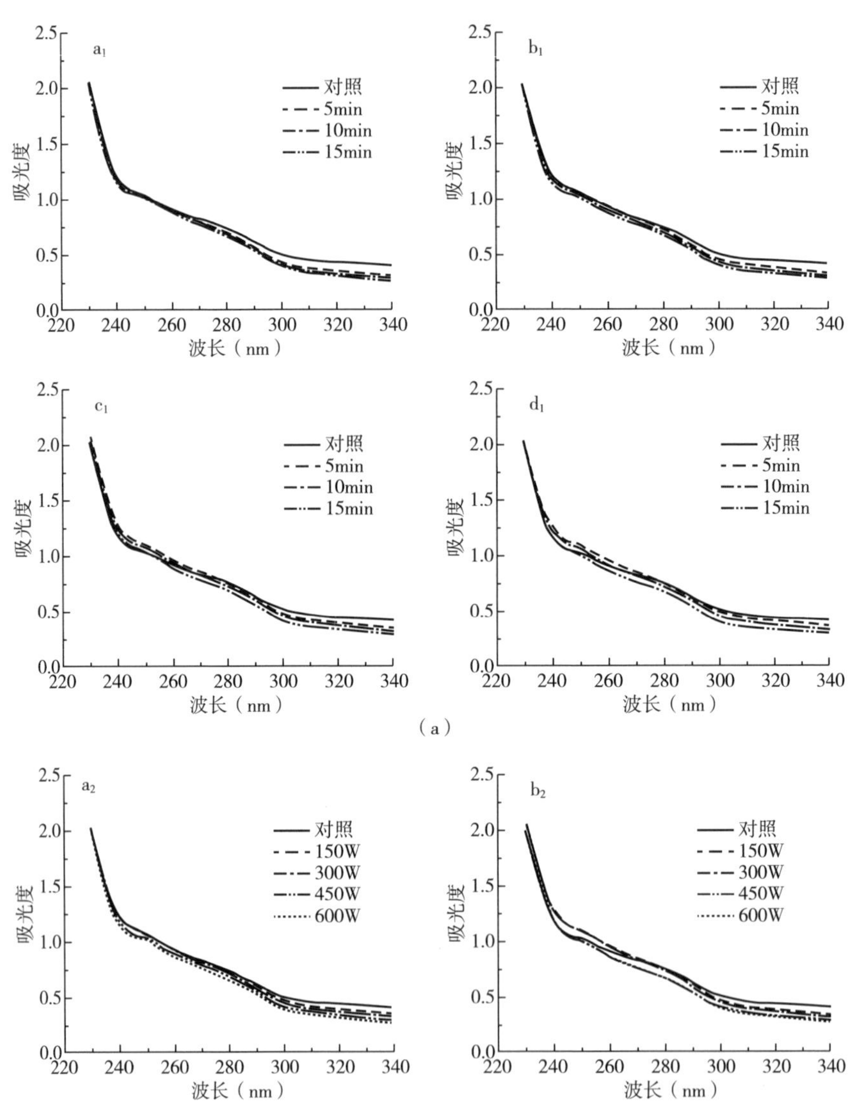

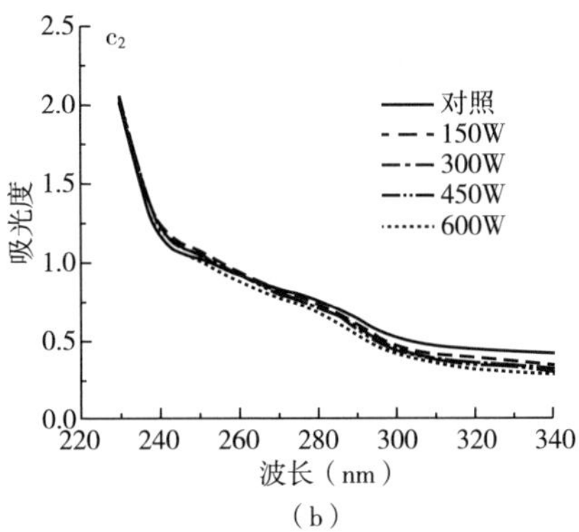

（b）

图 5-5　不同超声波处理对类 PSE 鸡肉肌浆蛋白紫外光谱的影响

注　a_1：功率 150W；b_1：功率 300W；c_1：功率 450W；d_1：功率 600W；a_2：时间 5min；b_2：时间 10min；c_2：时间 15min。

以上研究表明：与对照组相比，SDS-PAGE 结果显示超声前后肌浆蛋白组成无明显变化；圆二色谱检测显示超声条件处理改变了类 PSE 鸡肉肌浆蛋白的二级结构。不同超声时间（5~15min）和不同超声功率（150~600W）处理对肌浆蛋白的表面疏水性、荧光强度、紫外光谱等均有显著影响。随超声处理时间的延长和超声处理功率的增加，类 PSE 鸡肉肌浆蛋白的表面疏水性和荧光强度显著增加；以上指标在超声时间相同条件下，均在超声功率达到 600W 时效果最显著，或在超声功率相同条件下，均在超声时间延长至 15min 时，效果最显著。

5.2　超声波处理对类 PSE 鸡肉肌浆蛋白理化性质和乳化性质的影响

本节内容以类 PSE 鸡肉肌浆蛋白为对象，探讨不同超声功率（20kHz，0、150W、300W、450W、600W）和不同超声时间（20kHz，0、5min、10min、15min）对肌浆蛋白理化性质以及乳化性质的影响。

5.2.1　类 PSE 鸡肉肌浆蛋白粒径和电位结果分析

蛋白质的粒径大小可以直接显示蛋白质的结构和聚集程度，并影响其功能特征。超声处理对类 PSE 鸡肉肌浆蛋白粒径大小的影响如图 5-6 所示。未经过超声处理的类 PSE 鸡肉肌浆蛋白呈现出较大的粒径（481.9nm），超声处理后的类 PSE 鸡肉肌浆蛋白的平均粒径明显低于对照组（$P<0.05$）。当超声功率相同，超声处理时间从 5min 延长到 15min 时，肌浆蛋白的平均粒径显著减小，依次减小至 279.1nm（150W）、265.9nm（300W）、248.1nm（450W）、237.2nm（600W）。同样，当超声时间相同，超声功率从 150W 增加到 600W 时，蛋白质的平均粒径也呈下降的趋势。粒径减小可能是由超声引起的气蚀和剪切力引起的。超声波产生的空化和高流体动力剪切力破坏了蛋白质的静电相互作用、氢键等，导致蛋白质颗粒的减小。超声处理过程中，颗粒被剧烈搅拌和碰撞，产生尺寸分布较窄的较小破碎颗粒，Liu 等（20kHz，16min，0~600W）也证实了超声诱导的空化和机械效应可以破碎蛋白质颗粒并减小粒径。

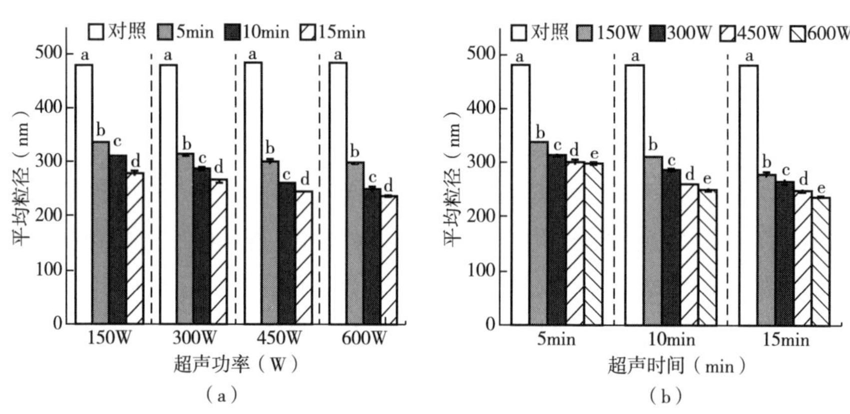

图 5-6 不同超声波处理对类 PSE 鸡肉 SP 粒径的影响

注 字母不同表示同组蛋白质中差异显著（$P<0.05$）。

Zeta-电位是溶液中带电粒子的表面剪切层势，用于描述溶液中粒子之间的静电相互作用，其值与悬浮粒子表面电荷的分布有关。作为一个重要的参数，粒子的表面电荷不仅影响其稳定性，还影响它与其他粒子的相互作用。Zeta-电位的绝对值越大，表明蛋白质分子之间的静电相互作用越强，在溶液中的分散稳定性越好。如图 5-7 所示，经超声波处理后，类 PSE 鸡肉肌浆蛋白的 Zeta-电位绝对值均高于未超声组，随超声功率的增长［（a）］和超声波时间的延长［（b）］，其绝对值显著增大（$P<0.05$），这与粒径的变化趋势相似。未经处理的肌浆蛋白表现出相对较低的净负电荷，这主要是由于氨基酸（如天冬氨酸和谷氨酸）酰胺化后形成了弱酸性蛋白质。而经过超声处理

（150~600W；5~15min）后的类 PSE 鸡肉肌浆蛋白的最高静电荷为-19.23mV（$P<0.05$）。这些结果的一个潜在解释可能是超声提供的机械力导致类 PSE 鸡肉肌浆蛋白的碎裂或解聚，并伴随着蛋白质构象的部分变化；较小的粒径增加了内部基团与水接触的机会，蛋白质聚集体被超声处理破坏，使蛋白质表面带有更多的负电荷，同时也增强了蛋白质之间的静电排斥力，从而提高了蛋白质的稳定性。而超声波诱导的蛋白质表面电荷的变化与蛋白质构象的展开和疏水性非极性残基的暴露有关，这也与表面疏水性的结果相对应。

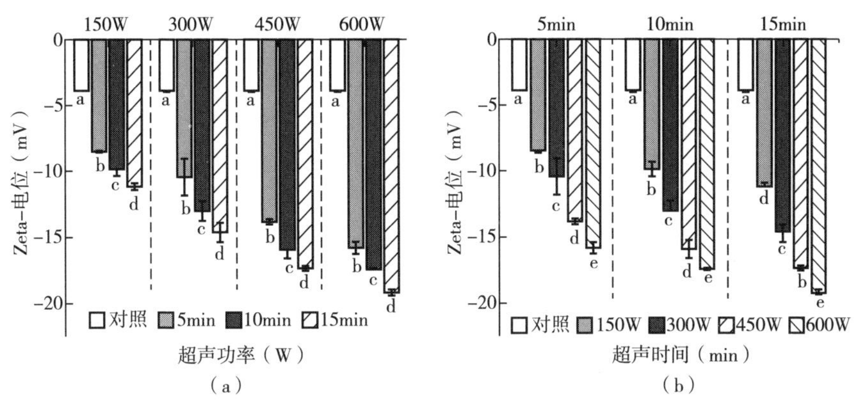

图 5-7　不同超声波处理对类 PSE 鸡肉肌浆蛋白 Zeta-电位的影响

注　字母不同表示同组蛋白质中差异显著（$P<0.05$）。

5.2.2　类 PSE 鸡肉肌浆蛋白溶解度和浊度的结果分析

蛋白质的溶解度是其最基本的物理性质，是影响其功能特征的因素之一，可以反映蛋白质变性程度和聚集状态。图 5-8 展示了不同超声条件处理对类 PSE 鸡肉肌浆蛋白溶解度的影响。未经处理的类 PSE 鸡肉肌浆蛋白（对照）在水中的溶解度相对较低（43.45%），超声处理显著提高了蛋白质样品的溶解度（$P<0.05$）。相比于对照组而言，当超声功率不变，超声时间从 5min 延长至 15min［（b）］时，肌浆蛋白的溶解度分别提高了 12.33%（150W）、17.05%（300W）、23.33%（450W）、44.72%（600W）；而当超声时间不变，超声功率从 150W 增加至 600W［（a）］时，肌浆蛋白的溶解度依次提高了 28.70%（5min）、39.38%（10min）、44.72%（15min）。以上数据表明超声处理可以

增加类 PSE 鸡肉肌浆蛋白的溶解度。

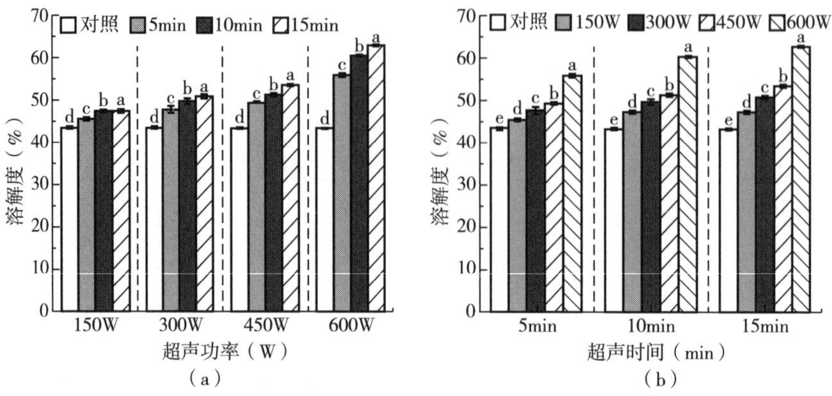

图 5-8　不同超声波处理对类 PSE 鸡肉肌浆蛋白溶解度的影响

注　字母不同表示同组蛋白质中差异显著（P<0.05）。

溶解度的增加可能是由于类 PSE 鸡肉蛋白质以聚集体的形式存在，空化现象的物理因素可能会破坏氢键和疏水相互作用，而氢键和疏水相互作用是导致蛋白质聚集体分子间缔合的原因。因此超声处理促进了可溶性蛋白质聚集体或单体与不溶性蛋白质聚集体的形成，导致溶解度的增加。此外，超声处理有利于减小粒径，更小的粒径具有更大的表面积和更大的电荷，有助于蛋白质—水相互作用的增强，从而增强了蛋白质的溶解度。Li 等也发现，超声处理（20kHz，450W，10min）增加了蛋白质溶解度。溶解度的提高，有助于获得更好的乳液稳定性。

蛋白质的聚集程度可以借助浊度来反映，浊度越高，说明蛋白质的聚集程度越高。由图 5-9 可知，不同超声条件处理后的蛋白质样品与对照组相比，其浊度变化显著（P<0.05）。图 5-9（a）显示，超声功率为 150W，超声时间从 5min 延长至 15min 时，蛋白质溶液的浊度从 0.117（对照）降低至 0.050（15min）；而超声功率分别为 300W、450W、600W 时，不同超声时间下浓度的变化趋势与超声处理 150W 时相同，均逐步下降，浊度依次降低至 0.030（300W）、0.021（450W）、0.018（600W）；此外，图 5-9（b）显示，超声时间不变，超声功率逐渐升高（150~600W），蛋白质样品的浊度呈下降趋势；依次减小至 0.031（600W~5min）、0.022（600W~10min）、0.018（600W~15min）。这表明超声处理可以降低类 PSE 鸡肉肌浆蛋白的

浊度。这可能是由于超声处理下高剪切和空化现象引起的湍流，使颗粒被剧烈搅拌，导致颗粒破碎，蛋白质颗粒直径减小，从而增加了可用于光散射的比表面积，继而降低了蛋白质样品的浊度。

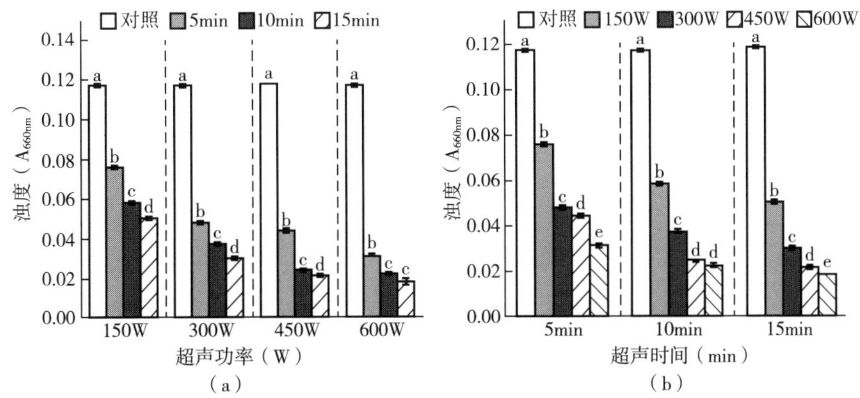

图 5-9　不同超声波处理对类 PSE 鸡肉肌浆蛋白浊度的影响

注　字母不同表示同组蛋白质中差异显著（$P<0.05$）。

5.2.3　类 PSE 鸡肉肌浆蛋白 *EAI*、*ESI* 的结果分析

乳化性能通常由 *EAI* 和 *ESI* 评估，用于表征蛋白质快速吸附在油滴表面以稳定油水界面的能力以及所形成乳液抵抗相分离的能力。如图 5-10 所示，超声处理后的类 PSE 鸡肉肌浆蛋白的 *EAI* 和 *ESI* 相比于对照组有显著的提高（$P<0.05$）。当超声处理功率为 150～600W，超声处理时间为 5～15min 时，相较于未超声组 *EAI* 最大增加了 79.18%（15min～300W）；蛋白质样品的 *ESI* 相对应地最大增加了 44.87%（15min～300W），其他处理组结果显示类 PSE 鸡肉肌浆蛋白的 *EAI*、*ESI* 均高于对照组。结果表明超声处理可以改善类 PSE 乳液的稳定性。其他学者研究表明超声波处理改善了蛋白质的乳化特性，如牛肉肌原纤维蛋白（20kHz，100～300W，10～30min）、紫苏分离蛋白（20kHz，20min，150～750W）等，超声波处理后蛋白质的 *EAI* 与 *ESI* 都显著增加。然而当超声功率为 450W 和 600W，超声处理时间从 5min 延长至 15min 时，类 PSE 鸡肉肌浆蛋白的 *EAI*、*ESI* 呈先上升后下降的趋势；当超声时间为 10min 和 15min，超声功率从 150W 增加到 600W 时，类 PSE 鸡肉肌浆蛋白的 *EAI*、*ESI* 也呈先上升后下降的趋势，但均高于对照组。这表明并

不是超声处理时间越长、超声处理功率越高，类 PSE 鸡肉肌浆蛋白的 *EAI*、*ESI* 效果就会越好。超声处理使类 PSE 鸡肉肌浆蛋白 *EAI*、*ESI* 增加的原因可能是超声波处理促使表面疏水性增强，从而使乳化所需的亲水和疏水比相对平衡，促进了蛋白质在油水界面的快速吸收，从而降低了界面张力。

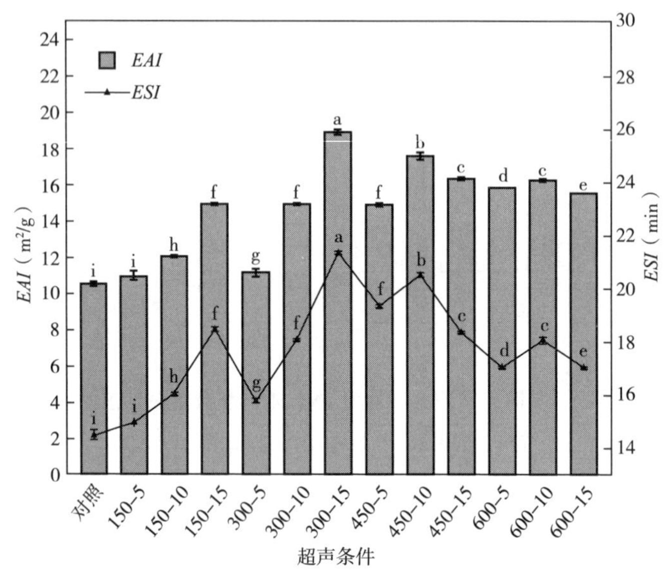

图 5–10　不同超声波处理对类 PSE 鸡肉肌浆蛋白 *EAI*、*ESI* 的影响

注　字母不同表示同组蛋白质中差异显著（$P<0.05$）。

5.2.4　类 PSE 鸡肉肌浆蛋白乳液不稳定性指数（*TSI*）的结果分析

Turbiscan 稳定性指数（*TSI*）常用于测量乳液的稳定性，较小的 *TSI* 值表示其系统更稳定，可作为衡量分散体系不稳定性重要指标。不同超声条件处理对类 PSE 鸡肉肌浆蛋白乳液 *TSI* 的影响如图 5–11 所示。在乳液放置一定时间（3600s）的过程中，对照组的肌浆蛋白乳液 *TSI* 从 0 增加到 26. 233。当超声处理功率不变，超声处理时间从 5min 延长至 15min 时（A），肌浆蛋白乳液的 *TSI* 也逐渐减小，依次为 23. 844（150W ~ 15min）、19. 824（300W ~ 15min）、19. 446（450W ~ 10min）、21. 414（600W ~ 10min）。而当超声时间不变，超声功率从 150W 逐渐增大到 600W 时（B），肌浆蛋白乳液的 *TSI* 也依次减小至 22. 099（600W ~ 5min）、21. 137（450W ~ 10min）、19. 824（300W ~ 15min），均低于对照组。这说明超声处理可以有效地改善类 PSE 鸡肉肌浆蛋白的乳液稳定性。这一结果也与 *EAI* 和 *ESI* 的变化情况相对应。

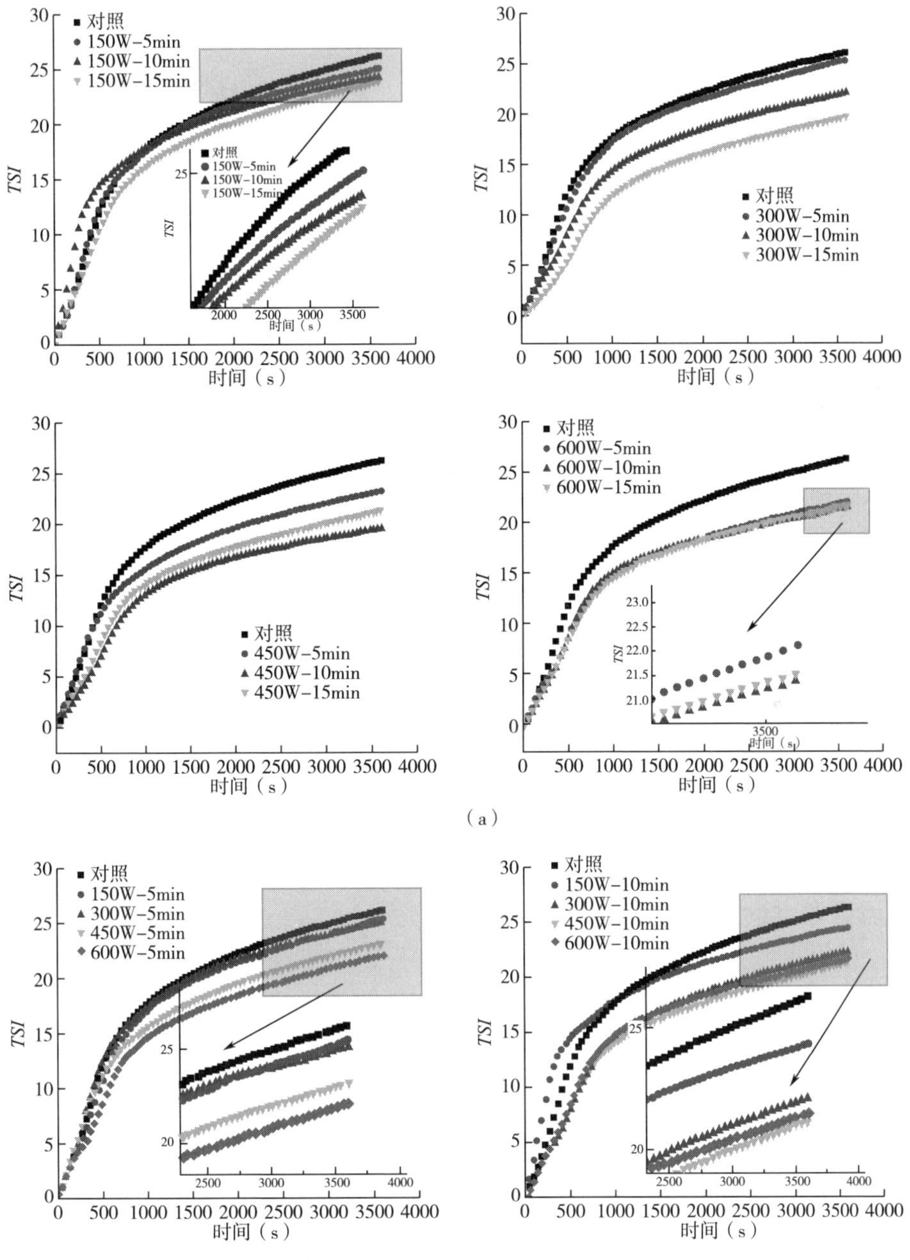

图 5-11

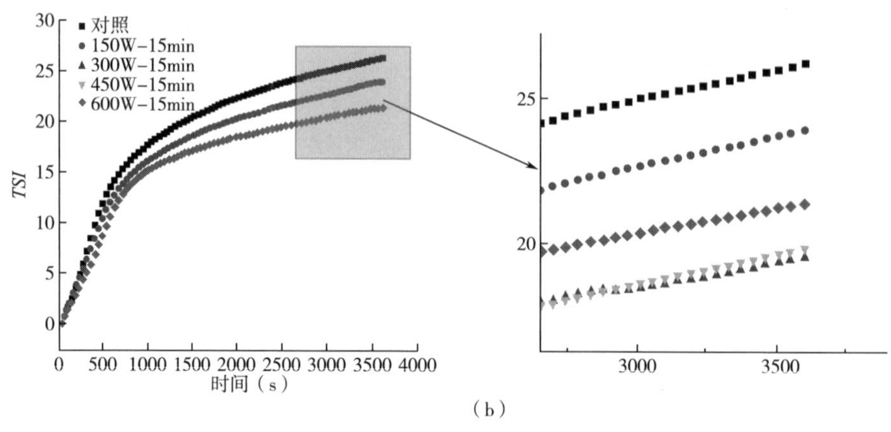

（b）

图 5-11　不同超声波处理对类 PSE 鸡肉肌浆蛋白 *TSI* 的影响

以上研究表明：不同超声时间（5～15min）和不同超声功率（150～600W）处理对肌浆蛋白的粒径、浊度、电位、溶解度、乳化性能等均有显著影响。随超声处理时间的延长、超声处理功率的增加，类 PSE 鸡肉肌浆蛋白的平均粒径与浊度明显减小（$P<0.05$），最低降至 237.2nm（粒径）和 0.018（浊度）；Zeta-电位绝对值、溶解度显著增加；以上指标在超声时间相同条件下，均在超声功率达到 600W 时效果最显著，或在超声功率相同条件下，超声时间延长至 15min 时，效果最显著，其中相比于对照组，溶解度最大增加了 44.72%。另外，超声处理可显著增加（$P<0.05$）类 PSE 鸡肉肌浆蛋白的 *EAI* 和 *ESI*，*TSI* 降低。随超声处理时间延长或超声处理功率的增加，*EAI* 和 *ESI* 呈现先上升后下降的趋势，均高于对照组；其中 20kHz、300W 超声处理 15min 时，类 PSE 肌浆蛋白的乳化性能最高，*EAI* 增加了 79.18%，*ESI* 增加了 44.87%。

5.3　本章小结

本章研究了不同超声时间和功率对类 PSE 鸡肉肌浆蛋白的结构、理化性质以及乳化性能的影响。结果表明：超声处理有效改变了类 PSE 鸡肉肌浆蛋白的结构性质，减小了类 PSE 鸡肉肌浆蛋白分子的粒径，诱导了蛋白质分子的结构展开和构象转变，从而提高了超声类 PSE 鸡肉肌浆蛋白的溶解性和乳化性能。其中，随超声波时间的延长和功率的增加，溶解度显著增加，最高可增加 44.72%（600W ~ 15min）；而随超声波时间的延长和功率的增加，*EAI*、*ESI* 呈现先上升后下降的趋势，其中 20kHz、300W 超声处理 15min 时，超声处理乳化性能的提高程度最大，分别提高了 79.18%和 44.87%。因此，需要注意应用的超声波处理条件对溶解性与乳化特性的影响差异，确保下一步类 PSE 鸡肉肌浆蛋白的加工利用效果。

第6章　超声波处理对不同食盐浓度的鸡肉糜蛋白质凝胶特性与肌原纤维蛋白溶解性的影响

超声波技术通过空化效应产生机械、化学和生物化学等作用来改善食品材料的各种性质，在各种食品加工中广泛应用。在肉与肉制品加工中，超声波技术可以改变肌肉的物理与生物化学性质以及抑制冷鲜肉中的微生物等。超声波技术主要应用在改善肌肉的嫩度，促进滚揉和腌制，改变肉的颜色及其稳定性。有学者研究报道了超声波可以破坏肌肉组织的物理结构，加速腌制剂在肌肉内部渗透，进而促进肌原纤维蛋白质的溶解和弱化结缔组织。

肌原纤维蛋白是赋予肉制品良好功能特性的蛋白质。在1978年，Reynolds研究了超声波处理对绞碎肉滚揉加工的影响，结果表明，超声波处理促进了盐溶性蛋白质的提取，增加了腌制火腿肉卷的出品率和结合强度。Wesiss研究报道应用超声波加工技术实现了低盐肉与肉制品产品的开发，对消费者的健康十分有益。然而，低食盐添加量限制了蛋白质的提取与改变肌原纤维蛋白的热变性和聚集模式，从而影响了肉制品的质构特性和保水性。关于超声波处理方式改善低盐肉制品的加工特性研究较少。

肌原纤维蛋白质的凝胶形成能力是十分重要的，这决定着肉糜制品的质构。Lesiów研究报道了凝胶本身是多步骤动态过程，涉及蛋白质的变性、聚集和三维网状结构的形成。该过程受分子间作用力（包括氢键、静电斥力和疏水交互作用）的影响。超声波技术对改变蛋白质凝胶行为具有较大潜力，在肌肉中，空化效应产生的自由基改变了蛋白质的结构和蛋白质之间的分子作用力。另外，Ito研究报道了超声波处理低蛋白质浓度（0.5%）的肌原纤维悬浮液时，超声波处理破坏了肌原纤维蛋白质的结构，从而增加了肌原纤维蛋白质的溶解度。目前，很少研究报道超声波技术对含有高浓度蛋白质的鸡胸肉糜凝胶特性的影响。此外，由于肉品加工中至少添加一定量的盐，探讨超声波处理是否增加正常鸡胸肉蛋白质溶解性，进一步研究超声波对不同盐添加量下肌原纤维蛋白溶解性的影响也是十分有必要的。既要满足消费者对健康禽肉与肉制品的要求，又必须保证良好的感官品质和功能特性，是未来产品开发的方向。

因此，本章节研究超声波处理对不同盐含量水平的正常鸡胸肉糜的质地特性、保水性、流变学特性和微观结构的影响，以及超声波处理对不同盐条件下肌原纤维蛋白溶解性影响，以期寻找一种新型的改善肉糜的凝胶特性、肌原纤维蛋白蛋白溶解性和降低食盐的加工技术。

6.1 超声波处理对不同食盐浓度下鸡肉糜凝胶特性的影响

本节主要研究内容为超声波处理对不同盐浓度下鸡肉糜凝胶特性的影响，对不同盐含量的鸡肉糜（1.0%，1.5%，2.0%）进行超声波处理（40kHz，300W），超声时间分别为 0、10min、20min、30min 和 40min。观察并分析超声波处理对不同盐浓度下鸡肉糜凝胶特性的影响。

6.1.1 质地特性和凝胶强度

由表 6-1 可以看出，超声波处理和不同食盐添加量对鸡肉凝胶的质地特性和凝胶强度影响显著（$P<0.05$）。随着盐含量水平从 1.0%增加至 2.0%，鸡肉凝胶的硬度、弹性、黏结性和咀嚼性显著增加（$P<0.05$）。类似的研究报道了增加肉糜的食盐添加量可以改善中式肉丸和法兰克福香肠的质地特性。在相同食盐添加水平下，与未超声波处理组相比，超声波 10min 或 20min 可显著增加鸡肉凝胶的硬度、弹性和凝胶强度（$P<0.05$）。1.0%食盐含量下超声波处理 20min 的鸡肉凝胶样品的硬度和凝胶强度与 1.5%食盐含量下未超声波处理组的样品硬度没有显著的差异（$P>0.05$）。而 1.5%食盐含量下超声波处理 20min 的鸡肉凝胶样品与 2.0%食盐含量下未超声波处理组也没有显著差异（$P>0.05$）。Reynolds 和 Vimini 研究报道了超声波处理增加了低盐含量重组肉卷的破裂力。然而，与相同食盐添加水平的对照组相比，超声波处理 30min 或 40min 没有显著增加鸡肉凝胶的硬度和凝胶强度（$P>0.05$）。添加 1.0%或 1.5%食盐时超声波处理 40min 却显著降低了鸡肉凝胶的硬度（$P<0.05$）。鸡肉凝胶硬度降低表明肌肉蛋白质凝胶特性的破坏。这是由于超声波

处理改变了肌肉的物理结构与化学性质，影响了肌肉蛋白质溶解性与变性的程度。Siró 等应用超声波技术辅助滚揉腌制猪肉，结果表明适当的超声波处理时间可有效改善肌肉的硬度、弹性、黏结性等。而过度的超声波处理会增加肌肉蛋白质的变性程度，对肌肉的质地特性产生负面作用。Reynolds 研究报道了超声波处理对添加不同食盐量的绞碎肉滚揉加工的影响。在该研究中，超声波处理过程中并没有严格控制温度，然而，未添加食盐组经超声波处理1h 后与添加2%食盐的未超声波对照组的破碎力没有显著差异。延长超声波处理时间后并没有显著增加产品的破碎力。这说明超声波既增加了盐溶性蛋白质的提取，又对溶出的肌原纤维蛋白产生影响。盐溶性蛋白质的溶出量大小反映肉糜的结合能力。增加盐溶性蛋白质溶出量可以改善产品的保水性、多汁性与出品率。

表 6-1　超声波处理对不同盐含量鸡肉凝胶质构特性和凝胶强度的影响

盐水平	处理组	硬度（N）	弹性（mm）	黏结性	咀嚼性	凝胶强度（kg×mm）
1.0%	C	69.53±3.32^{ef}	0.650±0.01^{h}	0.306±0.005^{i}	15.07±0.56^{f}	9.92±1.71^{h}
	U10	74.03±3.28^{de}	0.675±0.02^{gf}	0.321±0.005^{fg}	15.83±0.42^{ef}	11.61±1.10^{hg}
	U20	76.73±2.88^{cd}	0.680±0.02^{ef}	0.327±0.012^{ef}	16.81±1.07^{e}	13.84±0.63^{def}
	U30	68.43±4.49^{gf}	0.653±0.02^{h}	0.314±0.006^{gh}	15.21±1.06^{f}	10.61±1.43^{h}
	U40	64.10±6.95^{g}	0.658±0.02^{gh}	0.309±0.004^{hi}	14.88±1.05^{f}	9.69±1.03^{h}
1.5%	C	77.34±3.48^{cd}	0.701±0.01^{de}	0.320±0.009^{fg}	15.79±0.79^{ef}	14.54±1.28^{def}
	U10	80.21±9.92^{bc}	0.726±0.01^{bc}	0.336±0.006^{cd}	16.56±0.91^{e}	15.14±1.33^{cdef}
	U20	82.04±2.42^{b}	0.745±0.02^{a}	0.349±0.010^{a}	17.97±0.64^{d}	15.99±1.12^{bcd}
	U30	75.58±7.09^{cd}	0.712±0.01^{d}	0.324±0.004^{ef}	15.97±0.61^{e}	13.95±0.74^{def}
	U40	70.56±3.82^{ef}	0.711±0.01^{d}	0.314±0.008^{gh}	14.99±0.67^{f}	13.70±1.31^{ef}
2.0%	C	83.52±1.97^{b}	0.732±0.02^{c}	0.340±0.004^{bc}	20.24±1.01^{c}	16.86±0.97^{abc}
	U10	88.71±7.25^{a}	0.748±0.01^{ab}	0.346±0.010^{ab}	21.45±1.25^{b}	17.98±1.90^{ab}
	U20	89.04±6.56^{a}	0.754±0.01^{ab}	0.349±0.005^{a}	23.50±0.59^{a}	18.81±0.88^{a}
	U30	83.11±4.08^{b}	0.736±0.02^{bc}	0.338±0.008^{cd}	20.53±1.12^{bc}	15.38±1.89^{cde}
	U40	82.29±5.96^{b}	0.737±0.02^{abc}	0.331±0.004^{de}	20.11±0.78^{c}	15.07±0.64^{fg}

注　a~i：同列中不同字母表示不同处理组之间存在显著的差异（$P<0.05$）。C 表示未超声波处理组；U10 表示超声波处理 10min；U20 表示超声波处理 20min；U30 表示超声波处理 30min；U40 表示超声波处理 40min。

6.1.2 保水性

保水性常用来描述肉凝胶结合水和保持自身水分的能力。由表 6-2 可知，超声波处理和不同食盐添加水平对鸡肉凝胶的蒸煮损失和离心损失有显著影响（$P<0.05$）。鸡肉糜中食盐添加量的增加有助于改善鸡肉凝胶的保水性，显著降低蒸煮损失和离心损失（$P<0.05$）。超声波处理 10min 和 20min 也降低了鸡肉凝胶的蒸煮损失（$P<0.05$）。尤其是在同一食盐添加量水平下，超声波处理 20min 的鸡肉凝胶的蒸煮损失最低。Jayasooriya 应用超声波处理牛背最长肌肉，结果发现牛肉的蒸煮损失和总损失显著降低。然而，在食盐添加量为 1.0%和 1.5%水平时，超声波处理 30min 和 40min 后，鸡肉凝胶的蒸煮损失和离心损失有显著增加（$P>0.05$）。超声波处理对鸡肉凝胶的保水性影响需要通过低场核磁共振做进一步分析。

表 6-2 超声波处理对不同盐含量鸡肉凝胶蒸煮损失和离心损失的影响

盐水平	处理组	蒸煮损失（%）	离心损失（%）
1.0%	C	13.53 ± 0.613^{ab}	11.16 ± 1.20^{a}
	U10	12.75 ± 0.545^{bc}	10.99 ± 1.41^{a}
	U20	11.75 ± 0.473^{cd}	9.12 ± 1.12^{bc}
	U30	13.73 ± 0.550^{ab}	10.34 ± 1.52^{ab}
	U40	14.28 ± 0.765^{a}	11.56 ± 0.72^{a}
1.5%	C	11.02 ± 0.955^{de}	8.42 ± 0.92^{c}
	U10	9.69 ± 0.452^{fg}	8.12 ± 1.02^{cd}
	U20	8.60 ± 0.454^{hi}	7.45 ± 0.74^{cde}
	U30	10.85 ± 0.305^{de}	8.55 ± 1.51^{c}
	U40	11.08 ± 0.429^{de}	8.92 ± 1.33^{bc}
2.0%	C	9.56 ± 0.498^{fgh}	6.33 ± 0.94^{ef}
	U10	8.76 ± 0.438^{gh}	5.90 ± 0.82^{ef}
	U20	7.59 ± 0.553^{i}	5.21 ± 1.01^{f}
	U30	9.03 ± 1.525^{fgh}	6.54 ± 1.01^{def}
	U40	10.07 ± 0.765^{ef}	7.62 ± 1.24^{cde}

注 a~i：同列中不同字母表示不同处理组之间存在显著的差异（$P<0.05$）；$n=9$。C 表示未超声波处理组；U10 表示超声波处理 10min；U20 表示超声波处理 20min；U30 表示超声波处理 30min；U40 表示超声波处理 40min。

6.1.3　动态流变学特性

图6-1与图6-2显示了超声波处理对不同盐含量水平肉糜加热过程中储能模量（G'）和损失模量（G''）的影响。未经超声波处理的3个不同盐水平对照组中，肉糜的G'在随温度上升至48℃的过程中逐步增加，这是由于蛋白质之间发生初步的交联作用。然后，G'随温度上升至55℃而迅速降低，这是由于肌球蛋白轻链发生变性，从而增加了肉糜的流动性。Xiong研究报道了鸡胸肉中盐溶性蛋白质和肌原纤维的G'降低是由于分子间或分子内的作用力重新分布，在这一温度区域的蛋白质变性是可逆的。当温度加热至80℃时G'稳步上升，这表明坚硬的蛋白质基质形成。在这期间，蛋白质之间的巯基交联形成二硫键。未超声处理组动态流变学特征与Carballo和Egelandsdal研究结果类似。由图6-1可知，在加热起始点（25℃）和终点（80℃），食盐含量越高，G'值越大，这表明食盐量增加，肉糜黏性增加；不同的食盐添加量影响了盐溶性蛋白质的提取含量。

与对照组相比，超声波处理组肉糜的G'变化有所不同。在加热初，所有超声处理组的G'值高于对照组。尤其是在食盐添加水平为1.0%，超声波处理组加热初始阶段的G'值高于对照组。当温度高于55℃时，超声波处理10min或20min的G'值持续增加，最终点的G'值高于对照组。这说明超声波处理组形成了稳定良好的弹性蛋白质基质。然而，经超声波处理30min和40min的肉糜分别加热至75℃或72℃时，G'达到稳定期；随后加热至80℃时，G'发生降低。超声波处理40min后肉糜的G'在加热终点显著降低。在同一食盐添加水平上，超声波处理40min的肉糜最终G'值是最低的。这些结果表明超声波处理可以改变凝胶网状结构的形成过程和凝胶的弹性。不同超声波处理时间的G'值不同很有可能跟蛋白质变性展开程度的不同有关。在凝胶形成过程中，G'值的变化表明向弹性凝胶网状结构转变和反映蛋白质凝胶的坚硬度变化。较高的G'值通常表明产品更加坚硬。不同处理组的G'变化趋势跟质构特性、凝胶强度一致。超声波处理20min时具有较高的G'值，且其硬度最高。然而，超声波处理40min时具有最低的G'值，且其硬度值最低。

由图6-2显示，超声波处理和不同食盐添加量对肉糜G''的影响类似于前面G'值的变化规律。而且在相同食盐添加水平下，超声波处理20min后肉糜加热至80℃时G''值是最高的。

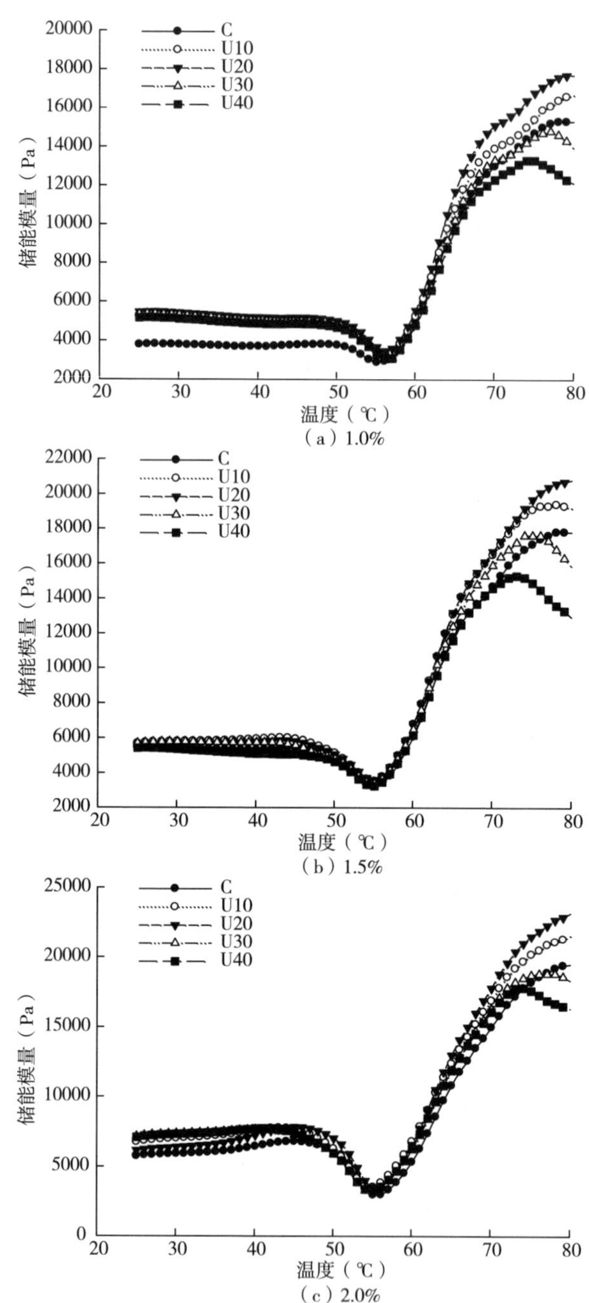

图 6-1 超声波处理对不同盐含量的鸡肉肉糜储能模量（G'）的影响

注 C 表示未超声波处理组；U10 表示超声波处理 10min；U20 表示超声波处理 20min；U30 表示超声波处理 30min；U40 表示超声波处理 40min。

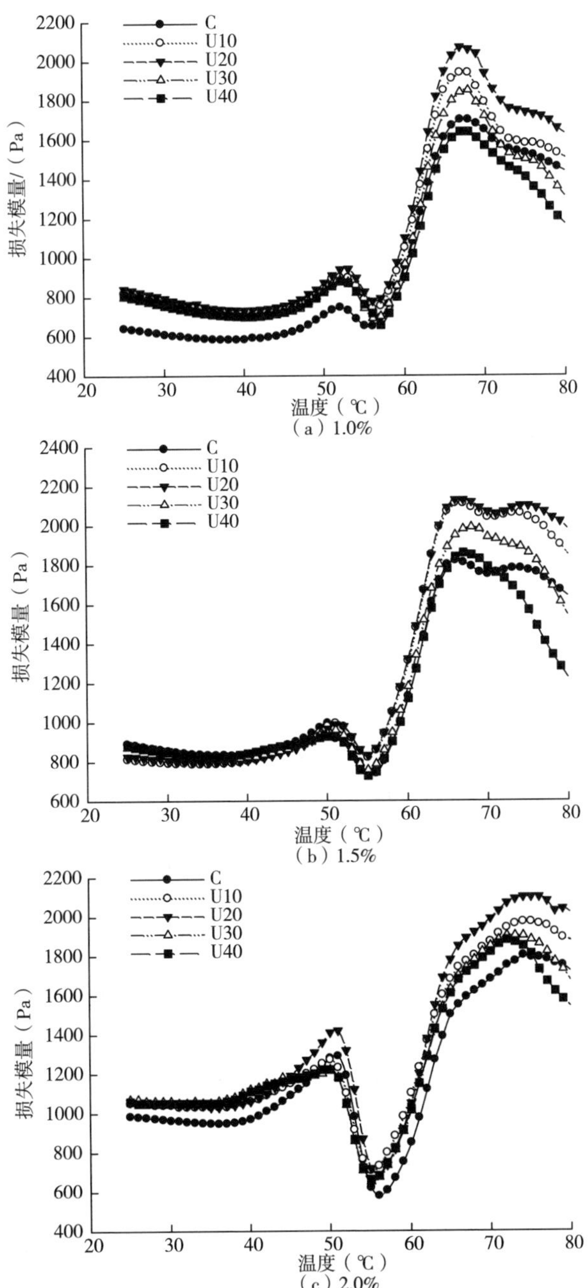

图 6-2　超声波处理对不同盐含量的鸡肉肉糜损失模量（*G″*）的影响

注　C 表示未超声波处理组；U10 表示超声波处理 10min；U20 表示超声波处理 20min；U30 表示超声波处理 30min；U40 表示超声波处理 40min。

6.1.4 凝胶的微观结构

图6-3显示了不同盐含量的对照组、超声波处理20min和40min的鸡肉凝胶的微观结构。在不同盐含量水平的对照组［图6-3（a）（d）和（g）］中，食盐添加明显影响了肉凝胶的形成。添加1.0%食盐的鸡肉凝胶微观为片段状，无规则结构，并带有较多的聚集体。随着食盐添加量增加至2.0%，微观结构中呈现了较多的小孔洞和连续的基质，较大的聚集体开始减少。Carballo研究报道了食盐添加量为2%的对照组微观结构呈现较多的小孔洞和丰富的蛋白质框架。与对照组鸡肉凝胶不同，超声波处理20min的鸡肉凝胶的微观结构含有较多的蛋白质纤丝和条带［图6-3（b）（e）和（h）］，分别呈现了多孔的网状结构［图6-3（b）］和更加紧密的结构［图6-3（e）和（h）］。然而，超声波处理40min时产生较大的孔洞和更多的聚集体［图6-3（c）（f）和（i）］。Schmidt研究报道了产品的熟制产量和质地特性受蛋白质聚集体和毛细管力形成的影响。因此，超声波处理40min产生的过多蛋白质聚集体影响了产品的保水性。聚集体之间的缝隙使水分脱离了鸡肉凝胶体系。Youssef研究报道具有良好持水能力的凝胶不能形成过度的聚集。因此，超声波处理影响了鸡肉凝胶中蛋白质的结合程度。

（a）（b）（c）（d）

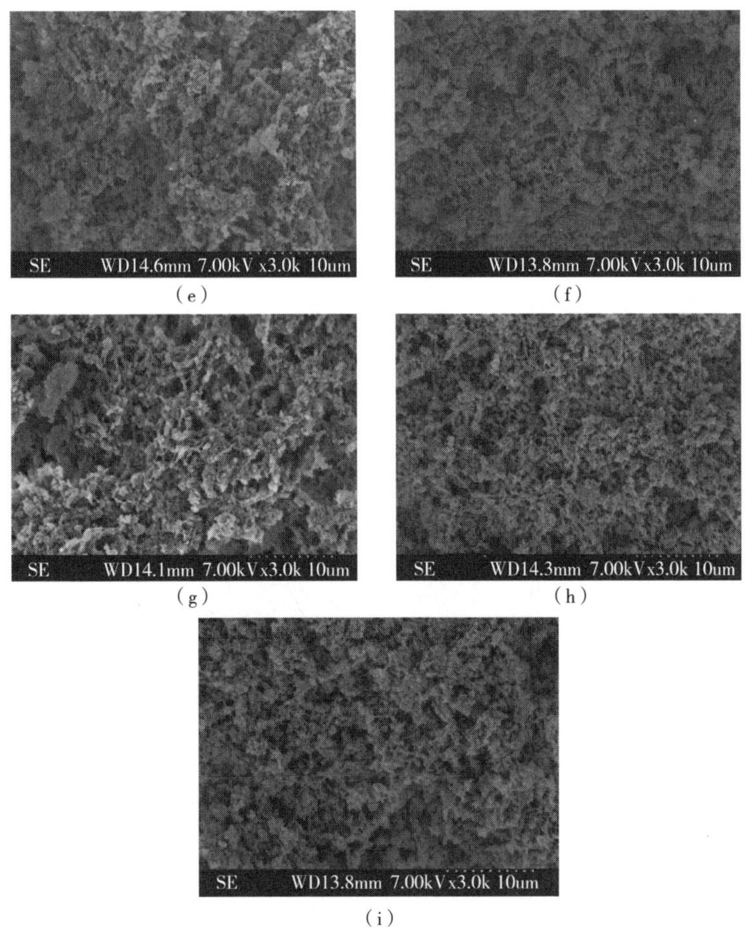

(e)　(f)

(g)　(h)

(i)

图 6-3　超声波处理对不同盐含量的鸡肉凝胶微观结构的影响

注　(a)、(b) 和 (c) 分别表示未超声波处理的 1.0%盐含量的鸡肉凝胶；

(d)、(e) 和 (f) 表示超声波处理 20min 的 1.5%盐含量的鸡肉凝胶；

(g)、(h) 和 (i) 表示超声波处理 40min 的 2.0%盐含量的鸡肉凝胶（放大倍数为 3000）。

6.1.5　低场核磁共振分析

图 6-4 为超声波处理后肉凝胶的低场核磁共振弛豫时间的分布图。鸡肉凝胶弛豫时间图有 4 个峰，分别分布在 0~10ms、40~55ms、150~300ms 和大于 1000ms。最小峰的弛豫时间最短，为 T_{21}，代表结合水，这表明该部分是与肌肉大分子蛋白质结合最紧密的水分。而最大的峰代表的为 T_{22} 组分，表示与

肌原纤维蛋白结合或与蛋白质网状结构交互作用的水分。第三个组分为 T_{23}，代表的是肌原纤维外部或蛋白质网状结构外的水分。而第四组分水分为 T_{24}，代表加热后挤压出体系的水分。该结果与 Bertram 研究报道类似，整块肉、绞碎肉糜和高度均质肉糜的 T_{21}、T_{22} 和 T_{23} 分别在 0～10ms、40～60ms 和 150～400ms。当加热后，有挤压出的水分存在，这部分水的弛豫时间大于 1000ms。

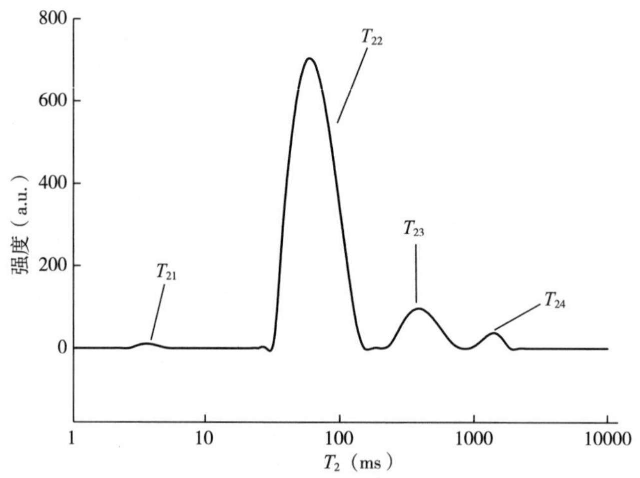

图 6-4　超声波处理后鸡肉凝胶的低场核磁共振弛豫时间 T_2 的曲线图

表 6-3 显示了超声波处理和不同盐添加量对肉凝胶弛豫时间 T_2 的影响。超声波处理和不同盐水平对弛豫时间 T_{21} 没有显著的影响（$P>0.05$），这说明超声波处理和添加食盐对肌肉蛋白质结合最紧密的水组分没有影响。在未超声波处理组中，随着食盐添加量的增加，弛豫时间 T_{22} 和 T_{23} 逐步增加，而弛豫时间 T_{24} 逐步降低。在相同盐添加水平下，与对照组相比较，超声波处理 20min 显著降低了弛豫时间 T_{22}、T_{23} 和 T_{24}（$P<0.05$），然而超声波处理 40min 并没有降低这 3 个组分的弛豫时间（$P>0.05$）。这表明超声波处理影响了蛋白质与水之间的交互作用，改变了鸡肉凝胶的水分移动性。而据有关报道，弛豫时间 T_2 与肉的保水性显著相关，可用于评估熟制肉产品的多汁性。增加肌原纤维水分组分有助于提高产品的保水性和降低蒸煮损失。Stadnik 等应用低场核磁共振技术研究了超声波处理（45kHz，$2W/cm^2$，120s）对成熟过程中牛肉的保水性以及水分分布的影响，结果表明超声波处理降低了绞碎牛肉样品肌原纤维水分组分的弛豫时间，从而改善了牛肉样品的保水性。

McDonnell 研究了超声波处理对腌制猪肉中水分分布以及蛋白质—水交互作用的影响，发现虽然超声波处理后猪肉的结合水分能力（离心损失）与对照组并没有显著差异，但是，超声波处理增加了猪肉中不易流动水的弛豫时间，表明超声波处理增加了腌制过程中猪肉肌原纤维的膨胀，食盐渗透效果明显。

表 6-3　超声波处理对不同盐含量的鸡肉凝胶弛豫时间 T_2 的影响

盐水平	处理组	T_{21}（ms）	T_{22}（ms）	T_{23}（ms）	T_{24}（ms）
1. 0%	C	2. 73±0. 38[a]	45. 54±4. 39[cd]	267. 38±58. 48[bcde]	1608. 52±67. 13[a]
	U10	2. 12±0. 39[a]	46. 18±4. 85[bcd]	207. 94±95. 61[bcd]	1523. 61±116. 27[ab]
	U20	2. 11±0. 76[a]	41. 03±3. 09[e]	174. 21±43. 21[ef]	1544. 84±116. 27[ab]
	U30	2. 25±0. 65[a]	42. 89±2. 89[de]	185. 22±24. 71[f]	1620. 21±90. 46[a]
	U40	2. 58±0. 43[a]	43. 11±2. 75[de]	186. 295±25. 91[ef]	1627. 98±85. 02[a]
1. 5%	C	3. 07±1. 27[a]	48. 69±2. 64[bc]	267. 33±33. 29[bcd]	1619. 21±89. 21[a]
	U10	2. 99±0. 92[a]	47. 92±3. 16[bc]	237. 80±32. 74[bcde]	1488. 23±109. 62[bcd]
	U20	3. 32±1. 04[a]	46. 99±3. 35[bc]	221. 73±26. 06[def]	1478. 12±103. 58[bcd]
	U30	2. 99±0. 63[a]	47. 61±3. 35[bc]	233. 92±39. 01[cde]	1558. 99±109. 6[ab]
	U40	3. 04±0. 83[a]	47. 17±3. 55[bc]	237. 53±24. 68[bcde]	1523. 61±116. 31[abc]
2. 0%	C	3. 119±0. 65[a]	52. 75±1. 08[a]	337. 02±39. 61[a]	1488. 23±109. 62[bcd]
	U10	2. 689±0. 78[a]	49. 77±2. 38[ab]	292. 13±20. 54[abc]	1422. 08±125. 71[cd]
	U20	2. 552±0. 90[a]	49. 70±1. 86[ab]	249. 93±36. 56[bcd]	1386. 7±75. 37[d]
	U30	2. 936±0. 56[a]	49. 36±1. 93[ab]	279. 73±30. 81b[cd]	1418. 47±68. 95[cd]
	U40	3. 274±0. 60[a]	48. 94±1. 99[ab]	293. 12±34. 45[ab]	1452. 85±86. 66[bcd]

注　a~f：同列中不同字母表示不同处理组之间存在显著的差异（$P<0.05$）；$n=9$。C 表示未超声波处理组；U10 表示超声波处理 10min；U20 表示超声波处理 20min；U30 表示超声波处理 30min；U40 表示超声波处理 40min。

表 6-4 显示了超声波处理和不同食盐添加量对不同弛豫时间对应的峰面积比例的影响。肉凝胶的峰面积比例 P_{21} 并不受超声波处理和添加食盐的影响（$P>0.05$）。P_{22} 和 P_{24} 随食盐添加量的增加而降低，P_{23} 没有发生改变。其中 P_{24} 的降低和肌原纤维蛋白质水组分增加（P_{22}）有助于增加肉凝胶持水的能力。在相同食盐添加水平下，与对照组相比，超声波处理 20min 显著增加 P_{22} 和降低 P_{24}（$P<0.05$）。然而，超声波处理 40min 并没有显著增加 P_{22}（$P>0.05$）。这些结果解释了不同超声波处理时间对肉凝胶保水性有不同的影响；超声波处理可以改变蛋白质与水的结合作用，从而影响肉凝胶的持水能力。肌原纤维蛋白质

对肉与肉制品的结合水能力起到重要的作用。肌球蛋白或肌动球蛋白的变性跟热诱导肉糜凝胶的水分移动性和分布变化密切相关。本章初步研究得到超声波处理对肉糜凝胶的形成具有明显的影响。在低盐状况下提高凝胶强度和保水性，尤其是在1.0%的氯化钠添加水平下，超声波处理明显改变了肉糜加热过程中的黏弹性变化。通过低场核磁共振技术探究了超声波处理对蛋白质与水的交互作用的影响，提供了更多的关于超声波处理下肉糜中肌原纤维蛋白质性质变化的信息。然而，这种对肌原纤维蛋白质的影响效果受到超声波处理参数和仪器的影响，需要充分确定超声波对肉糜中肌原纤维蛋白质的控制程度，达到肉糜凝胶保水性增加和凝胶强度改善的目的。另外，超声波处理对模型系统中肌原纤维蛋白质凝胶形成的影响研究也将有助于确定超声波对肌肉蛋白质凝胶特性的影响的优化。

表 6-4　超声波处理对不同盐含量的鸡肉凝胶低场核磁共振峰面积比例的影响

盐水平	处理组	P_{21} (%)	P_{22} (%)	P_{23} (%)	P_{24} (%)
1.0%	C	$0.66±0.14^{a}$	$70.82±0.95^{hi}$	$3.89±0.31^{abc}$	$24.21±0.86^{abc}$
	U10	$0.59±0.07^{a}$	$72.37±0.28^{g}$	$2.96±0.55^{bcd}$	$24.08±0.36^{bc}$
	U20	$0.77±0.27^{a}$	$74.71±1.09^{ef}$	$2.17±0.08^{d}$	$23.34±1.03^{cd}$
	U30	$0.69±0.11^{a}$	$70.58±0.74^{i}$	$3.21±0.50^{bcd}$	$25.52±0.72^{ab}$
	U40	$0.62±0.15^{a}$	$70.30±0.83^{i}$	$3.15±0.34^{bcd}$	$26.23±0.35^{a}$
1.5%	C	$0.74±0.14^{a}$	$75.13±1.68^{e}$	$3.82±0.73^{abc}$	$20.31±1.97^{def}$
	U10	$0.67±0.15^{a}$	$75.62±0.31^{e}$	$3.61±0.80^{abc}$	$20.10±0.34^{ef}$
	U20	$0.62±0.15^{a}$	$77.33±0.86^{d}$	$3.37±0.38^{abcd}$	$18.67±0.84^{gf}$
	U30	$0.73±0.12^{a}$	$73.58±0.88^{fg}$	$4.12±1.52^{ab}$	$21.57±1.88^{de}$
	U40	$0.73±0.17^{a}$	$72.27±0.60^{hg}$	$4.67±0.79^{a}$	$22.34±0.88^{cd}$
2.0%	C	$0.73±0.23^{a}$	$79.30±0.83^{bc}$	$4.00±0.68^{ab}$	$15.96±1.54^{hi}$
	U10	$0.55±0.11^{a}$	$80.55±0.47^{b}$	$2.45±0.23^{cd}$	$16.45±0.62^{hi}$
	U20	$0.70±0.09^{a}$	$82.31±0.86^{a}$	$3.59±1.60^{abcd}$	$13.41±1.51^{j}$
	U30	$0.68±0.13^{a}$	$79.47±0.94^{bc}$	$4.25±0.87^{ab}$	$15.61±1.91^{i}$
	U40	$0.80±0.09^{a}$	$78.47±0.78^{cd}$	$2.98±0.92^{bcd}$	$17.74±1.57^{hg}$

注　a~i：同列中不同字母表示不同处理组之间存在显著的差异（$P<0.05$）；$n=9$。C 表示未超声波处理组；U10 表示超声波处理 10min；U20 表示超声波处理 20min；U30 表示超声波处理 30min；U40 表示超声波处理 40min。

以上研究表明：添加1.0%和1.5%食盐并进行超声波处理（40kHz，300W）20min后的鸡肉肉糜分别与添加1.5%和2.0%食盐对照组的鸡肉肉糜凝胶质地特性和保水性无显著差异（$P>0.05$）。动态流变特性结果表明超声波处理20min可以提高鸡肉肉糜的储能模量与损失模量，改善低盐鸡肉肉糜的凝胶形成能力，最终储能模量和损失模量明显增加，而超声波处理40min的添加1.0%和1.5%食盐组的凝胶强度和保水性并没有显著增加（$P>0.05$），鸡肉肉糜的最终储能模量和损失模量发生降低。凝胶的微观结构显示超声波处理20min具有增加蛋白质纤丝紧密交联的作用，弛豫时间T_2表明可增强凝胶蛋白质—水结合能力，而超声波处理40min后肉糜蛋白质发生过多聚集，凝胶的水分移动性增加。应用超声波技术能够降低正常鸡肉糜凝胶形成的食盐添加量，改善低盐肉糜质地特性和保水性；延长超声波处理时间的效果不明显。

6.2 超声波对不同食盐浓度下肌原纤维蛋白溶解性的影响

鸡胸肉脂肪含量低，蛋白质含量高，与植物蛋白质相比，鸡肉蛋白质具有较高的消化率（0.92）。鸡胸肉肌原纤维蛋白是肌肉中主要的蛋白质，占总蛋白含量的50%~60%，由于在高盐溶液（0.48~0.67mol/L NaCl）中易溶解，又被称为盐溶性蛋白质。过量摄入钠会增加患高血压和心血管等疾病的风险。因此，如何降低加工肉制品中的钠盐含量对于人体健康尤为重要。

高强度超声波作为一种绿色的食品物理加工技术，被认为是安全、无毒、环保的。低频高强度超声波（频率16~100kHz，超声强度在10~100W/cm^2）可用于改变食品的物理或化学性质，广泛应用于食品加工。Mariana等报道了超声波处理可以弥补肉糜中磷酸盐含量降低带来的缺陷。Cho和Ito等研究报道了应用低频（20kHz）超声波破坏肌原纤维结构是必不可少的前处理方法。超声波处理能有效促进脊椎动物肌肉MP溶解，能使80%以上的MP在极低离子强度溶液中溶解。Wang等研究了超声波对高盐浓度下鸡肉肌原纤维蛋白结构和溶解度的影响，并观察到超声波处理使鸡肉肌原纤维蛋白的表面疏水性、活性巯基和溶解度显著增加。Liu等探讨了不同超声波功率对MP在水中的溶解度和分散性的影响，结果发现，超声波处理破坏和抑制肌丝组装，增加了MP在水中的溶解性。

肉品加工中至少添加一定量食盐，探讨超声波处理时间和盐浓度对 MP 理化性质的影响十分有必要。通过对不同 NaCl 浓度下鸡胸肉 MP 进行不同时间的超声波处理，分析超声波时间对不同盐浓度下 MP 溶解性、乳化特性及界面行为的影响，为超声波技术在低盐肉品加工中的应用提供理论参考。

6.2.1 溶解度测定

如图 6-5 所示，在不同盐浓度下，随超声时间的增加，MP 溶解度显著增大（$P<0.05$）。当 NaCl 浓度为 0.2mol/L 时，随超声时间的延长，MP 溶解度从 0.2mg/mL 增加到 1.41mg/mL（$P<0.05$）。由图 6-5 可知，超声波处理 9min、0.2mol/L NaCl 浓度下 MP 溶解度比 0.4mol/L NaCl 下未超声的溶解度高。Saleem 等研究发现鸡肌动球蛋白在 0.1mol/L NaCl 中的溶解度也随着超声时间的延长而增加。这些结果说明，在不同 NaCl 浓度下，超声波处理能够实现 MP 的增溶。在相同超声时间下，0.6mol/L NaCl 浓度下的 MP 与其他离子浓度（0.2mol/L、0.4mol/L）相比，溶解度显著增大（$P<0.05$）。主要是因为 MP 是盐溶性蛋白质，随盐离子浓度（<0.8mol/L）的增加，溶解度增大。高强度超声波处理能够使蛋白质结构展开，使更多的亲水性氨基酸处在外层，从而提高蛋白质的溶解性。MP 溶解度增加的原因可能是超声空化作用产生的剪切力和冲击力破坏了高度有序的丝状肌球蛋白结构，降低了 MP 颗粒大小。由于 MP 颗粒尺寸的减小，MP 颗粒比表面积增加，可能会增加水—MP 颗粒的相互作用，从而导致 MP 溶解性的增加。

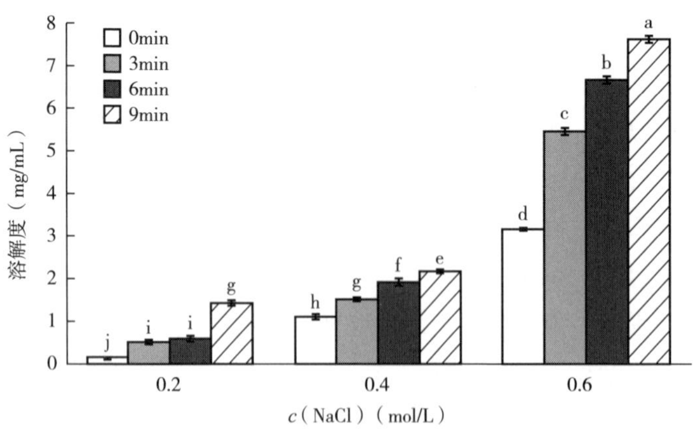

图 6-5 超声波处理时间对不同盐浓度下 MP 溶解度的影响

6.2.2　浊度测定

超声波处理时间对不同盐浓度下 MP 浊度的影响见图 6-6。在相同 NaCl 浓度下，随超声时间增加到 3min，不同离子浓度下的 MP 溶液的浊度显著降低（$P<0.05$）。随超声时间继续增加，MP 溶液的浊度值降低不显著（$P>0.05$）。结合图 6-6 和表 6-5 可知，MP 浊度与粒径变化趋势基本相同，这与 Shanmmugam 等研究超声波处理脱脂牛奶的结果类似。由图 6-6 可知，未经超声波处理的 0.2mol/L NaCl 浓度下 MP 溶液的 A_{660} 值明显高于 0.6mol/L NaCl 浓度下 MP 溶液的 A_{660} 值。

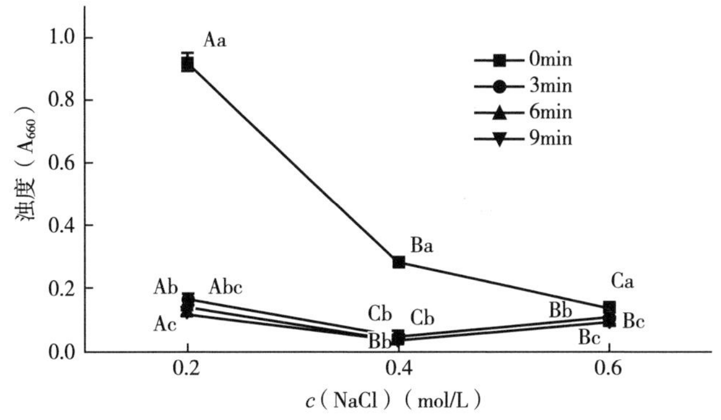

图 6-6　超声波处理时间对不同盐浓度下 MP 浊度的影响

注　大写字母不同表示同一超声时间、不同盐浓度组之间差异显著（$P<0.05$）；小写字母不同表示同一盐离子浓度不同超声时间组之间差异显著（$P<0.05$）。

表 6-5　超声波处理时间对不同盐浓度下 MP 平均粒径的影响

超声波处理时间（min）	平均粒径（nm）		
	0.2mol/L NaCl	0.4mol/L NaCl	0.6mol/L NaCl
0	3819.00±724.67^{Aa}	1656.00±98.85^{Ba}	513.67±6.54^{Ca}
3	2216.67±125.86^{Ab}	898.87±21.25^{Bb}	303.50±5.86^{Cb}
6	1996.00±44.58^{Ab}	556.97±33.32^{Bc}	260.93±8.32^{Cc}
9	1656.00±98.85^{Ab}	438.50±23.54^{Bd}	253.10±14.04^{Cc}

注　大写字母不同表示相同处理时间下不同盐浓度之间差异显著（$P<0.05$）；小写字母不同表示相同盐浓度下不同处理时间之间差异显著（$P<0.05$）。

Tang 等采用超声波处理低盐浓度下的罗非鱼肌动球蛋白，其浊度的变化与本研究结果相同。不同离子浓度下的 MP 经过超声波处理后，与未超声波处理组相比，浊度显著降低（$P<0.05$），表明高强度超声波能够通过空化效应破坏氢键和疏水相互作用，导致大的蛋白质聚集体破碎成小的蛋白质聚集体。这些结果与 MP 溶解度增加相对应。

6.2.3 Zeta-电位

如图 6-7 所示，在相同超声波处理时间下，较高盐浓度（0.6mol/L NaCl）的 Zeta-电位绝对值较低。这可能是由于介质的离子强度增加，导致双电层厚度减小。Wu 等报道在 pH 为 7.5 时，当 NaCl 浓度从 0 增加到 0.8mol/L 时，猪肉 MP 的电位绝对值降低。随超声波处理时间的增加，0.2mol/L NaCl 下 MP 的电位绝对值增加不显著（$P>0.05$），而 0.4mol/L NaCl 下 MP 的电位绝对值显著增加（$P<0.05$），电位值提升了 44%，这可能是超声波处理导致 MP 的展开，更多带负电的氨基酸暴露到 MP 的表面，使蛋白质间的静电斥力增强，很难发生聚集，从而增加了 MP 溶液体系的稳定性。

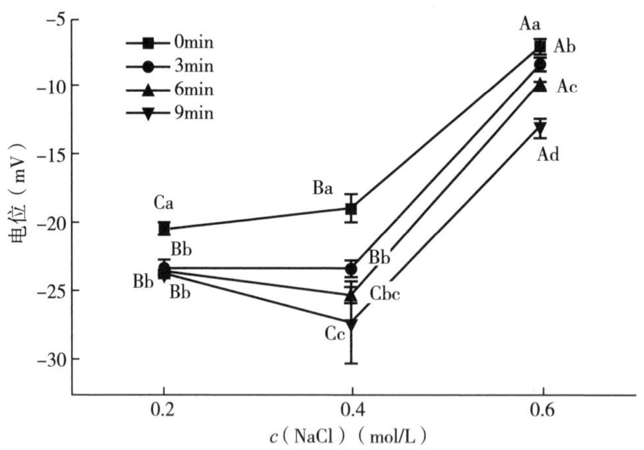

图 6-7 超声波处理时间对不同盐浓度下 MP 电位的影响

注 不同大写字母表示相同处理时间下不同盐浓度之间差异显著；不同小写字母表示相同盐浓度下不同处理时间之间差异显著。

6.2.4 平均粒径及粒径分布

蛋白质的粒径是影响蛋白质功能特性的因素之一，也是蛋白质结构的宏观表现。由表 6-5 可知，超声波处理后 0.2mol/L、0.4mol/L、0.6mol/L NaCl 浓度下 MP 的平均粒径分别从 3819nm、1656nm、513.67nm 降低到 1656nm、438.50nm、253.10nm（$P<0.05$），而随超声时间的增加，MP 平均粒径的降低不显著（$P>0.05$）。粒径刚开始显著降低可能是由于超声提供的机械力使 MP 之间的非共价键作用被破坏。随超声时间的增加，平均粒径变化相对缓慢，可能是因为已经打开的 MP 分子间的相互作用相对变弱。李雨枫等研究发现水洗提取的 MP 经超声波处理后，蛋白质的结构被破坏，表现为较小粒径的分散颗粒。

如图 6-8 所示，超声波处理不仅减小了 MP 的粒径，而且提高了粒径分布的均匀性。所有样品组均表现出 2 个峰。随超声波处理时间的增加，粒径分布图中的 2 个峰值向小的粒径范围移动，且峰值范围变窄。表明超声波处理能够使 MP 溶液的粒径降低，并缩小粒径的分布范围使其更集中，更均匀。

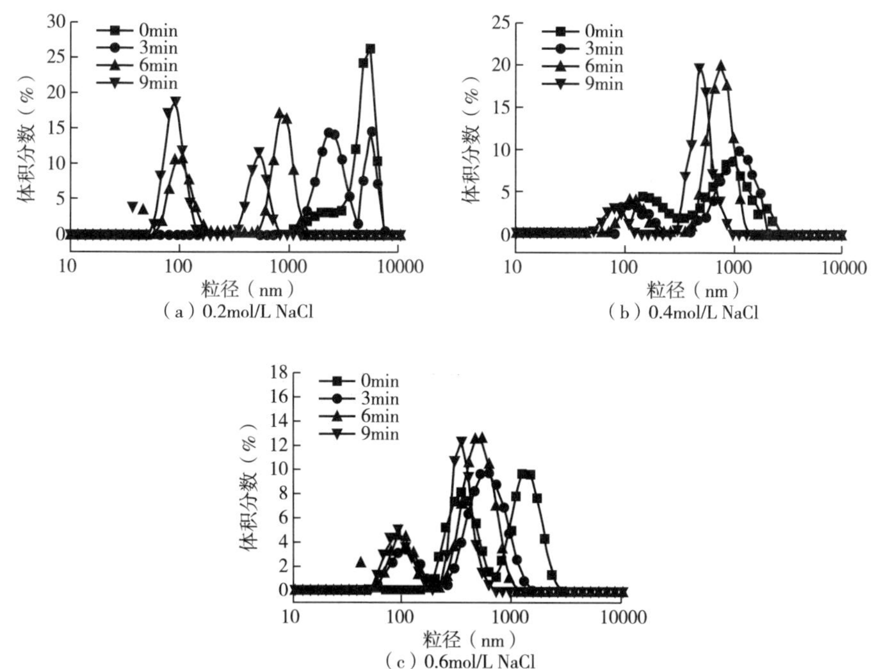

图 6-8　超声波处理时间对不同盐浓度下 MP 粒径分布的影响

Liu 等研究表明超声波处理 0.5mol/L NaCl 浓度的鲢鱼肌球蛋白，不仅减小了肌球蛋白聚集体的粒径，而且提高了均匀度，与此研究结果一致。

6.2.5 MP 二级结构

傅里叶变换红外光谱可用于测定蛋白质在任何物理状态下的二级结构含量。该技术基于蛋白质的酰胺Ⅰ区（1700～1600cm^{-1}）主要来自 C ═O 基团的伸缩振动。如图 6-9 所示，未经超声波处理的样品和超声波处理 9min 的样品在吸收区和峰形方面没有明显的差异。但是，可以看出未超声波处理的样品组酰胺Ⅰ带峰强高于超声波处理组。张坤等利用 FTIR 研究高强度超声波处理对鹅胸肉肌动球蛋白二级结构的影响，结果显示对照组酰胺Ⅰ带峰强高于超声组，峰强变化的原因之一是蛋白质的构象变化，这是氢键和诱导效应共同影响造成的。

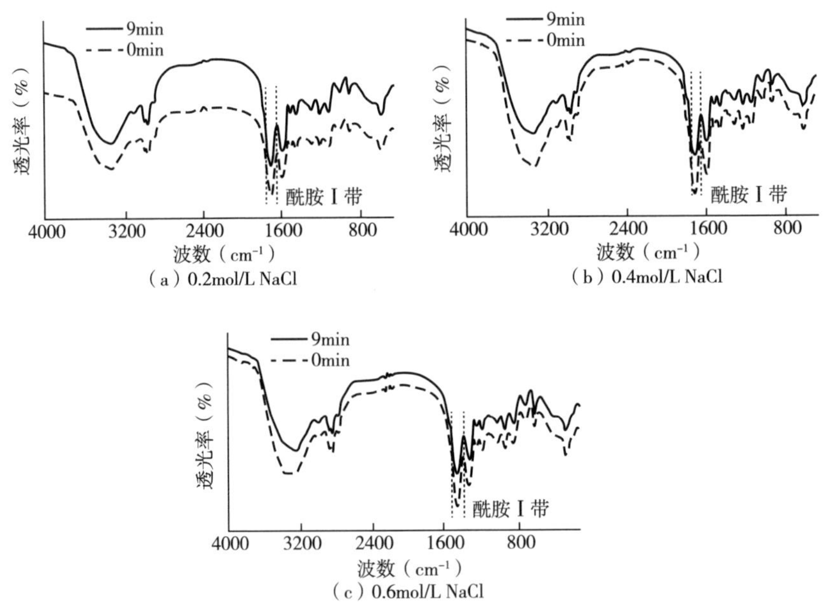

图 6-9 超声波处理时间对不同盐浓度下 MP 的 FTIR 的影响

图 6-10 显示了超声波处理不同盐离子浓度下 MP 的二级结构含量的变化。与未超声样品相比，超声波处理 9min 的样品中有序的二级结构减少，不同离子强度下 α-螺旋的含量分别降低了 40%、33% 和 29%，β-折叠、β-转角、无规卷曲的含量皆增加。Zhang 等研究表明，α-螺旋结构由肽链内部的氢键稳定，β-折叠结构由肽链间的氢键稳定。因此，α-螺旋含量的降低表明，

超声处理使部分分子内氢键断裂，使蛋白质有序结构被破坏，从而改变了二级结构，使 α-螺旋转化为 β-折叠、β-转角和无规则卷曲，从而增加了 MP 的开放性和灵活性。张坤等研究发现超声波处理使 α-螺旋降低、β-折叠增加，可能是因为超声波的空化效应使 α-螺旋肽链伸展变为线性的 β-折叠，从而引起肌球蛋白结构发生变化，使得肌球蛋白与肌动蛋白的结合作用发生变化，进而使肌动球蛋白的构象发生变化。

以上研究表明：随超声波处理时间的增加，不同 NaCl 浓度下的 MP 溶解度显著上升（$P<0.05$），电位绝对值显著增大（$P<0.05$），而浊度和粒径显著下降（$P<0.05$）；超声波处理能够促进二级结构由螺旋向折叠等的转化，有助于 MP 溶解性的增加。超声波处理破坏了 MP 的有序结构，降低了 MP 聚集程度，减小了 MP 粒径大小，同时增加了蛋白质之间的静电相互作用，使 MP 体系均匀分散。

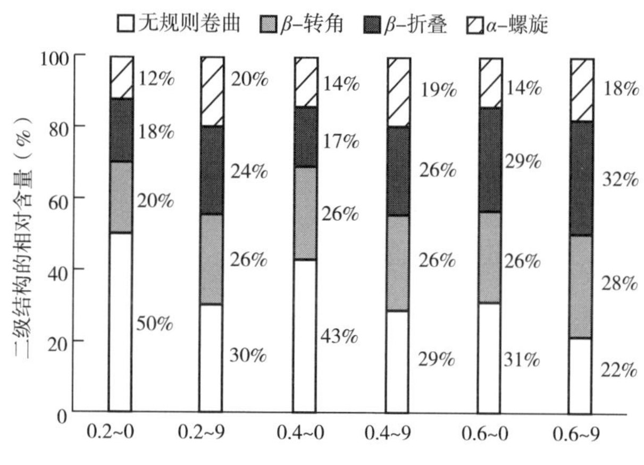

图 6-10　MP 二级结构相对百分含量的变化

注　0.2~0 和 0.2~9 表示：0.2mol/LnaCl 条件下超声处理时间 0min 和 9min；
0.4~0 和 0.4~9 表示：0.4mol/L NaCl 条件下超声处理时间 0min 和 9min；
0.6~0 和 0.6~9 表示：0.6mol/L 条件下超声处理时间 0min 和 9min。

6.3　本章小结

本章内容表明超声波处理对不同食盐添加量的正常鸡胸肉糜的蛋白质凝

胶特性有影响。其中，添加 1.0%和 1.5%食盐并进行超声波处理 20min 后的鸡肉肉糜分别与添加 1.5%和 2.0%食盐对照组的鸡肉肉糜凝胶质地特性和保水性无显著差异。超声波处理可以改变低盐肉糜的动态流变学模式。其中，超声波处理 20min 可以提高 1.0%食盐添加量的鸡肉肉糜的储能模量与损失模量，微观结构显示超声波处理具有增加蛋白质纤丝紧密交联的作用，弛豫时间显示可增强蛋白质—水结合能力。超声波处理具有增强正常肉糜加热形成凝胶的质地特性与凝胶强度的作用。通过超声波处理降低了正常鸡胸肉糜的食盐添加量，在不同盐含量中应用超声波处理 20min 可以增加热诱导凝胶的持水力。

低频高强度超声波（20kHz，450W，30W/cm^2）处理能够有效改良不同盐浓度下 MP 的理化性质与溶解性。与未超声样品相比，超声波处理后 MP 溶液溶解度显著上升、浊度显著下降、粒径显著变小、电位绝对值显著增大（$P<0.05$）、二级结构呈现由有序结构（螺旋）向无序结构转化的趋势。这些结果表明超声波处理促进了 MP 链展开，结构发生改变，使低盐水平下 MP 溶液更加稳定，拥有更好的理化及溶解特性，可以在一定程度上弥补低盐给肉制品带来的缺陷。因此，该结果不仅为超声波技术在低盐肉制品中的应用提供了一定的理论依据和技术指导，还为寻找新型的改善肉糜凝胶特性和降低食盐使用量的加工技术提供了新的思路。

第7章　超声波处理对不同食盐浓度的肌原纤维蛋白结构与功能特性的影响

盐在肉制品加工中起到至关重要的作用。它通过促进肉类蛋白的提取和水化（增溶蛋白），增加肉类配料的黏度（形成稳定的乳状液），从而提高产品的保水能力，提高蒸煮产量、鲜肉多汁性、质构特性。较低的盐含量对蛋白质—水和蛋白质—脂肪的结合能力有负面影响。低盐（NaCl 含量为 0.6～1.4g/100g，0.10～0.24mol/L）肉制品保持良好的持水持油能力是一个巨大的挑战。

低盐条件下肌原纤维蛋白自组装程度增大，而基于前面的研究发现，超声波具有降低肌原纤维蛋白自组装程度。超声波在高盐条件下改善了肌原纤维蛋白的乳化特性，增强其溶解度与表面疏水性，降低了蛋白质粒径大小。最近，有研究发现，在低盐条件下延长超声波处理时间可降低猪肉肌动球蛋白的粒径，增强其溶解度和表面疏水性以及促进肌原纤维的解离。

因此，研究不同 NaCl 浓度下（0.2mol/L、0.3mol/L、0.4mol/L 和 0.5mol/L NaCl），延长超声波处理时间对肌原纤维蛋白的乳化特性及其油—水界面性质的影响，检测不同 NaCl 浓度下，超声波处理对鸡胸肉肌原纤维蛋白溶解度、乳化活性、乳化稳定性、乳液流变特性和乳液界面性质（界面吸附蛋白质组成、油—水界面张力和界面蛋白质二级结构）的影响，探明高强度超声波处理改善减盐条件下肌原纤维蛋白乳化特性的作用效果，为应用超声波技术改善低盐乳化型肉制品的乳化品质提供理论依据。

7.1　超声波处理对鸡肉肌原纤维蛋白乳化特性的影响

本实验研究高强度超声波处理对鸡肉肌原纤维蛋白乳化特性的影响，检测超声波诱导的 MP 的乳化活性、乳化稳定性、乳液稳定性指数以及 MP 粒径、浊度、溶解度，探索超声波对 MP 乳化特性的影响。

7.1.1 肌原纤维蛋白的 *EAI* 与 *ESI*

EAI 是指蛋白质在形成乳液过程中在油—水界面的吸附能力，它取决于蛋白质—油或蛋白质—蛋白质之间的相互作用。*EAI* 的变化代表着 MP 在油—水界面吸附能力的变化。不同超声波处理时间对 MP 乳化活性的影响见图 7-1。随超声波处理时间的延长，MP 的 *EAI* 显著上升（$P<0.05$）。MP 经超声波处理 6min 后，*EAI* 达到最大值，为（150.87±1.65）m^2/g，与对照组相比（77.34±4.27）m^2/g，约增加了 95.07%。这些结果表明，超声波处理 MP 能够有效改善 MP 的乳化性能，增强 MP 在油—水界面的吸附，增强 MP—油和 MP—MP 之间的相互作用。Shen 等发现超声波（强度为 31W/cm^2）处理后乳清蛋白的 *EAI* 有所改善。Amiri 等发现不同超声波功率处理（100~300W）牛肉肌原纤维蛋白 30min 后，*EAI* 增加。然而，Zou 等报道了超声波处理（100~200W）鸡肌动球蛋白 20min 时，与超声功率 100W 和 150W 相比，超声波功率在 200W 时鸡肌动球蛋白的 *EAI* 显著降低。但是与未处理组相比，数值有所上升。这些差异可能是由内在因素（肌肉蛋白的种类和类型）和外部因素（超声波处理的时间、功率、强度）共同导致的。因此，其乳化能力取决于根据材料自身性质选择合适的超声处理条件。本研究表明，高强度超声波处理（频率 20kHz，功率 450W，强度 30W/cm^2，时间 6min）可显著改善 MP 的乳化性能。

ESI 指的是在预定的一段时间内，MP 保持乳液稳定性的能力。图 7-1 显示了未处理和不同超声波时间处理的 MP 的 *ESI* 变化。未处理的 MP 的 *ESI* 值显著低于超声波处理组（$P<0.05$）。与对照组相比，用超声波处理 3min 和 6min 可显著提高 MP 的 *ESI* 值，约为 21.51%和 55.94%，说明超声波处理可提高 MP 的乳化稳定性。与 Shen 的结果相似，Shen 等发现超声处理后（强度 31W/cm^2，10min），乳清蛋白的 *ESI* 显著上升。Jambrak 等发现大豆蛋白经超声波处理后，乳化性显著上升。Amiri 等发现不同功率（100W 和 300W）处理牛肉肌原纤维蛋白 30min，可显著增强其乳化稳定性，这可能是由超声波产生的空化效应对 MP 分子适当修饰导致的。

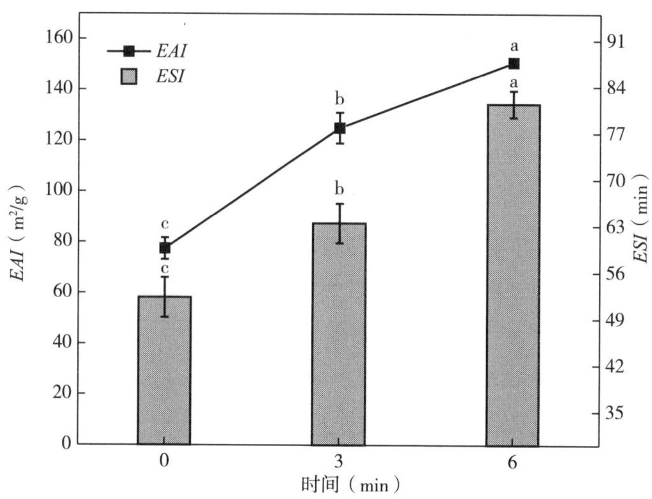

图 7-1　不同超声波处理时间对肌原纤维蛋白（MP）*EAI* 和 *ESI* 的影响

注　a~c：不同字母之间表示差异显著（$P<0.05$）。

7.1.2　肌原纤维蛋白乳液的 Turbiscan 稳定指数（*TSI*）

TSI 是由专业设备 Turbiscan LabMeasuring^{Expert} 计算出的一个统计因子，其值为给定时间内测量体系中所有失稳过程的总和。Turbiscan 稳定性指数（*TSI*）对给定时间内 MP 乳液中的不稳定过程进行定量分析。*TSI* 的值越大表明体系的稳定性越差，反之，则说明稳定性越好。经不同超声波时间处理后 MP 乳液的 Turbiscan 稳定指数如图 7-2 所示。在给定的 1800s 时间内，MP 经超声波处理后形成的乳液的 *TSI* 值低于对照组，这表明了超声波预处理能够改善肌原纤维蛋白乳液的稳定性。其中，MP 经过超声波处理 6min 的 *TSI* 值低于超声波处理 3min，说明超声波处理 6min 时，MP 乳液最稳定。这一结果与乳化活性指数结果的变化趋势相一致。

7.1.3　肌原纤维蛋白乳液宏观稳定性与微观形貌

图 7-3 显示未经处理和经超声处理的 MP 所形成的乳液分别在 4℃下存储 0、12h、24h 和 48h 后的图像，4 幅贮藏图片中试管从左至右依次是 0、3min、6min。与未经处理的 MP 乳液相比，经超声处理的 MP 乳液具有更好的稳定

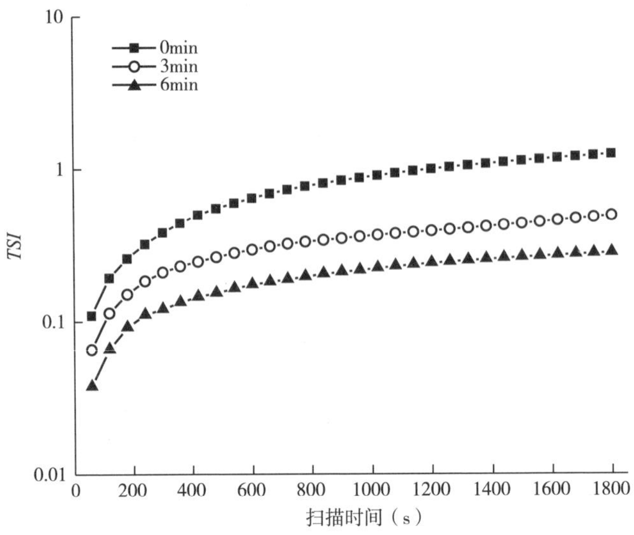

图 7-2　肌原纤维蛋白乳液 Turbiscan 稳定指数（*TSI*）的变化

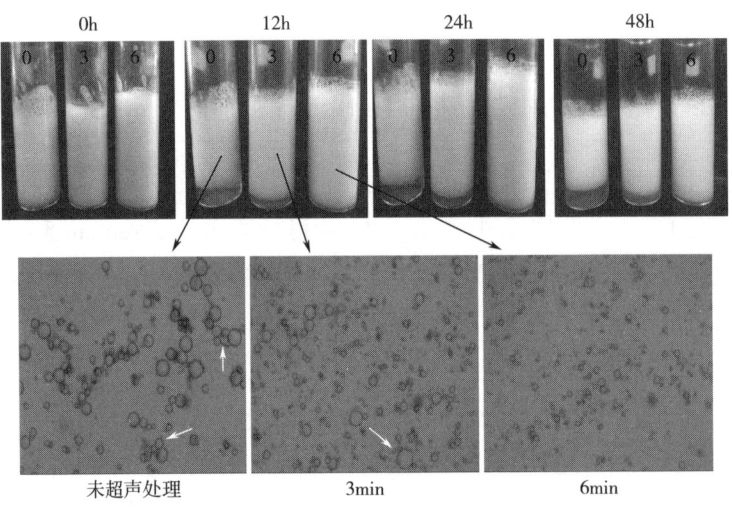

图 7-3　乳液的贮藏图片和光学显微镜图片

性。超声处理 6min 后，在 12h、24h 或 48h 未观察到明显的乳液分层。超声处理 6min 的 MP 表现出更好的乳化能力，并有助于形成更稳定的乳液。图 7-3 还显示了保存 12 小时后乳液微观结构的光学显微镜图片。未经处理的 MP 稳定的乳液明显显示出较大的油滴，有油絮凝和不均匀的油滴分布。观察到的现象不利于乳液的稳定性，容易导致油滴聚集并产生更大的油滴。与未处理的MP 稳定的乳液相比，经超声波处理 3min 的 MP 稳定的乳液显示出较少的大油滴，但在储存 12 小时后显示出轻微的分层。对 MP 进行 6min 的超声处理后，制得的乳液显示出较小的油滴和更均匀的分布。此外，在储存 48h 后观察到分层。这些结果表明，超声处理 6min 促进了较小油滴的形成和更均匀的分布，从而使乳液具有更好的储存能力。Zhao 等使用光学显微观察到分层。这些结果表明，超声处理 6min 促进了较小油滴的形成和更均匀的分布，从而使乳液具有更好的储存能力。

7.1.4　肌原纤维蛋白乳液的流变特性

通过测定 MP 乳液的动态流变学，了解肌肉蛋白在肉类加工中的功能，包括乳液类型和黏弹性，这些特性是肉制品配方和结构发展的基础。图 7-4 显示了未处理和超声处理的 MP 所稳定的乳液在频率扫描［图 7-4（a）］和温度扫描［图 7-4（b）和（c）］测量下 G' 和 G'' 的变化。从图 7-4（a）中可以看出，G' 和 G'' 的数值趋势相似，且随着角频率范围的增大没有交叉。在所有的 MP 稳定的乳液中，G' 的值远远高于 G''。这与 Diao 等的发现相一致，他们发现在 MP 制得的乳液中，G' 的值总是高于 G''。Zhao 等报道了乳状液的 G' 远高 G''，这表明形成了有序的弹性凝胶结构。此外，从图 7-4（a）可以看出，经过超声处理的 MP 稳定乳状液与未经处理的 MP 乳状液相比，具有更高的 G' 和 G'' 的值。结果表明，超声处理时间越长，MP 乳液凝胶结构越强。图 7-4（b）显示的是在 20~90℃ 温度扫描模式下，经超声处理和未经处理的 MP 稳定的乳状液 G' 值的变化。从 20℃ 至 45℃ 所有 MP 稳定的乳液的 G' 开始缓慢上升。然后，G' 在 52℃ 时达到最大值。随后，温度继续上升，G' 开始急剧降低，在 59℃ 时降至最小值。随着进一步加热至 90℃，G' 开始迅速上升。如前所述，MP 乳液的 G' 具有典型的流变学转变。这种流变特性的转变是由 MP 的结构和交联的逐步变化导致的。与未处理的乳状液相比，经超声处理的乳状液 G' 值较高。超声处理 MP 6min 后，制备的乳状液在热处理过程中 G' 值最高。超声处理的 MP 乳液 G' 值的增加可能与蛋白质链或蛋白质包被的油滴之间通过疏水相互作用和二硫键形成更多的交联有关。这些观察结果与角频率扫描测定结果一致［图 7-4（a）］。

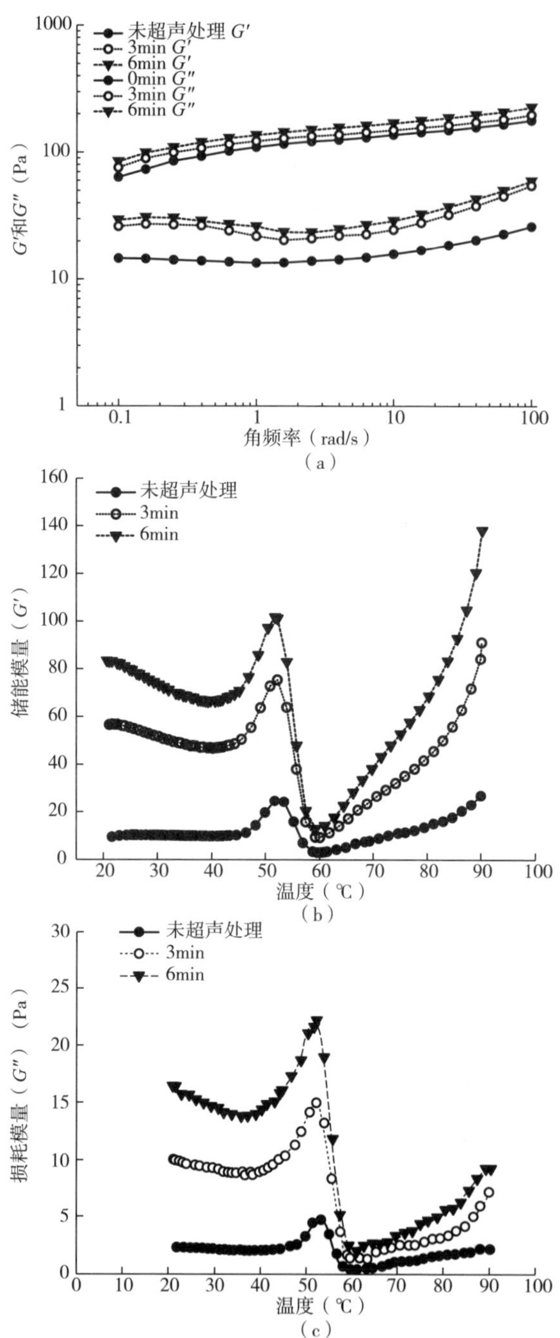

图 7-4　超声处理对 MP 稳定乳液 *G′*和 *G″*的影响

注　（a）角频率扫描（储能模量与损耗模量）；（b）温度扫描（储能模量）；（c）温度扫描（损耗模量）。

此外，经过超声处理的 MP，乳液在热处理开始和结束时有不同的 G'的流变模式。从 20℃ 到 40℃，经超声处理的 MP，乳液的 G'值略微降低。这一发现可能是由于加热前蛋白质聚集体的初步和弱相互作用的形成。然而，它可能会被初始加热所破坏，导致 G'值下降。超声处理 MP 乳液的 G'值在加热结束阶段急剧升高，说明超声处理强化了 MP—大豆油复合凝胶网络的形成和良好的凝胶弹性的发展。这一发现可能是由于超声条件下 MP 能更好地展开，以及加热结束阶段二硫键和疏水键的增加。流变学测试［图 7-4（a）和（b）］清楚地表明，超声处理 MP，改善了 MP 乳液的弹性性能，有助于提高乳液的稳定性。此外，Wu 等发现 MP 乳状液粒径越小，MP—油复合凝胶的 G'值越高。超声处理降低了 MP 的粒径（图 7-5 和表 7-1），促进 MP 形成更小、更均匀的油滴。从而显著增加了 G'。加热时也可以有效地将较小的油滴均匀地填充到凝胶网络中，增强乳液凝胶弹性（增强的 G'值）。

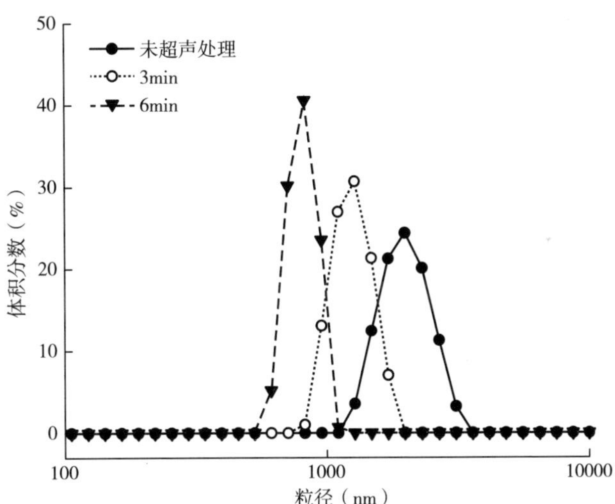

图 7-5　肌原纤维蛋白乳液的粒径分布

表 7-1　肌原纤维蛋白乳液的平均粒径

超声波处理时间（min）	乳液平均粒径（nm）
0	2082. 67±45. 76[a]
3	1624. 00±39. 60[b]
6	983. 67±37. 04[c]

注　不同字母表示差异显著（$P<0.05$）。

如图 7-4（c）所示，MP 乳液的 G''的变化与 G'相似。超声处理的 MP 稳定的乳液加热时的 G''值高于未处理 MP 稳定的乳液，超声处理后的 MP 可提高乳液的黏度。在所有乳液样品中，G'值高于 G''的值［图 7-4（b）（c）］。结果表明，MP 超声处理后，其乳液稳定具有较强的弹性行为。这些结果表明，高强度超声具有改变 MP 结构和改善 MP 乳液流变性能的潜力。

7.1.5 肌原纤维蛋白的乳液粒径

图 7-5 显示了新鲜乳液的粒度分布，由未经处理和经超声波处理的 MP 稳定的所有乳液样品分布均具有一个峰，表明 MP 形成了均匀的乳液。经超声处理的 MP，其乳液粒径分布变窄，说明乳液液滴更加均一。如表 7-1 所示，随超声波处理时间从 0 增加到 6min，乳液的平均粒径从 2082.67nm 显著降低至 983.67nm（$P<0.05$）。这些结果表明，与未处理的 MP 相比，超声处理的 MP 促进了较小乳液滴的形成，这与从乳液的微观结构中观察到的较小油滴相对应（图 7-3）。

7.1.6 肌原纤维蛋白在油—水的界面张力

如图 7-6 所示，所有 MP 样品的界面张力随时间延长而下降，表明 MP 具有较好的乳化活性，能够吸附油滴，使油—水界面趋于稳定。但是，与对照组相比，经过超声波处理的 MP 与大豆油之间的界面张力明显降低。尤其是超声波处理 6min 的 MP，其与大豆油之间的界面张力达到最低。O′sullivan 等发现类似结果，超声波处理植物蛋白可以显著降低蛋白质溶液与植物油的界面张力（$P<0.05$）。Xiong 等发现高强度超声波处理能够降低卵清蛋白与大豆油之间的界面张力。不同处理组之间界面张力变化的差异与使用的分散相性质和乳化剂类型有关。为了降低界面张力，乳化剂必须能够迅速吸收在油—水界面进行构象重排，使油滴分散在水相中。通过物理或化学手段使 MP 变性并且链展开，MP 表面的活性位点增加，使埋藏在蛋白质内部的疏水基团暴露，增加 MP 的疏水性，因而 MP 分子能够以更快的速率吸附到油—水界面上，油—水界面接近饱和的单分子层的最大吸附量也越多，形成一层致密的富有弹性的界面蛋白质膜，从而降低油—水界面张力，提高 MP 的乳化稳定性。图 7-6 结果表明，超声波处理可以有效增强 MP 的移动性，促进 MP 在油—水界面形成界面层，使界面张力迅速降低。

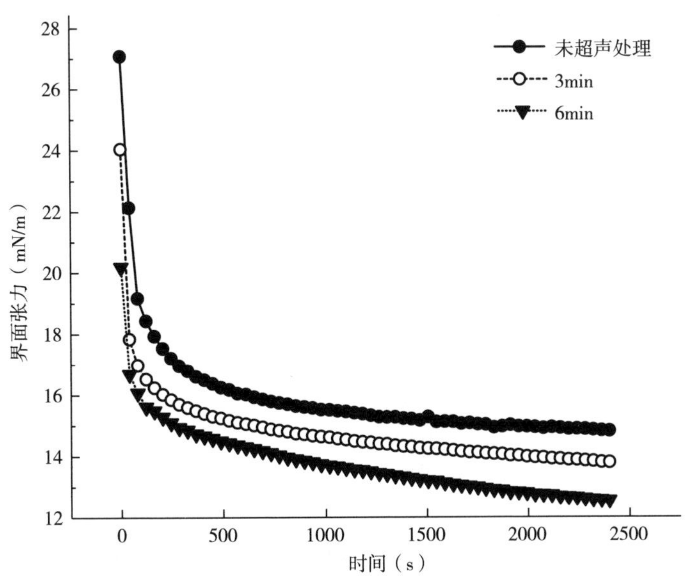

图 7-6　超声波处理时间对肌原纤维蛋白—大豆油界面张力的影响

7.1.7　肌原纤维蛋白乳液界面吸附蛋白质的含量与组成

当大豆油与 MP 悬浮液均质后，MP 充当乳化剂，并吸附到油滴的表面，形成界面蛋白质膜，从而将油相分散到水中。MP 降低油滴表面周围界面张力的能力与吸附的蛋白质含量密切相关。蛋白质吸附量的增加可能会增加蛋白质膜的厚度和油滴的密度，使乳液稳定性有很大的改善。图 7-7 显示了水层中未吸附蛋白质的浓度和乳剂界面处吸附蛋白质的浓度。与未经处理的 MP 稳定的乳液相比，经超声处理的 MP 稳定的乳液的吸附蛋白质含量明显更高（$P<0.05$）。超声处理 MP 6min 后，与对照组相比，乳液吸附蛋白质的含量最高。此外，用超声处理的 MP 制成的乳液中未吸附的蛋白质含量明显低于对照组（$P<0.05$）。超声波处理可以增强 MP 在油水界面的吸附能力，从而有助于改善 MP 的乳化稳定性（图 7-1）。吸附蛋白质能力的增加也许是因为超声处理的 MP 的粒径较小（图 7-5）。Ma 等认为超声处理引起的鳕鱼蛋白质粒径的减小有助于乳剂中吸附蛋白质比例的增加。MP 粒径的减小增加了其结构的灵活性和在油水界面的吸附速率，从而迅速形成了围绕油滴的界面蛋白质膜并降低了界面张力，而且形成了均匀的油滴（图 7-5 和表 7-1）。从而导致 *EAI*、*ESI* 和 *TSI* 的提高（图 7-1 和图 7-2）。

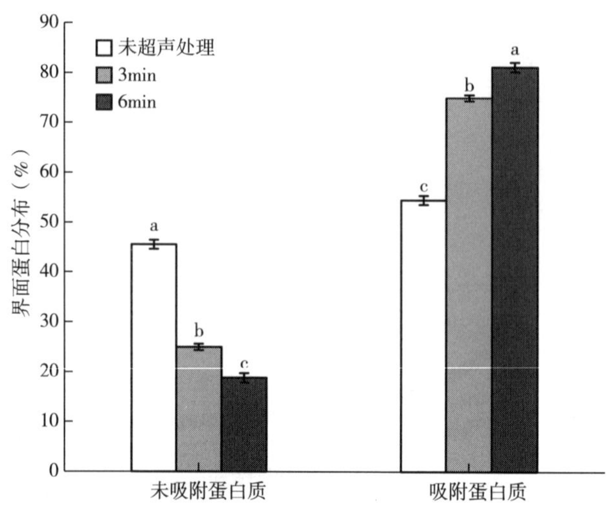

图 7-7　乳液界面吸附蛋白质与未吸附蛋白质的含量

注　a~c：不同字母代表差异显著（P<0.05）。

为了确定油滴周围的特定蛋白质组分，对水层中的非吸附蛋白质和乳化液层中的吸附蛋白质进行了蛋白质 SDS—PAGE 电泳分析，如图 7-8 所示。吸附的蛋白质图主要由肌球蛋白重链（MHC）、肌动蛋白（Actin）、C 蛋白（C-protein）、α-肌动蛋白（α-actinin）、原肌球蛋白（Tropomyosin）、肌球蛋白轻链 MLC1 和 MLC 2 组成。通常，与未经处理的 MP 稳定乳液相比，在超声处理的 MP 稳定乳液中观察到明显更高的吸附蛋白质含量（谱带强度更高），这与上述吸附蛋白质浓度的结果一致（图 7-7）。这一发现进一步证实了高强度超声提高了油滴表面 MP 的有效吸收。此外，随超声时间的增加，非吸附蛋白质的 MHC 强度（泳道 2、3 和 4）显著降低，吸附的蛋白质中 MHC 含量显著增加（泳道 5、6 和 7）。随超声时间的增加，未吸附蛋白质（泳道 2、3 和 4）和吸附蛋白质（泳道 5、6 和 7）中肌动蛋白的条带强度逐渐增加。乳化层（第 5、6 和 7 道）中肌动蛋白的含量（条带强度）高于水层（第 2、3 和 4 道），而在水层中则残留了许多原肌球蛋白。Ma 等还发现在对鳕鱼蛋白进行高强度超声处理后，原肌球蛋白残留在水层中。此外，他们还发现鳕鱼肌动蛋白在被吸附的蛋白质中含量高（条带强度），并且在经过和不经过超声波处理的样品之间没有明显的差异，这表明鳕鱼肌动蛋白在稳定乳液中起着重要作用。但是，在这项研究中，SDS—PAGE（图 7-8）表明未吸附的蛋白质和吸附的蛋白质都主要包含 MHC 和肌动蛋白。更重要的是，通过 MP 的超声处理促进了肌球蛋白或肌动球蛋白在乳剂层中的吸附。关于肌肉蛋白，肌球蛋白或肌动球蛋白构成油滴周围的界面蛋白质膜/吸附蛋白质。与肌球蛋白相比，肌动蛋白对乳剂液滴的吸附能力较弱，因此，这些结果证实高强度超声是快速形成界面蛋白质膜并增加其厚度（MHC 和肌动蛋白的带强度增加）以稳定乳剂的有效方法，从而改善瘦肉蛋白的乳化性能。

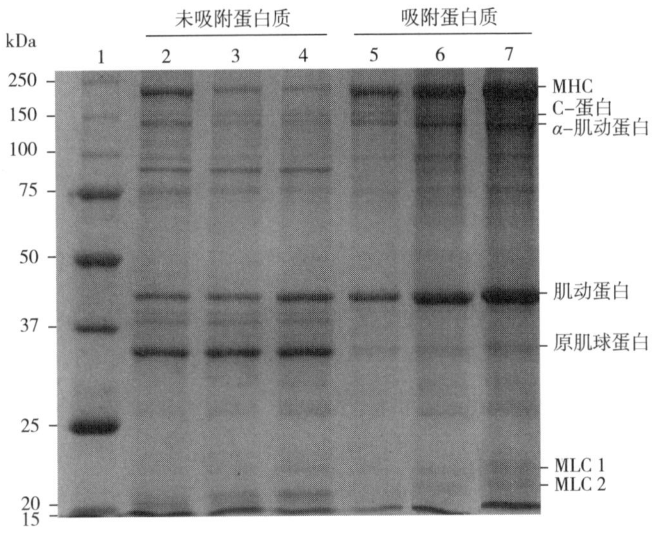

图 7–8　界面吸附蛋白的组成

注　1：标准蛋白；2~4：超声处理 0、3min 和 6min，MP 乳液中未吸附蛋白质；5~7：超声处理 0、3min 和 6min，MP 乳液中吸附蛋白质。

以上研究表明 MP 经过超声波处理 6min，乳化活性与乳化稳定性显著升高（$P<0.05$）。其制成的乳液粒径和 *TSI* 显著降低（$P<0.05$），贮藏稳定性明显增强。这表明超声波处理能够增强 MP 的乳化特性。超声波处理 MP 6min，MP 形成的乳液在频率扫描和温度扫描两种模式下，其储能模量（G'）明显上升，表明超声波具有改善 MP 乳液流变性能的能力。超声波处理 MP 6min，MP 在油—水界面的吸附含量显著上升（$P<0.05$），特别是增强了肌球蛋白与肌动蛋白在油—水界面的吸附；油—水界面张力值显著下降。这表明超声波处理 MP 促进了 MP 在油—水界面的吸附。

7.2 超声波处理对鸡肉肌原纤维蛋白的理化性质及结构的影响

在 7.1 中我们已经得到初步结论，即超声波处理 6min 能够改善肌原纤维蛋白的乳化性。因此，本实验研究不同超声波处理时间对 MP 物理化学性质、分子构象以及微观形貌的影响，探讨超声波改善 MP 乳化能力的作用机制。

7.2.1 肌原纤维蛋白的溶解度

蛋白质溶解度表示为在特定的提取条件下，溶解到溶液里的蛋白质占总蛋白质的百分比。它反映的是蛋白质与水之间的平衡与相互作用。不同超声波处理时间对 MP 溶解度的影响见图 7-9。由图 7-9 可以看出，经过超声波处理的 MP（3min 和 6min）的溶解度显著高于未被超声处理 MP（0min）的溶解度（$P<0.05$）。不仅如此，MP 的溶解度随超声波处理时间的增加（3min 增加到 6min）而显著增加（$P<0.05$），从 66.39% 增加到 74.17%。与对照组相比，MP 经超声波处理 6min 后，其溶解度从 52.22% 增加到 74.17%，增加了大约 40%。这些结果说明超声波处理增强了 MP 与水之间的相互作用。溶解度增加的原因可能是 MP 暴露在超声波环境下，大的不溶性聚集体破碎成小的可溶性聚集体或单体。这跟 Zou 等的研究结果相一致。MP 溶解度的增加可能导致 MP 乳化活性的增加，这是因为 MP 溶解度越高，MP 在油—水界面扩散的速度越快，MP 在油—水界面上吸附能力越强。

7.2.2 肌原纤维蛋白的浊度

蛋白质溶液的浊度可以用来评价蛋白质的聚集程度，浊度值越高，说明蛋白质聚集程度越高。用 MP 溶液在 660nm 处的吸光值表示浊度。图 7-10 为 MP 经超声波处理后浊度变化的结果。MP 经超声波处理后，浊度显著低于未超声处理组（$P<0.05$）。随超声处理时间从 0 增加到 6min，A_{660} 值从 0.317 降低到 0.198。这说明超声波处理能够显著降低 MP 的聚集程度。在自然状态

下，MP 一般以聚集体形式存在。超声波可以通过空化效应破坏氢键和疏水相互作用导致大的蛋白质聚集体破碎成小的蛋白质聚集体，从而降低 MP 的浊度。

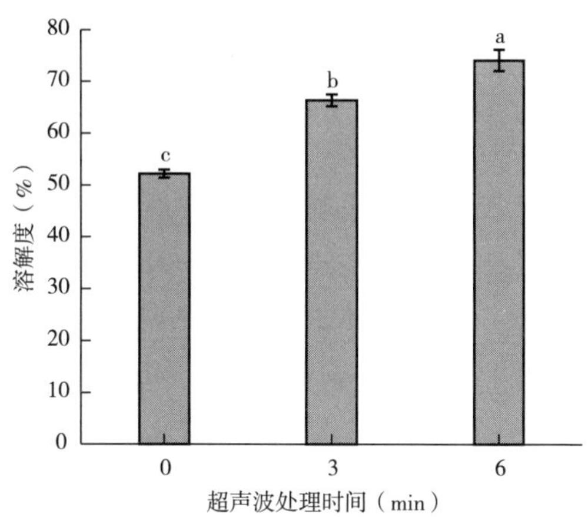

图 7-9　不同超声波处理时间对肌原纤维蛋白溶解度的影响

注　a~c：不同字母之间表示差异显著（$P<0.05$）。

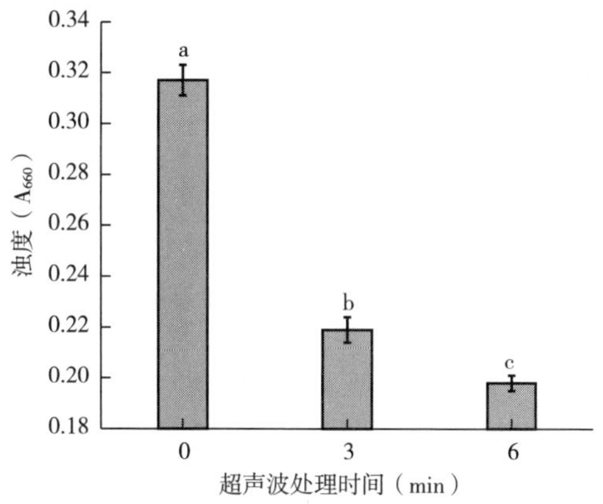

图 7-10　不同超声波处理时间对肌原纤维蛋白浊度的影响

注　a~c：不同字母之间表示差异显著（$P<0.05$）。

7.2.3　肌原纤维蛋白的粒径和 Zeta-电位

图 7-11 显示的是经超声波处理后的 MP 的粒径分布。所有实验组均表现

出两个峰。随超声时间的增加，MP 悬浮液的粒径分布变得更窄、更均匀，出现两个向小粒径范围移动的峰值。如表 7-2 所示，超声处理 6min 后，MP 的粒径从（1095.00±54.52）nm 显著下降至（391.73±6.63）nm，说明超声处理可有效降低 MP 的粒径。Wu 等也报道了超声波处理（频率 20kHz，功率 200~950W，时间 60min）可以显著降低扇贝蛋白的粒径。颗粒尺寸的减小可能是由于超声波在 MP 溶液中产生的空化、剪切力、微流和湍流破坏了肌纤维完整性，从而使蛋白质解离。表 7-2 还展示了经超声波处理后，肌原纤维蛋白 Zeta-电位的变化。Zeta-电位反映的是蛋白质表面的所带电荷情况，所有实验组的 Zeta-电位都为负值，这是因为 MP 所处环境的 pH 高于 MP 的等电点。超声波处理 6min 后，MP 的电位值从-7.13 降低到-9.93，说明 MP 表面具有更多的负电荷。这可能是超声波处理导致 MP 的展开，更多带负电的氨基酸暴露到 MP 的表面。Zhang 等发现，与未经处理的鸡肉 MP 溶液相比，不同超声功率（200~1000W）处理 MP 溶液均能显著降低 Zeta-电位，与本研究结果相一致。

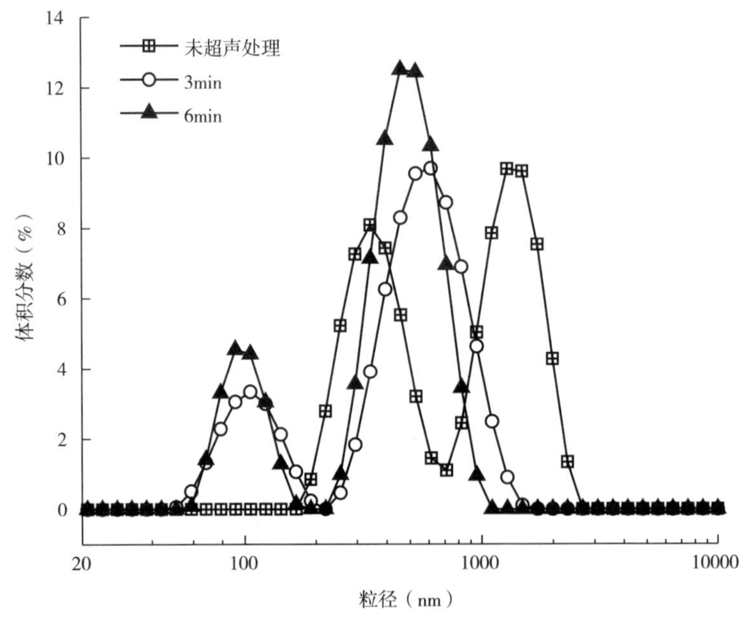

图 7-11　不同超声波处理对肌原纤维蛋白粒径分布的影响

超声波处理时间越长，MP 的粒径越小，小粒径的 MP 分子能够以更快的速率吸附到油水界面上，且理论上，油水界面接近饱和的单分子层的最大吸附量也越多，形成一层致密的富有弹性的界面蛋白质膜，从而降低油水界面张力。形成更加细小、均一的乳液。一旦界面黏弹性膜形成，液滴就可以根据乳化液的 pH 是高于还是低于蛋白质的等电点而带上负电荷或正电荷，从而增强油滴之间的静电斥力。油滴之间的斥力越大，乳化稳定性越好。超声波处理导致 MP 表面负电荷增多，在形成乳液时，乳液液滴表面将带有更多的负电，从而增强 MP 乳液的稳定性。这些结果与前文所观察到的 MP 乳化活性（7.1.1）与 *TSI* 结果（7.1.2）相一致。

表 7-2　不同超声波处理对肌原纤维蛋白粒径和 Zeta-电位的影响

超声波处理时间（min）	平均粒径（nm）	Zeta-电位（mV）
0	1095.00±54.52[a]	−7.13±0.42[a]
3	476.30±19.17[b]	−8.33±0.37[b]
6	391.73±6.63[c]	−9.93±0.31[c]

注　a~c：不同字母之间表示差异显著（$P<0.05$）。

7.2.4　肌原纤维蛋白的三级结构

活性巯基（—SH）是改变 MP 乳化性能的重要活性基团。如图 7-12（a）所示，随超声时间的增加，MP 的活性巯基（—SH）含量显著增加（$P<0.05$），表明 MP 在高强度超声作用下展开并在表面暴露出更多的掩埋巯基基团。巯基含量的增加可能是由 MP 的粒径减小及其在超声过程中的展开以及空化的剪切力所致。Saleem 认为超声波（频率 20kHz，功率 120W）处理 30min 会增加鸡肉肌动球蛋白的巯基含量，这表明超声波会引起 MP 的结构变化并增加 MP 的展开。然而，Zou 等认为不同的超声功率（频率 20kHz，功率 100~200W，时间 20min）引起了鸡肉肌动球蛋白活性巯基的不同变化。在这项研究中，超声处理（频率 20kHz，功率 450W，时间 6min）减少了 α-螺旋的含量并促进了 MP 结构的展开，从而在其表面上暴露了更多的-SH 基团［图 7-12（a）］。巯基含量的增加可能有助于加热过程中 MP 包被的油滴与蛋白质基质之间形成更多的二硫键，从而改善了 MP 乳液的弹性［图 7-12（b）］。

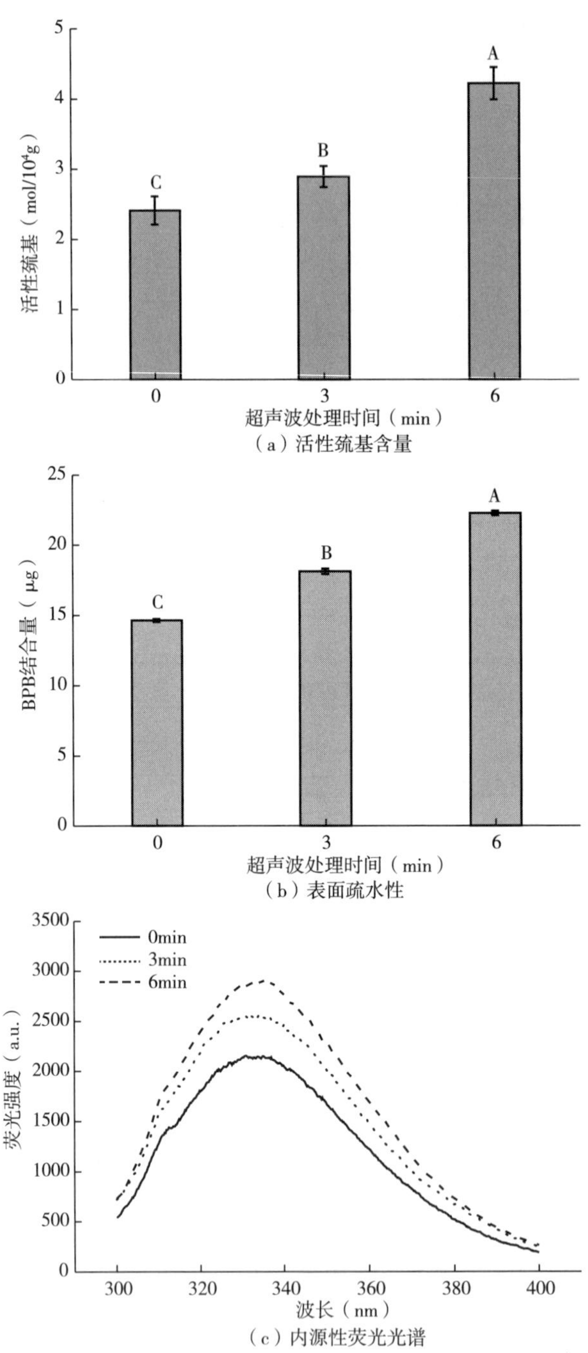

（a）活性巯基含量

（b）表面疏水性

（c）内源性荧光光谱

图 7-12　不同超声波处理时间对肌原纤维蛋白三级结构的影响

注　A～C：不同字母代表差异显著（$P<0.05$）。

表面疏水性是表征蛋白质三级结构的一个重要指标，疏水相互作用影响蛋白质功能特性的形成。如图 7-12（b）所示，与未处理的 MP 相比，超声处理的 MP 的表面疏水性显著增加（$P<0.05$）。该结果表明，超声处理导致最初位于 MP 分子内并被非极性环境包围的疏水性芳香族氨基酸基团的暴露，如前文所述，MP 表面疏水性的增加归因于超声空化和物理剪切引起的湍流，这导致了蛋白质分子的展开和疏水基团的暴露。

图 7-12（c）显示了未经处理和经超声处理的 MP 的内源性荧光光谱，反映了色氨酸残基的变化（作为蛋白质三级构象的一部分）。与未经处理的 MP 相比，经超声处理的 MP 在最大发射波长和最大荧光强度方面表现出显著变化。随超声时间从 0 增加到 6min，MP 的最大发射波长从 331nm 增加到 335.8nm。此外，峰的红移表明蛋白质分子的三级构象已展开，更多的芳香族氨基酸暴露于极性环境中。另外，超声波处理增强了最大荧光强度。该结果与表面疏水性的变化一致［图 7-12（b）］，该变化表明超声产生的空化和机械效应使疏水基团的暴露程度更高。

7.2.5　肌原纤维蛋白的二级结构

蛋白质的二级结构与其蛋白质乳化性能密切相关。如表 7-3 所示，超声处理显著影响了 MP 的结构（$P<0.05$）。与未处理的 MP 相比，高强度超声 3min 和 6min 可以显著降低 α-螺旋结构的含量（$P<0.05$）。α-螺旋主要由分子中羰基氧（C═O）和氨基氢（NH—）之间形成的氢键稳定。超声波破坏了氢键并导致了 α-螺旋的损失，结果增加了蛋白质结构的灵活性。Wang 等和 Saleem 等分别通过分析拉曼光谱和圆二色谱法还发现超声处理诱导了鸡肉蛋白质 α-螺旋含量的降低。如表 7-3 所示，超声处理 6min 后，β-折叠的含量从 19.95%增加到 28.06%。超声处理 6min 也使 MP 中的 β-转角和无规卷曲的含量分别从 22.73%增加到 27.70%和从 15.43%增加到 19.04%。这些结果表明，超声减少了分子内氢键的数量，并进一步增强了蛋白质疏水区域的暴露。这些发现可能是由于蛋白质的分子链暴露，导致 α-螺旋的有序结构被破坏，并转化为 β-折叠和 β-转角。Shao 等发现，肉饼中天然蛋白质的二级结构（α-螺旋结构）的降低和 β-折叠结构的形成有助于增加蛋白质和蛋白质之间的相互作用，并有利于形成包埋油滴的稳定的蛋白质膜。因此，超声波处理 6min 的 MP 增加了 β-折叠、β-转角和无规

则卷曲的含量，有利于 MP 油相表面展开并改善了乳化液的稳定性。

表 7-3 不同超声波处理时间对肌原纤维蛋白二级结构含量的影响

超声波处理时间（min）	α-螺旋（%）	β-折叠（%）	β-转角（%）	无规则卷曲（%）
0	41.90±2.64[a]	19.95±2.71[c]	22.73±1.65[c]	15.43±2.70[b]
3	29.85±0.64[b]	26.54±0.84[b]	25.83±1.84[ab]	18.93±0.57[a]
6	25.21±2.61[c]	28.06±0.71[a]	27.70±3.02[a]	19.04±0.64[a]

注 a~c：不同字母代表差异显著（$P<0.05$）。

7.2.6 肌原纤维蛋白的微观结构

原子力显微镜（AFM）的微悬臂的一端有一个纳米级的探针，当进行样品扫描时，由于样品表面的起伏，探针与样品之间范德瓦尔斯力的不同引起微悬臂发生弯曲，从而使照射在悬臂的激光束发生偏转，这种信号被光电二极管收集，转换为电信号，从而获得样品的表观形貌。不同超声波处理时间对 MP 表面形貌的影响如图 7-13 所示，可以观察出未经超声波处理的样品具有一束完整线性特征结构的蛋白质分子，说明此时的蛋白质结构还保持着高度有序的状态。李雨枫等研究发现水洗提取的 MP 也具有这种高度有序的状态。经超声波处理后的样品，蛋白质的结构被破坏，表现为较小粒径的分散颗粒。从三维结构［（b）（e）和（f）］可以看出蛋白质表面逐渐平坦，高度降低。同时，从表 7-4 的 *Rpm* 值（平均最大高度）也可以看出超声处理后样品的高度降低。高度降低可能是因为超声处理破坏了蛋白质的 α-螺旋结构（表 7-3），使蛋白质变得疏松而高度下降。Huang 等研究了超声辅助酸处理大豆分离蛋白，结果发现使其高度降低的原因可能是超声处理破坏了 SPI 的亚基结构，当松散的亚基结构进一步解离，粒子的高度就会降低。为了进一步研究 MP 的表面形貌，利用 Nanoscope 分析软件分析得出样品的粗糙度值，见表 7-4。

彩图二维码

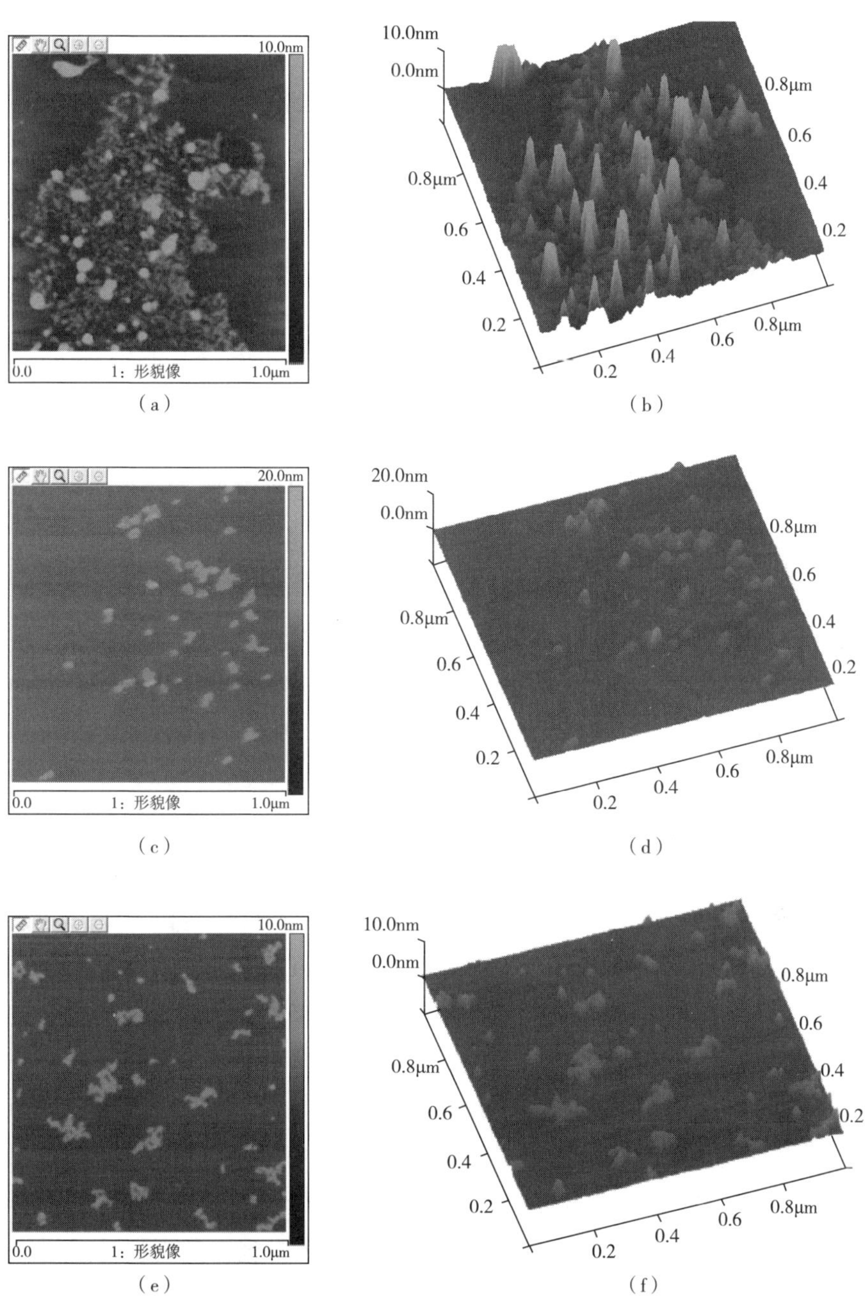

图 7-13　不同超声波处理时间的 MP 的 AFM 图

注　(a)(c)(e)：分别为超声波处理 0min、3min、6min 的二维 AFM 图；(b)(d)(f)：分别为超声波处理 0min、3min、6min 的三维 AFM 图。

表 7-4　不同超声波处理时间对 MP 表面粗糙度的影响

时间（min）	*Rpm*（nm）	*Ra*（nm）	*Rq*（nm）
0	1.239±0.015[a]	0.932±0.001[a]	1.839±0.005[a]
3	0.184±0.003[b]	0.338±0.005[b]	0.731±0.003[b]
6	0.146±0.001[c]	0.241±0.002[c]	0.446±0.002[c]

注　同列不同上标字母表示差异显著（$P<0.05$）。

表 7-4 表示了不同超声波处理时间下样品粗糙度的结果。表中 *Ra* 为样品表面的平均粗糙度，*Rq* 为样品粗糙度的均方根。与未经超声处理的样品相比，超声波处理后样品的粗糙度均降低，表明超声波处理可以降低样品的表面粗糙度，使样品表面更光滑。MP 表面粗糙度的降低可能是因为超声的机械作用使 MP 的结构被破坏，形成较小体积的单体蛋白质或低聚体蛋白质。Zou 等在研究低频超声处理改善鹅胸肉嫩度的过程中，发现肌动球蛋白较大的聚合物碎片塌陷，形成较小的体积。Jin 等发现超声处理能够降低谷蛋白的高度和表面粗糙度。这些结果表明超声波处理破坏了 MP 的有序结构，降低了 MP 的粒度，使粒度更加均一，从而促进 MP 与油滴的交互作用，降低油—水界面张力，增强乳化特性。

7.2.7　改善肌原纤维蛋白乳化特性的机理示意图

超声处理改善 MP 乳化性能和乳液稳定性的示意性模型如图 7-14 所示。MP 在高盐溶液（0.6mol/L NaCl）中分解为单体 MP，显示出杆状尾巴。它在形成包含多层结构的界面蛋白质膜中起着关键作用。所以有必要寻求改变蛋白质构象的方法，如暴露非极性氨基酸残基，以改善成膜能力并获得物理稳定的乳液。高强度超声改变了 MP 的二级和三级结构，降低了 α-螺旋结构的含量，暴露了掩埋的巯基基团和疏水基团（图 7-12 和图 7-13）。具体来说，处理 6min 导致 MP 中更多疏水基团的暴露。疏水性增强可以增加蛋白质与油相之间的相互作用。此外，超声波降低了 MP 的粒径，从而提高了油滴周围的分子柔韧性和拉伸能力。因此，超声波促进了 MP 在油滴界面上的吸附，从而在油滴表面上快速形成单分子层。然后，超声波处理的 MP 可以更好地吸附在油—水界面，并在油滴周围形成更致密，更厚的界面蛋白质膜。最终导致超声处理的 MP 具有形成较小且均匀的乳液液滴的能力。因此，该研究表明高强度超声改善了 MP 的乳化性和 MP 稳定乳液的稳定性。

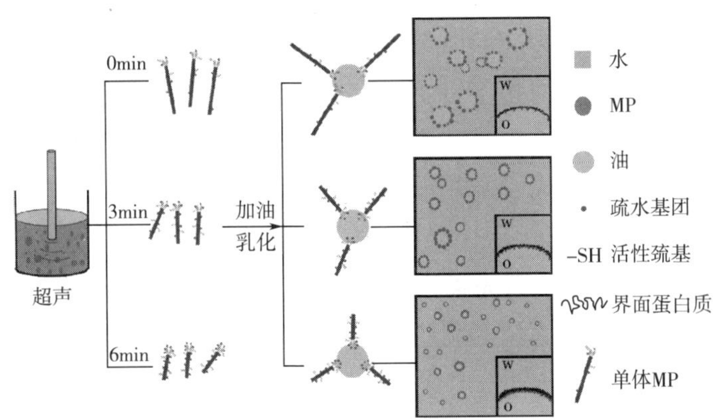

图 7-14　不同超声波处理时间对肌原纤维蛋白乳化特性改善的机理示意图

以上研究表明超声波处理显著增加了鸡肉 MP 的溶解度和 Zeta-电位的绝对值，显著降低了浊度和粒径（$P<0.05$）。表明超声波处理改变了鸡肉 MP 的理化性质。经超声波处理后的 MP，活性巯基含量、表面疏水性显著上升（$P<0.05$），内源性荧光最大吸收波长发生红移且荧光强度上升，说明，MP 结构展开，并暴露出更多的巯基基团、疏水基团和发色基团；MP 二级结构 α-螺旋含量的下降、β-折叠和无规则卷曲结构含量的上升说明了 MP 的结构由有序结构向无序结构转变。MP 经过超声波处理 6min，原子力显微镜观察到 MP 的 *Rpm* 值（平均最大高度）、*Ra* 值（表面平均粗糙度）和 *Rq* 值（表面粗糙度的均方根）显著降低（$P<0.05$），表明超声处理破坏了蛋白质的 α-螺旋结构，使蛋白质变得疏松，高度下降，表面更加光滑。

以上研究表明，超声波处理破坏了 MP 的天然结构，改变了 MP 的理化性质，导致蛋白质表面活性基团增多，有利于 MP 乳化特性的提高。

7.3　超声波处理对低盐条件下鸡肉肌原纤维蛋白乳化特性及界面行为的影响

本实验研究了不同 NaCl 浓度下（0.2mol/L、0.3mol/L、0.4mol/L 和 0.5mol/L NaCl），延长超声波处理时间对肌原纤维蛋白的乳化特性及其油—水界面性质的影响，检测不同 NaCl 浓度下，超声波处理对鸡胸肉肌原纤维蛋白溶解度、乳化活性、乳化稳定性、乳液流变特性和乳液界面性质（界面吸附蛋白质组成、油—水界面张力和界面蛋白质二级结构）的影响，探明高强度超声波处理改善减盐条件下肌原纤维蛋白乳化特性的作用效果，为应用超声波技术改善低盐乳化型肉制品的乳化品质提供理论依据。

7.3.1 溶解度

传统乳化理论认为，首先提取/溶解 MP，然后蛋白质扩散、吸附到油滴表面并形成界面蛋白质膜包裹脂肪颗粒，降低分散相与连续相之间的界面张力，提高乳化稳定性。因此，有必要分析测定 MP 的溶解度。图 7-15 显示了不同 NaCl 浓度下，经超声波处理 0、6min 和 9min 后 MP 溶解度的变化。由图 7-15 可以看出，MP 的溶解度随 NaCl 含量（0.2～0.5mol/L NaCl）的增加而显著上升，MP 溶解度上升到 58.33%（0.5mol/L NaCl）。当 NaCl 含量低于 0.3mol/L 时，MP 的溶解度低于 10%。这是由于 MP 主要是肌球蛋白与肌动蛋白组成的，肌球蛋白不溶于水，而在 NaCl 含量为 0.3mol/L 以上的中性盐溶液中易于溶解；肌动蛋白在低 NaCl 含量条件下以单体球状分子存在，其在水和稀盐溶液中溶解性较好。因而肌球蛋白在不同 NaCl 浓度溶液的溶解性很大程度上决定了 MP 的溶解性。MP 在经超声波处理 6min 和 9min 后，溶解度显著升高。在同一 NaCl 含量下，其溶解度随超声波处理时间的延长呈上升趋势。不仅如此，在 NaCl 含量为 0.2mol/L 和 0.3mol/L 时，MP 的溶解度分别从 2.93%和 7.51%上升到 12.82%和 21.78%，这些结果表明，在不同 NaCl 浓度下，超声波处理能够实现 MP 的增溶效果。需要注意的是，低盐超声波处理组的溶解度仍低于较高盐浓度（>0.3mol/L）未超声波处理组。超声波产生的强烈机械力作用可以破碎或解离大分子高度有序的结构，从而可以用来改善蛋白质加工特性。由此推测，超声波的物理作用（强烈的剪切、冲击力和空化）可能改变了蛋白质的结构，影响蛋白质—蛋白质和蛋白质—水的相互作用，继而促进鸡胸肉 MP 的溶解度升高。

7.3.2 乳化活性与乳化稳定性

利用 *EAI* 和 *ESI* 来表征 MP 的乳化性能。在不同 NaCl 浓度（0.2mol/L、0.3mol/L、0.4mol/L 和 0.5mol/L）下，不同超声波处理时间对 MP 的 *EAI* 和

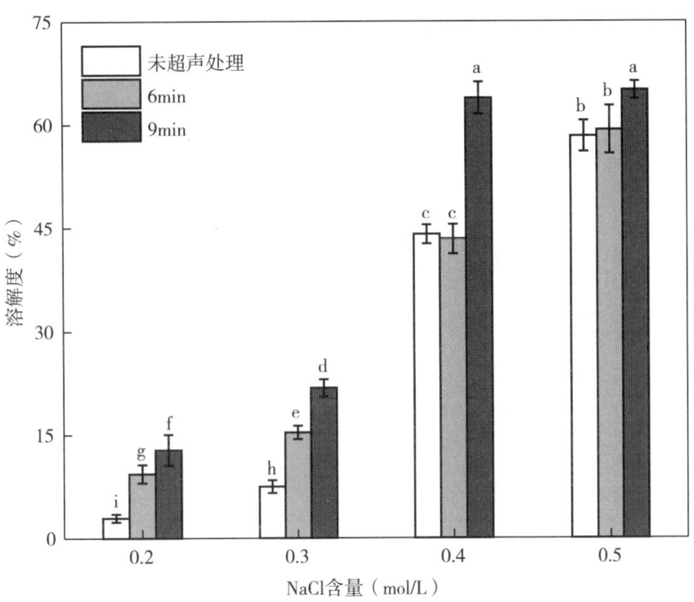

图 7-15　不同 NaCl 浓度下超声波处理对肌原纤维蛋白溶解度的影响

ESI 的影响如图 7-16（a）可以看出，当 NaCl 水平从 0.2mol/L 上升到 0.5mol/L 时，未超声波处理的 MP 的 *EAI* 显著升高（P<0.05），从 8.92m^2/g 上升到 20.37m^2/g。高强度超声处理可显著提高所有 NaCl 浓度下 MP 的 *EAI*（P<0.05），表明 MP 经超声处理后对油水界面有较好的吸附能力。超声处理 9min 后 0.2mol/L NaCl 样品的 *EAI* 明显高于 0.3mol/L NaCl 样品（P<0.05），且与 0.4mol/L NaCl 的未处理样品的差异无统计学意义（P>0.05）。在 0.3mol/L NaCl 的条件下，超声处理 9min 与未处理样品（分别含 0.4mol/L 和 0.5mol/L NaCl）的 *EAI* 相似。

由图 7-16（b）可以看出，当未超声处理 MP 的 NaCl 浓度从 0.2mol/L 增加到 0.3mol/L 时，*ESI* 没有显著增加（P>0.05），但当 NaCl 浓度从 0.3mol/L 增加到 0.5mol/L 时，MP 的 *ESI* 显著增加（P<0.05）。在不同 NaCl 含量条件下，随超声时间从 6min 增加到 9min，*ESI* 较未处理的 MP 进一步升高。超声处理 9min 后 MP（0.2mol/L NaCl）的 *ESI* 明显高于未超声处理（0.4mol/L NaCl）的。经过 9min 超声处理的 0.3mol/L NaCl 中 MP 的 *ESI* 明显高于未经处理的 0.4mol/L 和 0.5mol/L NaCl 中 MP 的 *ESI* 值。这些结果说明在较低的 NaCl 浓度下，超声处理对改善 *ESI* 有更明显的效果。超声处理后 MP 的 *EAI*

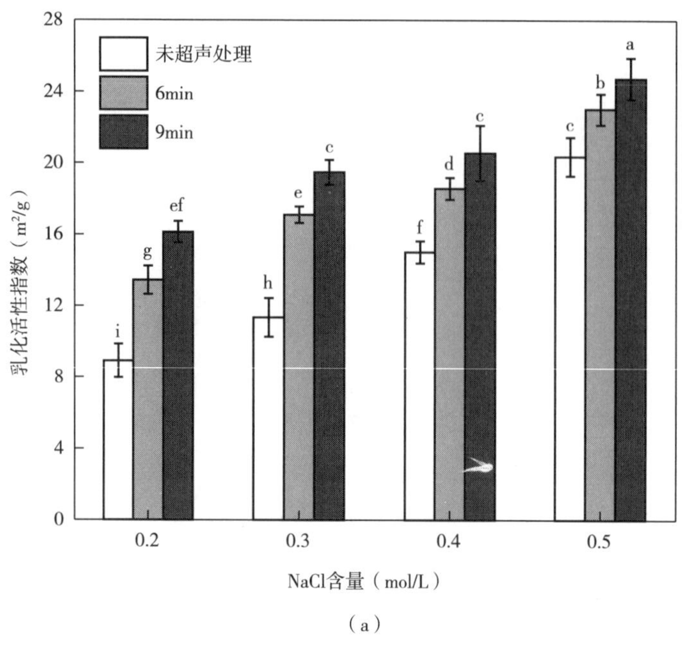

（a）

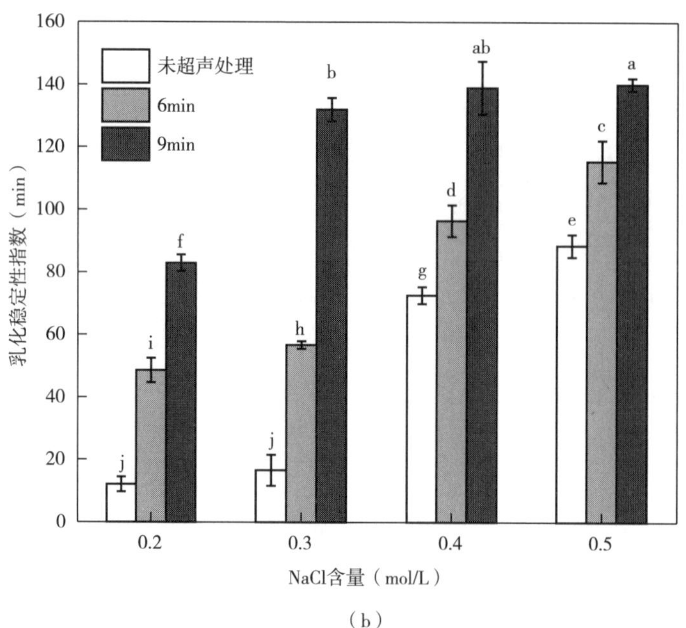

（b）

图 7-16　不同 NaCl 浓度下超声波处理对肌原纤维蛋白乳化活性（a）与乳化稳定性（b）的影响

注　不同字母代表差异显著（P<0.05）。

和 *ESI* 的改善可能与 MP 聚集物的展开结构和解离有关。高强度超声可以破坏肌原纤维，在较低的 NaCl 浓度下促进较多蛋白质的提取，且超声处理后的蛋白质具有较高的疏水性，有助于蛋白质在油水界面的吸附。这些结果表明，超声处理可以部分替代 NaCl 的添加，从而改善 MP 的乳化性能。另外，由图 7-1 和图 7-8 结果表明，低盐条件下超声波诱导的肌原纤维蛋白的溶解性并没有明显增高至高盐条件下的溶解度水平，但是，超声波处理有效改善了低盐条件下肌原纤维蛋白的乳化特性，而且超声波处理增加低盐条件下蛋白质乳化性的程度明显高于高盐条件下的超声处理组。

7.3.3　肌原纤维蛋白乳液的宏观稳定性与微观形貌

乳液的贮藏稳定性反映了乳液中油、水两相在乳化剂的作用下达到相对平衡的一种稳定状态，是评价 MP 乳化稳定性的一项重要指标。图 7-17 显示 MP 乳液在 4℃下储存 3.5 天的宏观稳定性照片。在整个储存过程中，NaCl 含量较低时，MP 在贮藏 0.5 天后出现了明显的乳液分层现象，脂肪层上浮明显。而在较高的 NaCl 含量（0.4mol/L 和 0.5mol/L）时，MP 的乳液稳定性明显增强，直到 3 天后观察到乳液分层现象。NaCl 浓度对 MP 乳液稳定性有着显著的影响。

超声波处理显著提升了不同盐浓度下 MP 乳液的稳定性。含 0.2mol/L 和 0.3mol/L NaCl 的 MP 经超声波处理 9min 后，MP 乳液的稳定性得到了增强。在 NaCl 含量为 0.2mol/L 时，MP 乳液储藏 2 天后观察到乳液分层现象，而且分层后乳相高度明显高于未处理组；而在 NaCl 含量为 0.3mol/L、0.4mol/L、0.5mol/L 时，贮藏 3.5 天的过程中均未观察到乳液分层现象。这些现象表明了超声波处理 MP 能够有效提高其乳化稳定性，特别是在较低的 NaCl 含量下改善效果更加明显，这一结果与 *ESI* 结果相一致。

为了观察 MP 乳液的微观形貌，利用 CLSM 对其进行了观察。采用尼罗蓝染料对吸附在油滴表面的 MP 进行染色。观察视野中的绿色部分代表被染色的 MP。图 7-18 为 CLSM 观察 MP 乳液液滴的观察图。从图 7-18 可以看出，在 0.2mol/L NaCl 下，未处理的乳状液的油滴最大，说明乳液稳定性较差。随 NaCl 含量的增加，乳状液的微观结构更加均匀，油滴尺寸更小。另外，在所有超声处理组中，随超声波处理时间由 0 增加到 9min，乳液粒径明显减小，分散更加均匀，说明超声波处理提高了乳液的稳定性。超声空化效应导致了

MP 的解离和展开，有利于 MP 在油滴上的吸附，导致油滴尺寸减小，乳液稳定性提高。

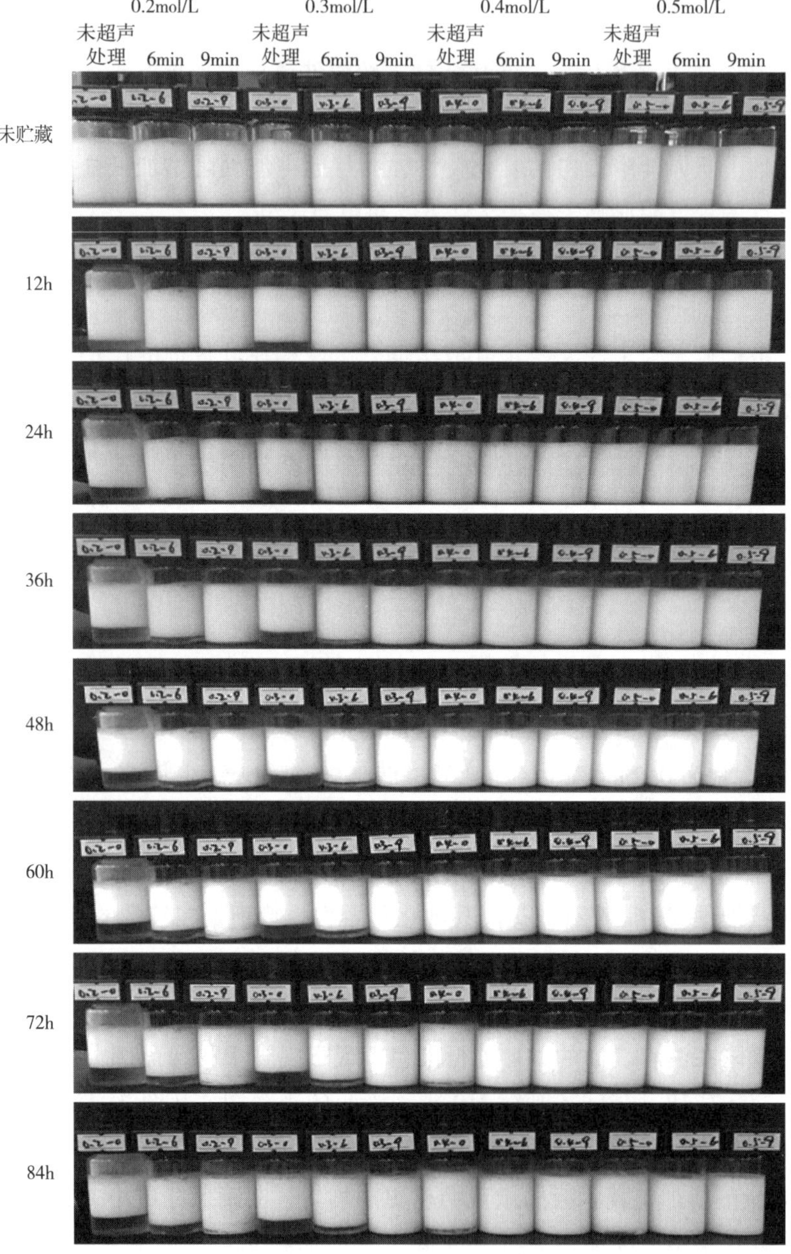

图 7-17　MP 乳液贮藏稳定性（4℃下贮藏 84h）

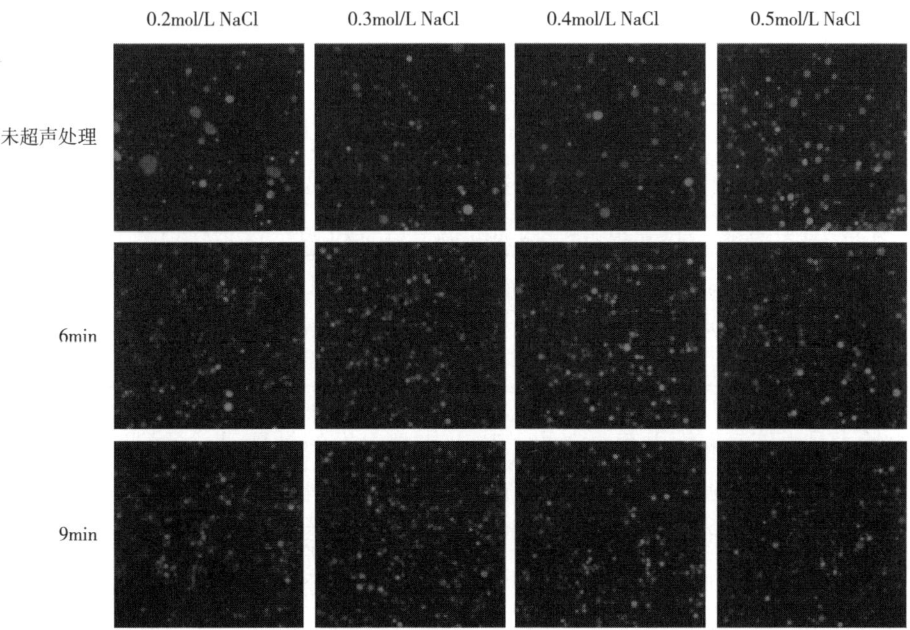

图 7-18　共聚焦激光显微镜图

7.3.4　肌原纤维蛋白乳液的粒径与Zeta-电位

由表7-5可以看出，NaCl含量对MP乳液的平均粒径 $d_{[4,3]}$ 有显著影响（$P<0.05$）。当NaCl含量从0.2mol/L增加到0.5mol/L时，未经超声处理组的乳液粒径从67.18μm显著降低到38.97μm，大约减少了41.99%（$P<0.05$）。此外，超声处理后的样品与未处理的样品相比，$d_{[4,3]}$ 明显减小。随超声处理时间的延长（0~9min），$d_{[4,3]}$ 呈下降趋势。在不同NaCl浓度下，MP经过9min超声波处理，MP乳液的 $d_{[4,3]}$ 下降幅度超过60%。这些结果表明，与未处理的MP相比，超声处理的MP促进了更小的乳状液滴的形成，这与CLSM观察的结果相一致。

表 7-5　不同 NaCl 浓度下超声波处理对 MP 乳液粒径（$d_{[4,3]}$）与 Zeta-电位的影响

NaCl含量（mol/L）	粒径（μm）			Zeta-电位（-mV）		
	未超声处理	6min	9min	未超声处理	6min	9min
0.2	67.18±1.04^{Aa}	16.71±0.24^{Ba}	16.25±0.21^{Ca}	27.30±0.20^{Aa}	28.33±0.90^{Ba}	31.73±0.06^{Ca}
0.3	56.17±0.67^{Ab}	16.68±0.13^{Bab}	14.50±0.34^{Cb}	24.17±0.46^{Ab}	25.87±0.55^{Bb}	27.60±0.72^{Cb}

续表

NaCl含量(mol/L)	粒径(μm)			Zeta-电位(-mV)		
	未超声处理	6min	9min	未超声处理	6min	9min
0.4	46.74 ± 1.45^{Ac}	16.56 ± 0.11^{Bb}	14.38 ± 0.41^{Cc}	22.80 ± 0.36^{Ac}	26.27 ± 0.67^{Bb}	25.30 ± 0.70^{Cc}
0.5	38.97 ± 0.46^{Ad}	15.41 ± 0.81^{Bc}	13.30 ± 0.23^{Cd}	21.10 ± 0.70^{Ac}	22.93 ± 1.03^{Bc}	23.07 ± 0.11^{Cd}

注 同列不同上标字母（a~d）表示差异显著（$P<0.05$）。同行不同上标字母（A~C）代表差异显著（$P<0.05$）。

乳液液滴之间的静电斥力越大说明乳液体系更稳定。乳液液滴之间的静电斥力是由液滴表面电荷决定的。Zeta-电位表示的是悬浮粒子的近表面电荷或表面电荷量。随NaCl含量的增加，乳液的Zeta-电位呈下降趋势（表7-5）。这可能是因为NaCl含量的增加导致乳液表面双电层的破坏。而经过超声波处理的样品，Zeta-电位值显著上升，这说明超声波处理能够提高乳液表面的电荷量，产生更大的静电斥力。Wang等报道了超声波处理导致鸡胸肉肌原纤维蛋白Zeta-电位值的升高，这归结于超声波的空化效应导致MP更多的带电基团暴露到其表面。这些MP在乳化过程中包裹在油滴表面，从而导致乳液液滴之间产生更高的静电斥力。

7.3.5 油—水界面张力

通过对乳液贮藏观察发现，在NaCl含量为0.3mol/L、0.4mol/L、0.5mol/L时，超声波处理9min，MP乳液贮藏3.5天的过程中均未观察到乳液分层现象。所以选取0.3mol/L（较低盐含量）和0.5mol/L（较高盐含量）两个NaCl含量条件，研究超声波处理对MP乳液油—水界面行为的影响。图7-19显示的是MP在NaCl含量为0.3mol/L和0.5mol/L条件下，超声波处理过的MP溶液与大豆油之间的界面张力变化。通常，具有较强界面吸附性能的胶体颗粒在油水界面吸附平衡状态下产生较低的界面张力值。从图7-19可以看出，各体系的界面张力都是随时间的变化而不断变化的。界面张力曲线表现为界面张力值的初始快速下降。这种快速降低之后，随之而来的是界面张力的缓慢降低，这些变化可能与蛋白质在油滴上吸附的不同阶段有关（从蛋白质扩散到油滴表面，然后蛋白质结构展开和重排，在油滴表面形成具有弹性的蛋白质膜）。NaCl含量和超声处理时间明显影响MP的油—水界面张力。一方面，在没有超声处理的情况下，NaCl 含量为 0.3mol/L 的样品的界面张力高于 NaCl 含量为 0.5mol/L 的样品，说明在较高的 NaCl 含量下，MP 在油—水界面具有更好的吸附能力。这与 *EAI* 的结果一致。另一方面，随着时间的推移，各体系的界面张力均有所降低，无论 NaCl 含量为 0.3mol/L 还是 0.5mol/L，经超声处理的 MP—大豆油的界面张力均明显低于未处理的 MP。在 0.3mol/L NaCl 条件下，超声波处理 9min，MP—大豆油的界面张力低于 0.5mol/L NaCl 的未超声波处理组，结果表明，低盐条件下超声处理的 MP 可以比高盐条件下未超声处理的 MP 具有更强的界面吸附能力。由于蛋白质的粒径越小、疏水性越强，蛋白质对油—水界面的吸附速率越快，在油—水界面饱和单分子层的最大吸附量越大，从而降低油—水的界面张力。O'sullivanal 等报道了经超声处理的豌豆分离蛋白聚集物具有较低的油—水界面张力，与未经处理的豌豆分离蛋白相比，超声波处理的豌豆分离蛋白粒径更小，并且具有更大的表面疏水性。

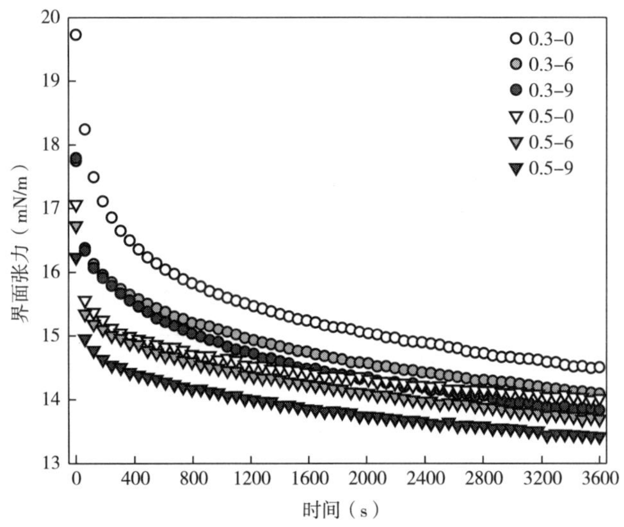

图 7-19　不同 NaCl 浓度下超声波处理对肌原纤维蛋白油—水界面张力的影响

7.3.6　肌原纤维蛋白乳液界面吸附蛋白质的组成

如图 7-20 所示，主要吸附蛋白质的组分是肌球蛋白重链和肌球蛋白。当 NaCl 含量由 0.3mol/L 上升到 0.5mol/L 时，肌球蛋白和肌动蛋白的吸附含量明显上升。在不同的 NaCl 含量下，与未经处理的 MP 相比，在超声处理组中观察到明显更高的吸附蛋白质含量（谱带强度更高），这一发现证实了高强度超声提高了油滴表面上 MP 的有效吸收。另外，在 NaCl 含量为 0.3mol/L 时，MP 经过超声波处理 9min，其乳液吸附肌球蛋白和肌动蛋白的含量高于 0.5mol/L 未处理组。肌球蛋白或肌动球蛋白是构成油滴周围的界面蛋白质膜/吸附蛋白质的主要蛋白质。在较高盐条件下，与肌球蛋白相比，肌动蛋白对乳液液滴的吸附能力较弱。由于肌动蛋白在低 NaCl 含量条件下以单体球状分子存在，其在水和稀盐溶液中溶解性较好，更利于吸附到油水界面参与界面蛋白质膜的形成；而在低 NaCl 含量下（<0.3mol/L），肌球蛋白单体可以通过其尾部的静电相互作用而规则堆积和延伸装配，形成具有特定结构的高分子量的肌球蛋白粗丝结构，导致肌球蛋白的溶解度降低，不利于肌球蛋白质在油—水界面上的吸附。这两种蛋白质的溶解性差异导致其在不同 NaCl 浓度下参与乳化层吸附的差异。MP 经超声波处理后，超声波通过空化效应产生巨大的剪切应力和湍流，可能破坏了肌球蛋白粗丝结构并对肌动蛋白进行修饰，导致更多的肌球蛋白溶出，增强了肌球蛋白和肌动蛋白的乳化能力。因此，这些结果证实高强度超声波有效改善了低盐条件下 MP 的油—水界面吸附能力。

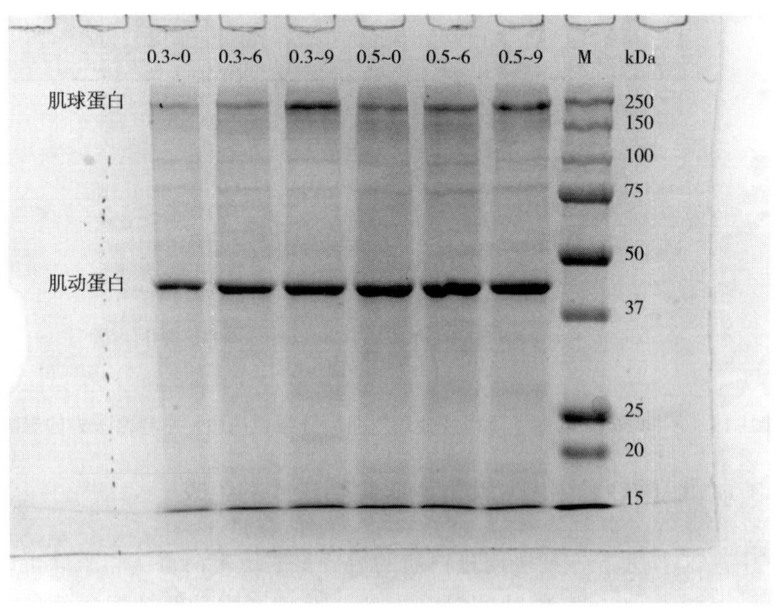

图 7-20　不同 NaCl 浓度下超声波处理对肌原纤维蛋白—大豆油乳液界面层吸附蛋白质组成的影响

7.3.7　肌原纤维蛋白乳液界面吸附蛋白质的二级结构

蛋白质—油和蛋白质—蛋白质之间的相互作用与蛋白质二级结构的变化有关。在乳化形成过程中，油—水界面上的肌原纤维蛋白会发生构象转变。因此，需要进一步研究界面 MP 的二级结构，以评估其在提高 MP—大豆油乳液物理稳定性方面的作用。利用圆二色光谱（CD）确定在界面上吸附的 MP 的结构变化程度。在 0.3mol/L 和 0.5mol/L NaCl 条件下，经过超声波处理组的 MP 乳液界面吸附蛋白质的 CD 光谱吸收如图 7-21 所示。总体上，所有样品的 CD 谱在 208nm 和 222nm 处呈现出两个负吸收，这代表的是 α-螺旋结构；而在 192nm 处有正的吸收峰，这代表着 β-折叠结构。当超声波处理 MP 后，MP 乳液界面蛋白质在 208nm 和 222nm 处的负吸收增强，在 192nm 处正吸收增强，表明超声波诱导的肌原纤维蛋白会影响油—水界面蛋白质的构象。利用 CDNN 软件计算了 MP 二级结构的含量（表 7-6）。不同的 NaCl 含量对 MP 乳液界面蛋白质的二级结构含量有显著的影响。与 0.3mol/L NaCl 未处理组相比，在 0.5mol/L NaCl 未处理组中观察到 α-螺旋和 β-折叠结构的含量显著降低（$P<0.05$）。在较低 NaCl 含量中，MP 中的肌球蛋白单体可以通过其尾部的静电相互作用，规则堆积和延伸装配，形成具有特定结构的高分子量的肌球蛋白粗丝结构。这些聚合物吸附在油水界面之间，仍然保持高度有序的结构。其次，在相同的 NaCl 含量下，超声波处理后，界面蛋白质的 α-螺旋和 β-折叠结构含量上升，而无规则卷曲的含量显著下降（$P<0.05$）。这些结果表明超声波处理诱导 MP 在油—水界面由无规则卷曲结构有序地向 α-螺旋和 β-折叠结构转变，导致 α-螺旋和 β-折叠结构含量上升。界面蛋白质的 α-螺旋结构含量增加表明蛋白质—油相的相互作用增强而 β-折叠结构增加导致蛋白质—蛋白质之间的相互作用增强。更高的 α-螺旋和 β-折叠结构含量有利于在油—水界面形成致密、刚性的蛋白质膜。Herrero A. M. 等报道转谷氨酰胺酶增强 α-螺旋和酪蛋白酸钠 β-折叠，从而获得更稳定的酪蛋白酸钠乳液。其他研究人员发现油—水界面蛋白质的 β-折叠结构对提高乳液稳定性至关重要。在这项研究中，通过超声空化作用，MP 被分解成更小、表面活性更强的蛋白质粒子（更高的表面疏水性和更灵活的二级结构）。在乳化过程中，这些蛋白质粒子吸附在油水界面上，蛋白质—油和蛋白质—水界面的相互作用增强，形成有序的界面蛋白膜，从而

获得更高的乳化稳定性。

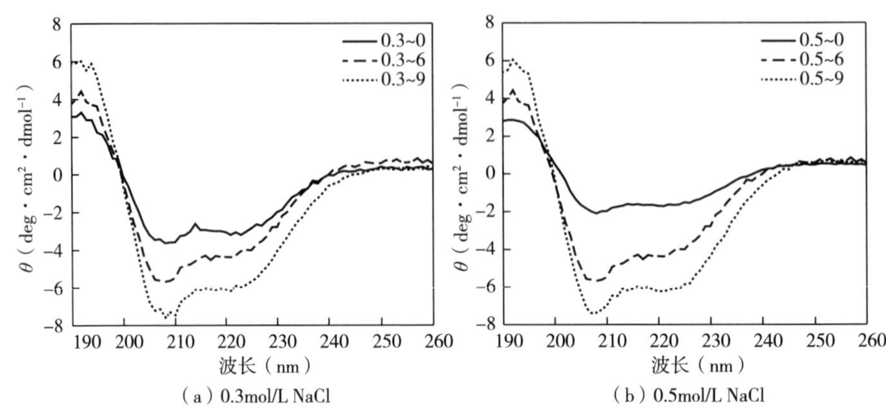

（a）0.3mol/L NaCl　　（b）0.5mol/L NaCl

图 7-21　不同 NaCl 浓度下超声波处理对界面吸附蛋白质 CD 图谱的影响

表 7-6　在 0.3 和 0.5mol/L 条件下，
超声波处理对 MP 乳液界面蛋白质二级结构含量的影响

NaCl 含量（mol/L）	处理时间（min）	α-螺旋（%）	β-折叠（%）	β-转角（%）	无规则卷曲（%）
0.3	0	23.04±0.48[d]	23.47±0.31[d]	23.47±0.31[d]	37.27±0.19[b]
	6	23.99±0.44[e]	25.18±0.53[c]	25.18±0.53[c]	33.86±0.31[c]
	9	25.03±0.13[b]	27.19±0.11[a]	27.19±0.11[a]	30.71±0.26[e]
0.5	0	21.66±0.04[f]	22.36±0.43[e]	22.36±0.43[e]	39.39±0.18[a]
	6	24.39±0.12[c]	26.63±0.24[b]	26.63±0.24[b]	33.06±0.22[d]
	9	26.01±0.18[a]	27.31±0.38[a]	27.31±0.38[a]	29.45±0.14[f]

注　不同上标字母表示差异显著（$P<0.05$）。

以上研究表明，在不同的 NaCl 含量下，MP 表现出来的乳化活性与乳化稳定性是不同的，在较低的 NaCl 含量下，MP 的乳化活性与乳化稳定性较差。表现为乳液粒径较大，乳液贮藏稳定性差。随 NaCl 含量的增加，MP 的乳化性特性和乳化稳定性呈上升趋势。乳液粒径减小，贮藏稳定性得到提高。

经超声波处理 9min 后，低盐条件下 MP 的溶解度、乳化活性与乳化稳定性得到了改善，增强了低盐条件下 MP 乳液的 Zeta-电位和贮藏稳定性，显著降低了 MP 乳液的粒径（$P<0.05$）。

在 0.3mol/L 和 0.5mol/L NaCl 含量中，MP 经超声波处理 9min 后，其在油—水界面的张力明显下降；肌动蛋白与肌球蛋白的吸附能力明显增强。这表明超声波处理 MP 可促进低盐条件下 MP 在油—水界面的吸附。

在 0.3mol/L 和 0.5mol/L NaCl 含量中，超声波处理 MP，MP 在界面乳化层中，α-螺旋和β-折叠结构显著上升，无规则卷曲结构显著下降（$P<0.05$）。表明，MP 在界面乳化层由无序结构向有序结构转变。这些结构的变化有利于 MP 在油—水界面形成致密的蛋白膜，增强 MP 在低盐条件下的乳化能力。

7.4　本章小结

本研究以肌原纤维蛋白为研究对象，以乳化特性、物理化学性质以及油—水界面行为等方面为切入点，研究了高强度超声波处理肌原纤维蛋白乳化性的影响，揭示了高强度超声波处理改善肌原纤维蛋白的乳化机制。并探讨了在低盐条件下，高强度超声波处理对肌原纤维蛋白乳化特性的影响。现将主要结论报告如下。

（1）MP 经过超声波处理 6min，乳化活性与乳化稳定性显著升高（$P<0.05$）。其制成的乳液粒径和 *TSI* 显著降低（$P<0.05$），贮藏稳定性明显增强；MP 在油—水界面的吸附含量显著上升（$P<0.05$），特别是增强了肌球蛋白与肌动蛋白在油—水界面的吸附；油—水界面张力值显著下降。超声波处理 6min 后的 MP 所形成的乳液在频率扫描和温度扫描两种模式下，其储能模量（G'）明显上升。以上表明，超声波通过促进 MP 在油—水界面的吸附提高 MP 的乳化特性，增强 MP 乳液的流变学特性。

（2）超声波处理破坏了 MP 的天然结构，改变了 MP 的理化性质，导致蛋白质表面活性基团增多，有利于 MP 乳化特性的提高。超声波处理 6min 显著增加了鸡肉 MP 的溶解度和 Zeta-电位的绝对值，显著降低了浊度和粒径。表明超声波处理改变了鸡肉 MP 的理化性质；活性巯基含量、表面疏水性显著上升，内源性荧光最大吸收波长发生红移且荧光强度上升，这说明 MP 结构展开，并暴露出更多的巯基基团、疏水基团和发色基团；MP 二级结构中 α-螺旋含量的下降，β-折叠和无规则卷曲结构含量上升，这说明了 MP 的结构由有序结构向无序结构转变，原子力显微镜观察到 MP 的 *Rpm* 值（平均最大高度）、*Ra* 值

（表面平均粗糙度）和 *Rq* 值（表面粗糙度的均方根）显著降低（$P<0.05$），表明超声处理破坏了蛋白质的 α-螺旋结构，使蛋白质变得疏松，高度下降，表面更加光滑。说明 MP 的天然结构被超声波破坏，更多活性基团暴露。

（3）在不同的 NaCl 含量下，MP 表现出来的乳化活性与乳化稳定性是不同的，在较低的 NaCl 含量下，MP 的乳化活性与乳化稳定性较差。表现为乳液粒径较大，乳液贮藏稳定性差。随 NaCl 含量的增加，肌原纤维蛋白的乳化性和乳化稳定性呈上升趋势。乳液粒径减小，贮藏稳定性得到提高。经超声波处理 9min 后，改善了低盐条件下 MP 的溶解度、乳化活性与乳化稳定性，增强了低盐条件下肌原纤维蛋白乳液的 Zeta-电位和贮藏稳定性，显著降低了肌原纤维蛋白乳液的粒径（$P<0.05$）。这说明超声波改善了低盐添加下鸡肉 MP 的乳化特性。在 0.3mol/L 和 0.5mol/L NaCl 含量中，MP 经超声波处理 9min 后，其在油—水界面的张力明显下降；肌动蛋白与肌球蛋白的吸附能力明显增强。这表明超声波处理 MP 可促进低盐条件下 MP 在油—水界面的吸附。MP 在界面乳化层中，α-螺旋和 β-折叠结构含量显著上升，无规则卷曲结构含量显著下降（$P<0.05$）。这表明 MP 在界面乳化层中由无序结构向有序结构转变。这些结构的变化有利于 MP 在油—水界面形成致密的蛋白质膜，增强 MP 在低盐条件下的乳化能力。

第 8 章　超声波处理对低盐肌原纤维蛋白乳化特性的影响

随着生活水平的提高，消费者对健康食品的要求在逐渐提高，对于食品中盐的含量也越来越关心。近年来，中国肉类协会向肉品加工行业提出了降盐的倡议。所以，未来肉制品加工行业会向着低盐化方向发展。对于肌原纤维蛋白，其本身属于盐溶性蛋白质，正常盐条件下（0.34~0.68mol/L）具有良好的溶解性，可以满足肉品深加工的需求。但在低盐条件下（0.03~0.2mol/L）以及水溶液中，蛋白质溶解度低，易聚集成纤维丝。尤其是在低盐条件下，其功能性基团会由于蛋白质的聚集而被掩埋在内部，会表现出较差的理化性质和功能特性：如 MP 的乳化性、溶解性等。这种现象在很大程度上限制了 MP 在加工上的利用率。为有效解决上述问题，以鸡肉 MP 为对象，应用高强度超声波技术，探究不同时间超声处理改善低盐条件下 MP 乳化特性的潜在机制以及延长超声时间产生自由基对 MP 氧化作用进行评估。首先，研究了超声波处理对低盐条件下 MP 乳液稳定性的影响；其次，研究了超声波处理下低盐条件下 MP 结构和物理稳定性之间的关系；最后，研究了高强度超声波产生自由基对在低离子强度下 MP 氧化作用的影响，为超声波技术在低盐肉品工业上的应用提供理论支持。

8.1　低盐条件下超声处理对鸡肉肌原纤维蛋白的乳液稳定性影响

本研究主要探讨延长超声时间（0、3min、6min、9min、12min）对低盐条件下（0.15mol/L）鸡肉 MP 的乳化性和乳液流变性质的影响，分析乳液的粒径分布、电位、微观结构和油—水界面性质特征等，以期为低盐条件下鸡肉 MP 超声波加工的应用提供理论依据。

8.1.1 超声波处理的MP的*EAI*和*ESI*结果分析

EAI、*ESI*是用来表征蛋白质乳化特性的重要指标，反应蛋白质稳定整个乳化体系的能力。其中，*EAI*代表蛋白质在油水界面的吸附能力；*ESI*代表一定时间内，蛋白质维持乳液分散体系稳定的能力。不同超声波处理时间对低钠条件下MP的*EAI*、*ESI*影响如图8-1所示。随超声处理时间的增加，*EAI*显著增加（$P<0.05$）。超声波处理12min的MP的*EAI*达到最大值（38.68±0.04）m^2/g，相比未经超声波处理组（22.00±0.02）m^2/g，*EAI*值增加了75.82%。这说明延长超声波处理时间可以增加低钠条件下MP在油—水界面的吸附能力，增强MP—油和MP—MP之间的相互作用，改善了低盐条件下MP的乳化活性。*ESI*的变化趋势与*EAI*一致，随超声波处理时间的增加而显著增大（$P<0.05$）。与未超声波处理组（10.67±0.01）min相比，超声处理12min的MP的*ESI*达到最大（87.44±0.24）min，增加了约7倍，说明超声波处理可以显著改善低盐条件下MP的乳化稳定性。Amiri等发现，在不同的超声功率处理下（20kHz，100~300W，时间10min、20min、30min），牛肉MP的*EAI*和*ESI*均增加。刁小琴等研究也发现超声波处理（0~200W）可以改善猪肉MP的乳化活性和乳化稳定性，这些结果与此研究类似。前期研究发现超声波处理（20kHz、450W，0、3min、6min）有效改善了正常NaCl浓度条件下（0.6mol/L）MP的*EAI*和*ESI*。在本研究中，低盐条件下延长超声波处理时间至12min，有效改善MP的*ESI*，明显高于前期发现的正常盐条件下MP的*ESI*。因此，延长超声波时间能够显著改善（$P<0.05$）低钠条件下MP的乳化特性。

8.1.2 MP乳液不稳定指数（*TSI*）结果分析

*TSI*是用来衡量分散体系不稳定性的重要指标，*TSI*的值和斜率越大，表明整个体系的变化越大，稳定性随之越差。不同超声时间对低盐条件下MP乳液*TSI*的影响如图8-2所示。在乳液放置3600s的过程中，未超声处理的MP乳液*TSI*从0增加到2.63。随超声处理时间延长至12min，MP乳液的*TSI*依次减小。超声处理12min MP的乳液*TSI*从0增加到1.63，*TSI*和斜率均为最小，这说明超声波处理有效改善了MP制备乳液的稳定性。同时，这一结果也与*EAI*、*ESI*的变化相对应。Liu等的研究也证实了不同功

率超声处理低离子强度下猪 MP 可明显改善其乳化稳定性；Fu 等研究不同功率超声处理（20kHz，100~600W，10min）对无 NaCl 条件下鸡 MP *TSI* 的影响，发现与未超声处理相比，不同超声功率处理的无盐 MP 乳液物理稳定性显著增强。

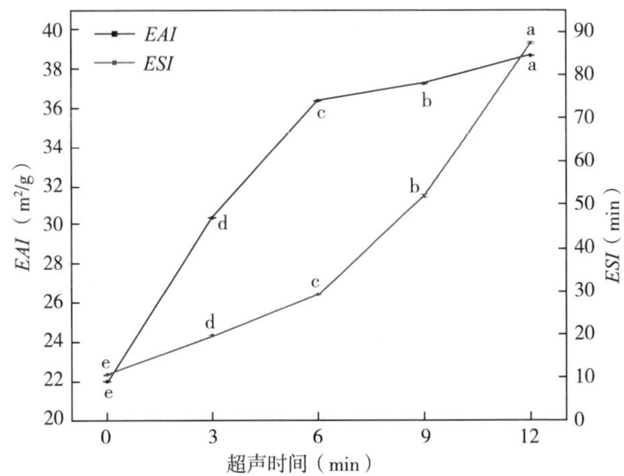

图 8-1　低盐条件下超声波处理的 MP 的 *EAI* 和 *ESI* 的变化

注　a~e：不同字母代表差异显著（$P<0.05$）。

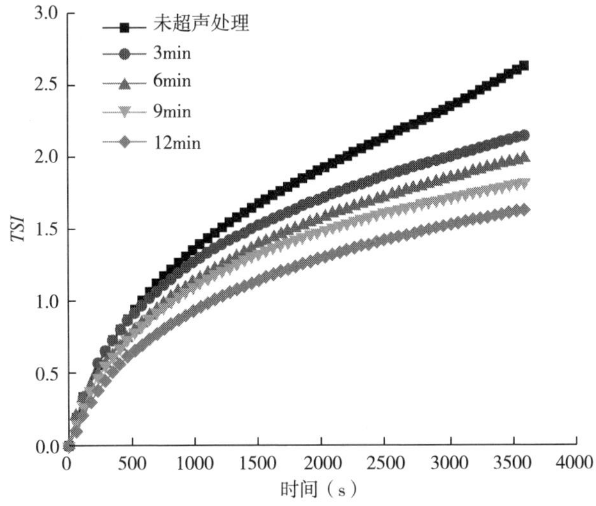

图 8-2　不同超声波处理时间对低盐条件下 MP 乳液 *TSI* 的影响

8.1.3 MP 乳液粒径分布及大小、Zeta-电位和液滴微观的结果分析

超声处理对低盐条件下 MP 乳液粒径分布的影响如图 8-3 所示。超声波处理提高了 MP 乳液液滴分布的均匀性。未超声和超声处理组的 MP 乳液均表现为双峰分布，但经超声处理后的乳液双峰逐渐向小粒径分布范围移动，而且小粒径范围内（1~5μm）的乳液液滴占比呈现出增加的趋势。当超声处理由 9min 延长至 12min 时，MP 乳液粒径分布未见明显差异。如表 8-1 所示，与未超声处理组相比，超声波处理显著降低了 MP 乳液的粒径（$P<0.05$）。超声处理 12min 时，MP 乳液的平均粒径达到最小（11.98±0.03）μm，相比超声 9min 时的粒径并未有显著差异（$P>0.05$）。粒径分布及大小可用来表示蛋白质或乳滴的聚集程度，在乳液生产工艺中，是影响乳液稳定性的重要参数。以上结果表明超声波处理 MP 的乳液粒径减小且分布均匀，有助于增加乳液稳定性。Liu 等通过超声处理蛋白质制备乳液，其结果也显示乳液粒径减小且均匀性提高能够促进乳液稳定。而乳液粒径降低的原因是高强度超声的空化作用产生了机械力和剪切作用，打散了低 NaCl 条件下肌球蛋白的粗丝结构，使 MP 的粒径显著降低且分布更加均匀。Tang 等的研究发现高强度超声处理（20kHz，时间 3min、6min、9min）可以使低 NaCl 浓度（0.1~0.3mol/L NaCl）下罗非鱼肌动球蛋白的粒径分布更为均一。本研究中超声处理 12min 时，粒径与超声处理 9min 未有显著性差异（$P>0.05$），可能是此时超声 9min 对低盐 MP 的物理作用达到一定程度，很难进一步展开 MP 的结构。

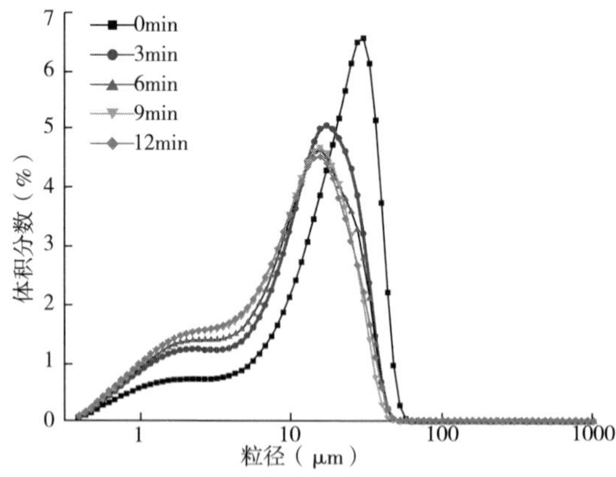

图 8-3 低盐条件下不同超声波时间处理 MP 制备的乳液的粒径分布变化

表 8-1　超声波处理 MP 制备乳液的平均粒径和 Zeta-电位变化

处理时间（min）	粒径（μm）	Zeta-电位（mV）
0	20. 67±0. 21[a]	-4. 31±0. 14[d]
3	14. 18±0. 06[b]	-7. 94±0. 81[c]
6	13. 04±0. 12[c]	-8. 68±0. 33[cd]
9	12. 02±0. 03[d]	-9. 44±0. 19[ab]
12	11. 98±0. 03[d]	-10. 07±0. 50[a]

注　a~d 同列不同字母代表差异显著（P<0. 05）。

8. 1. 4　MP 乳液的 Zeta-电位

Zeta-电位能反应乳液分散体系中蛋白质颗粒间的静电相互作用。通常电位的绝对值越大，说明液滴之间的静电斥力越强，有利于整个体系的稳定。表 8-1 也显示了超声处理对低盐条件下 MP 乳液 Zeta-电位的影响。所有组 MP 乳液的电位均为负值，未超声时 MP 乳液电位为（-4. 31±0. 14）mV，延长超声波处理时间可显著减小 MP 乳液的 Zeta-电位（P<0. 05），即增加 MP 乳液 Zeta-电位的绝对值。超声处理 12min MP 乳液电位绝对值增加至（-10. 07±0. 50）mV，而与超声 9min 时的 Zeta-电位无显著性差异（P>0. 05），与粒径变化趋势类似。超声处理可以展开 MP 的内部结构，在 MP 表面暴露更多带负电的氨基酸，增加了 MP 制备成乳液后乳液液滴之间的静电斥力，有利于乳液的稳定性。Wang 等研究表明乳液液滴表面负电荷密度增加，可增大两液滴之间的静电斥力，乳液 *TSI* 明显减小，表明乳液体系更加稳定。

8. 1. 5　MP 乳液液滴的微观结构

图 8-4 显示了低盐条件下超声波处理 MP 所制备的乳液微观结构。未超声处理的 MP 制备的乳液液滴很大且分布不均。较大油滴的出现不利于乳液的稳定且容易造成油滴聚集。与未超声处理组相比，超声后的 MP 乳液液滴明显变小。随超声时间的增加，乳液液滴逐渐减小，尤其是超声 9min 和 12min 时液滴不仅小且分布均匀。这与粒径分布和大小的变化结果一致。这

些结果表明，超声处理后平均粒径和蛋白质聚集减少，有助于 MP 在油水界面的吸附，尤其超声处理 9min 和 12min 促进了更小油滴的形成和更均匀的分布，从而使乳液具有更好的稳定能力。Zhao 等使用光学显微镜观察了由鸡蛋分离白稳定的乳液的油滴大小和分布，发现较小的粒径和均匀的分散有助于乳液的稳定。Fu 等也通过光学显微镜观察到不同超声功率处理鸡 MP 的乳液油滴分布，与对照组相比，超声处理减小了油滴尺寸并提高了乳液的均匀性。

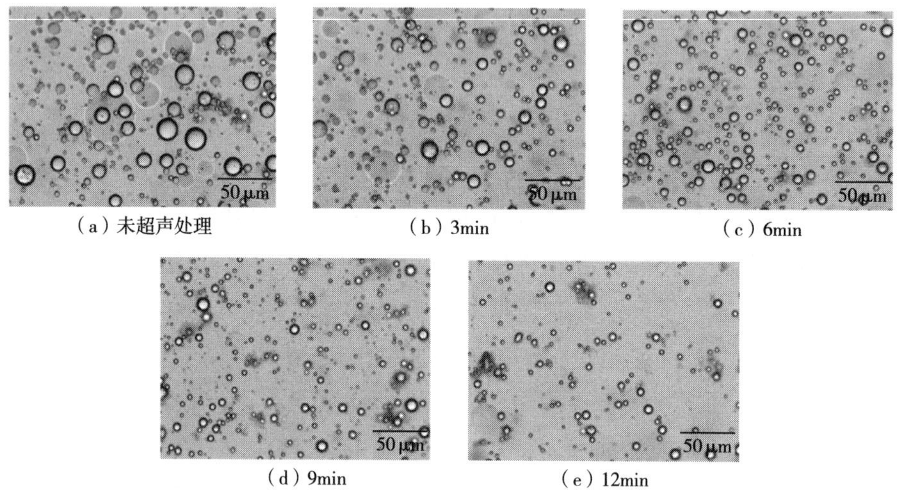

（a）未超声处理　（b）3min　（c）6min

（d）9min　（e）12min

图 8-4　低盐条件下不同超声波处理时间的 MP 稳定乳液的液滴微观结构

8. 1. 6　MP 乳液角频率扫描结果

低盐条件下超声波处理 MP 的乳液储能模量（G'）和耗能模量（G''）随角频率变化的曲线如图 8-5 所示。所有组 MP 乳液的 G' 均高于 G''，且未发生交叉现象，这表明乳液结构有序且富有弹性。所有乳液的 G' 和 G'' 随角频率的增加未发现明显变化，说明 MP 乳液的 G' 和 G'' 对频率没有依赖性。与未超声波处理组相比，超声处理 MP 的乳液 G' 和 G'' 均高于未处理组，超声处理 12min 时 MP 乳液 G' 和 G'' 均为最大，这表明超声处理 MP 可以明显增强乳液的黏弹性，有助于提高乳液的稳定性。MP 乳液黏弹性的变化趋势与先前的 *TSI*、*EAI*、*ESI* 结果一致。超声处理减小了乳液的粒径，使更多的蛋白质颗粒吸附到油—水界面上并呈现出弱凝胶模型，这种弱相互作用确保了乳液的稳定性，

从而增加了乳液的 G'。这与 Diao 等的研究结果相一致，他们发现在 MP 制得的乳液中，G'的值总是高于 G''，并认为 G'的增加很可能与液滴和蛋白质之间的相互作用有关。Zhao 等也报道了乳状液的 G'远高于 G''，表明形成了有序的弹性凝胶结构。

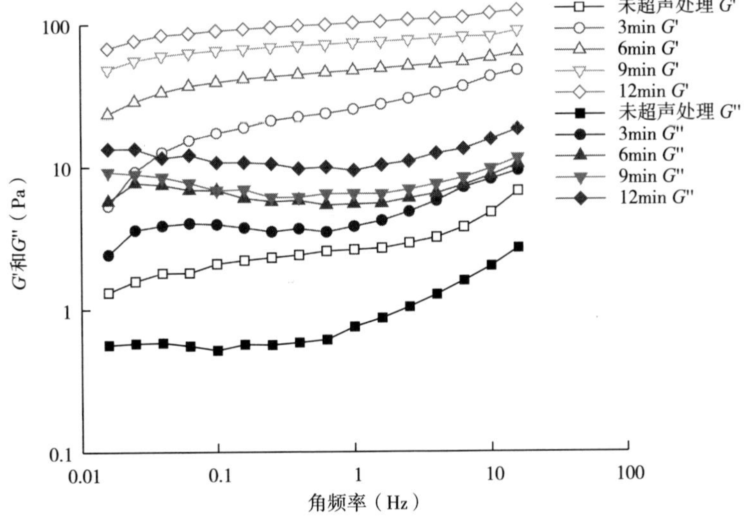

图 8-5　超声波处理时间对低盐条件下 MP 乳液角频率的影响

8.1.7　MP 乳液表观黏度扫描结果

超声处理低盐条件下 MP 对其乳液表观黏度的影响如图 8-6 所示。所有组 MP 乳液样品的表观黏度均随剪切速率的增加先迅速降低，后缓慢降低，这一行为称为流体假塑性。与未超声波处理组相比，超声波处理 MP 的乳液表观黏度明显增大，并随超声处理时间的延长，表观黏度进一步升高，在超声处理 12min 时 MP 乳液的表观黏度最大。根据 Stoke 定律，较大的乳液体系黏度可以减缓液滴上浮的速率，有利于乳化体系的稳定。另外，由前期的研究结果可以确定，随超声时间的增加，MP 乳液粒径逐渐减小，乳液体系中液滴数目随之增加，液滴间进入相互吸引区域的机会增大，导致乳液位移困难。因此，MP 乳液黏度增大，*TSI* 降低，表明超声处理可促进低盐条件下 MP 乳液稳定性的改善。Li、Fu 等的研究也表明超声处理可改善 MP 乳液的弹性性能并增加乳液表观黏度。

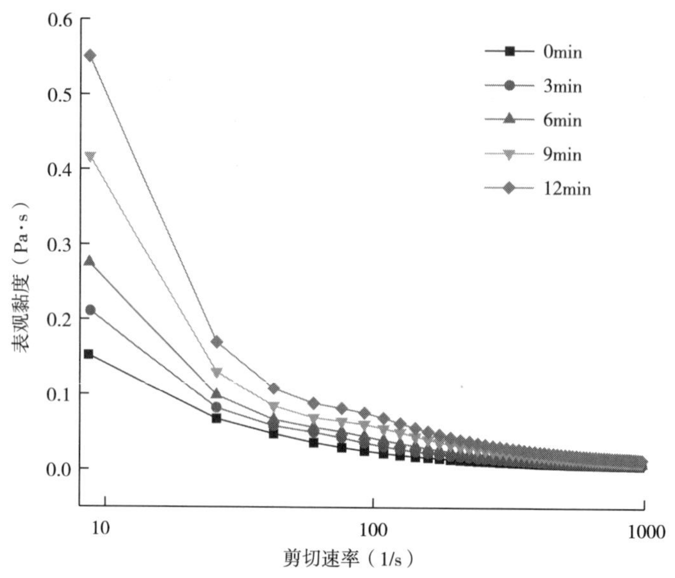

图 8-6　超声波处理时间对低盐条件下 MP 乳液表观黏度的影响

8.1.8　MP 乳液的界面张力结果分析

图 8-7 显示了低盐条件下超声波处理对 MP 的油—水界面张力的影响。所有组的 MP 的油—水界面张力均随时间延长而降低，说明 MP 是良好的乳化剂，可有效作用于油—水界面，促进形成稳定的乳液，是潜在的乳液系统的营养输送蛋白质基质。与未超声波处理组相比，超声处理的 MP 界面张力逐渐降低，尤其是超声波处理 12min 时 MP 的油—水界面张力最低。这与 O'Sullivan 等采用超声处理（频率 20kHz，功率强度 $34W/cm^2$，时间 2min）植物蛋白（豌豆分离蛋白、大豆分离蛋白）的研究结果相似。他们发现超声波处理植物蛋白可以显著降低蛋白质溶液与植物油的界面张力（$P<0.05$），提高蛋白质的乳化稳定性。前期研究证实超声处理使蛋白质粒径减小，增加 MP 的移动性和灵活性，提高蛋白质在油—水界面的吸附能力，有利于乳液稳定。因此在低 NaCl 条件下，通过延长超声处理时间减小 MP 粒径进而使 MP 乳液的粒径显著减小（$P<0.05$），有利于 MP 从水相向油滴表面扩散，在油—水界面发挥稳定作用，并使 MP 界面张力降低。

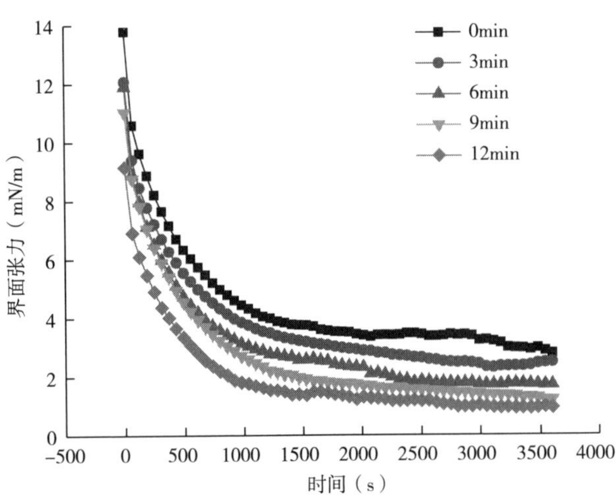

图 8-7　不同超声波处理时间对低盐条件下 MP 的油—水界面张力的影响

8.1.9　MP 乳液吸附蛋白质和未吸附蛋白质含量的分析

吸附蛋白质的含量决定了界面层的形成情况，是形成稳定乳液的先决条件，因为它可以降低界面张力，同时在相邻液滴之间提供额外的阻力。超声处理对低盐条件下 MP 乳液吸附蛋白质和未吸附蛋白质含量的影响如图 8-8 所示。随超声处理时间的延长，未吸附蛋白质含量逐渐降低，吸附蛋白质含量对应升高，各处理组间均有显著性差异（$P<0.05$）。其中，未经超声处理的 MP 乳液中，未吸附蛋白质含量高达 49.37%，当超声处理 12min 时，未吸附蛋白质含量下降至 7.25%，是所有样品中最低的。上述结果说明超声处理可以显著降低 MP 乳液中未吸附蛋白质的含量（$P<0.05$），使吸附蛋白质的含量显著提升（$P<0.05$）。MP 在乳化体系中充当乳化剂，吸附蛋白质含量升高说明吸附在油滴表面的蛋白质含量增加，乳化体系更加稳定。这一现象的产生是由于超声处理减小了 MP 乳液的粒径，聚集的 MP 结构逐渐打开；暴露更多带负电的氨基酸，增大液滴间的静电斥力；同时，MP 的界面张力下降，促进了 MP 在油—水界面的扩散并有助于油滴均匀分布。故乳液 *EAI*、*ESI* 均有明显提高。Lu 等也报道了较高的吸附蛋白质含量有助于乳液稳定，MP 负电荷增加，油滴间的静电排斥力增强，有利于 MP 吸附到油—水界面并保持稳定。

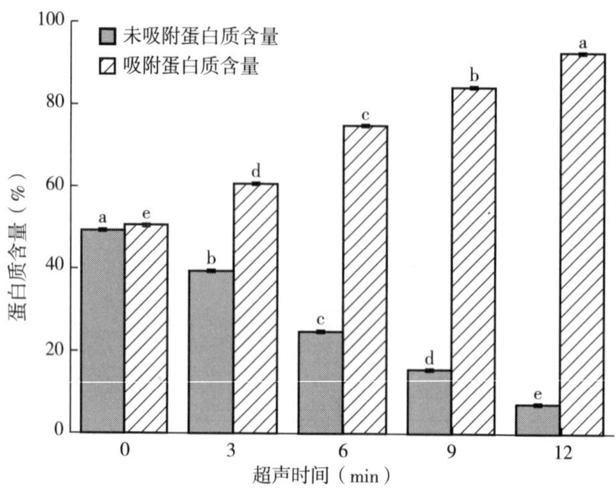

图 8-8 超声波处理时间对低盐条件下 MP 乳液吸附蛋白质和未吸附蛋白质含量的影响

8.1.10 MP 乳液的微观结构分析

通过冷场扫描电子显微镜观察到超声处理对低盐 MP 乳液微观结构的影响（图 8-9）。球形和椭圆形代表油滴，架桥代表蛋白质。未经超声处理的 MP 乳液油滴颗粒较大，并呈现出架桥絮凝现象。随超声处理时间的延长，MP 乳液油滴逐渐减小且油滴间距增大，架桥絮凝现象减弱。超声处理超过 6min 时，架桥絮凝情况明显减弱，超声处理 12min 时，观察到的乳液油滴最小，这一结果与粒径大小和光学显微镜的结果一致。从图 8-9 中可以看出，油滴表面被蛋白质包裹，证明该乳液为水包油型。Wang 等也通过冷场扫描电子显微镜观察到玉米纤维胶和壳聚糖制备的乳液油滴减小，这种情况有助于乳液稳定。

以上研究表明，与对照组相比，随超声波处理时间的延长，MP 的乳化活性和乳液稳定性显著增加（P<0.05），MP 所制备乳液的 Turbiscan 稳定性指数和粒径随超声波处理时间的增加显著减小（P<0.05），且乳液油滴分布均匀，乳液电位的绝对值显著增加（P<0.05）。乳液的流变学特性表明超声波明显提高了 MP 乳液的黏弹性。MP 的油—水界面张力显示超声波处理有效增强了肌原纤维蛋白的移动性，使界面张力迅速降低，同时超声波处理显著增加了 MP 乳液吸附蛋白质的浓度（P<0.05），这表明超声处理 MP 有助于稳定

乳液。冷场扫描电镜观察结果进一步证实了超声处理 12min 的 MP 所制备的乳液液滴最小。综上，超声波可有效提高低盐条件下 MP 的乳液稳定性，为超声波处理在减盐乳化型肉制品中的应用提供理论参考。

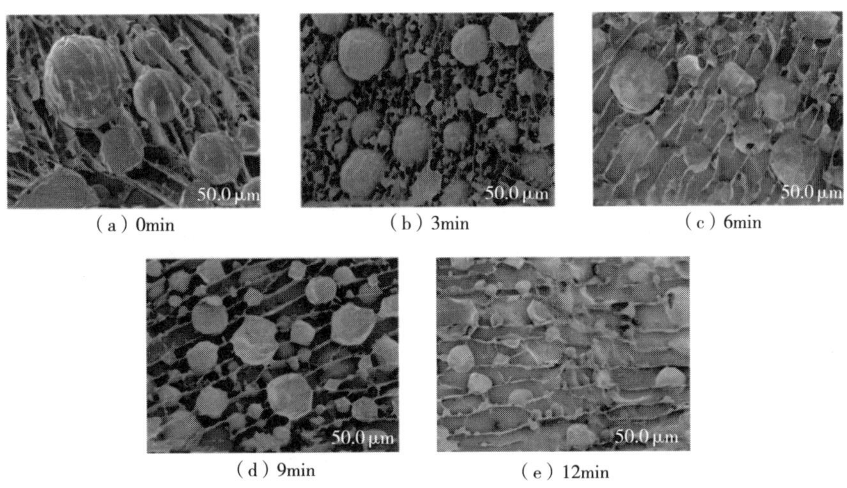

(a) 0min　(b) 3min　(c) 6min　(d) 9min　(e) 12min

图 8-9　超声波处理时间对低盐条件下 MP 乳液微观结构的影响

8.2　超声波处理对低盐鸡肉肌原纤维蛋白结构和物理稳定性的影响

在上一节的研究中已经证实，高强度超声波可以降低低盐条件下 MP 乳液的平均粒径，提高 MP 在低盐条件下的乳化稳定性。前人的报告也表明，超声波处理有效地提高了正常盐条件下（0.34~0.68mol/L NaCl）MP 乳液的物理稳定性，增加了 MP 的溶解性。然而，关于不同超声时间对低盐条件下（0.15mol/L NaCl）鸡肉 MP 溶液物理稳定性以及结构的影响的文献十分有限。同时，超声处理对低盐条件下鸡肉 MP 溶液的增溶机制也尚不明确。因此，本研究旨在通过测量低盐条件下鸡肉 MP 溶液的溶解度、物理稳定性、平均粒径、电位、结构变化和显微图像来探究超声处理对低盐 MP 溶液物理稳定性的作用机制。

8.2.1 超声处理时间对低盐条件下 MP 粒径和电位的影响

超声处理对低盐条件下 MP 粒径、电位大小的影响如图 8-10 所示。随处理时间的延长，超声处理显著降低了低盐条件下 MP 液滴的平均粒径（$P<0.05$），且 MP 电位的绝对值明显增加。图 8-10（a）显示，未经超声的 MP 平均粒径为 3564.33nm，而超声处理 12min 时，MP 的平均粒径降为 952.97nm，粒径大幅度减小说明 MP 的聚集程度显著降低。Liu 等研究发现不同功率超声处理（20kHz，功率 0~600W，15min）可以使纯水中猪 MP 的粒径显著减小（$P<0.05$）。Zou 等认为超声处理可以提供强物理力来减小鸭肝分离蛋白质悬浮液的粒径。因此，超声处理是一种有效的物理改性方法，可以破坏聚合物的有序结构，从而大大降低低盐条件下 MP 溶液的粒径。同时，图 8-10（b）中超声处理 12min 时 MP 电位的绝对值为 17mV，相比未超声组的电位绝对值（8.99mV）有显著增加，与粒径变化趋势类似。上述结果可归因于超声提供的机械力导致 MP 破裂或解聚，进而引起 MP 内部结构发生改变。因此，更多原本位于蛋白质内部的极性基团可能暴露在悬浮颗粒表面，这使水相 MP 悬浮液具有更高的净电荷。一方面，MP 电位绝对值越高，静电斥力越大，相邻悬浮粒子之间的距离越大。悬浮粒子之间的静电斥力会更强，从而更好地对抗不稳定聚集。另一方面，额外的静电斥力可抑制 MP 自组装。这一结果也与前期结论一致。

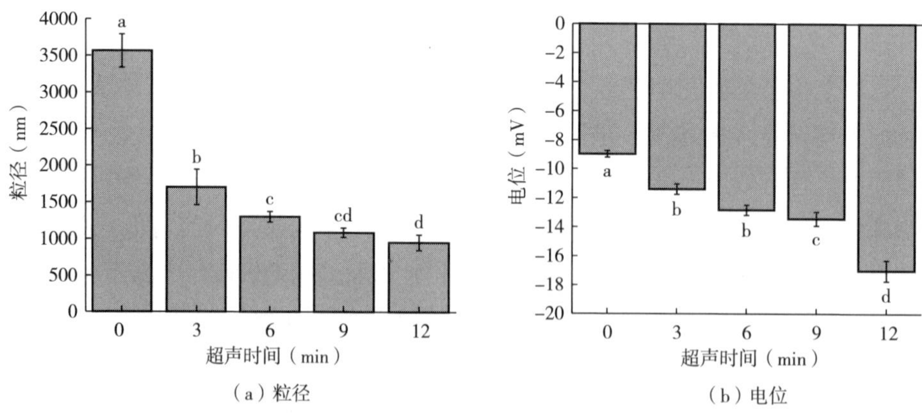

（a）粒径

（b）电位

图 8-10 超声波处理时间对低盐条件下肌原纤维蛋白粒径和电位的影响

注 不同小写字母代表差异显著（$P<0.05$）。

8. 2. 2　超声处理时间对低盐条件下 MP 溶解度和宏观稳定性的影响

8. 2. 2. 1　超声处理时间对低盐条件下 MP 溶解度的影响

溶解度是蛋白质最重要的理化性质之一，直接影响着蛋白质的功能性质。蛋白质的溶解度越高，往往更容易得到理化特性更好的产品，更加符合消费者对食品品质的要求。图 8-11 展示了不同超声处理时间对低盐条件下 MP 溶解度的影响。超声波处理显著提高 MP 在低盐条件下的溶解度（$P<0.05$）。未超声时 MP 的溶解度为 5. 44%，延长超声处理时间至 12min 时，MP 的溶解度增加至 58. 5%，相比未经超声波处理组溶解度增加了 53. 06%。这一结果与前期的研究一致。低盐条件下 MP 的溶解度主要取决于盐溶性蛋白质肌球蛋白的性质。在低盐环境下，相邻的肌球蛋白单体通过尾部的静电吸引，有规律地堆积和盘绕，形成有序的大颗粒自组装丝状结构，导致 MP 不溶。因此，我们推测超声处理通过空化作用提供了强烈的物理力，破坏了高度有序的丝状肌球蛋白结构，降低了 MP 的粒径并暴露出更多负电荷。由于粒径的减小，MP 颗粒比面积的增加可能会增加水—MP 相互作用的能力，导致 MP 的水溶性增加。同时，静电斥力的增强也阻碍了蛋白质的聚集，有利于溶解度增加。

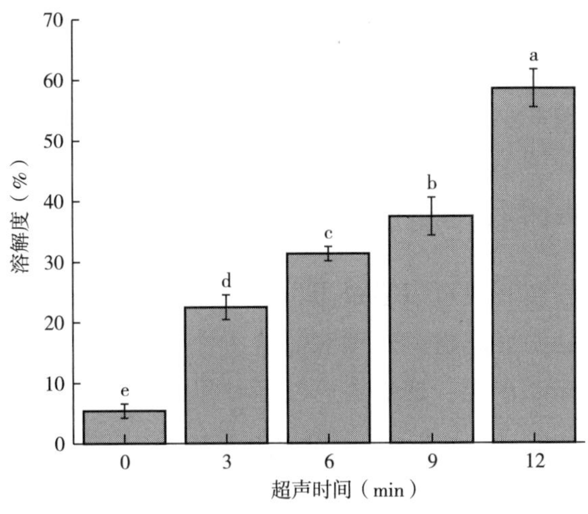

图 8-11　超声波处理时间对低盐条件下肌原纤维蛋白溶解度的影响

8. 2. 2. 2　超声处理时间对低盐条件下 MP 宏观稳定性的影响

为检验低盐条件下 MP 溶液的稳定性，在 4℃条件下保存 3 天后，观察不同超声时间处理过的 MP 水悬浮液的变化，如图 8-12 所示。未经超声处理的 MP 溶液显示出蛋白质沉淀和明显的相分离，这表明原生 MP 在低盐条件下的不稳定性。随超声处理时间的延长，低盐条件下 MP 悬浮液的稳定性逐渐得到了改善，特别是超声处理 9min 和 12min 的样品，整个悬浮液呈均匀的白色外观。这一现象与溶解度结果也是一致的。Han 等也发现，超声结合糖基化处理猪 MP，猪 MP 在水中的稳定性明显增加。

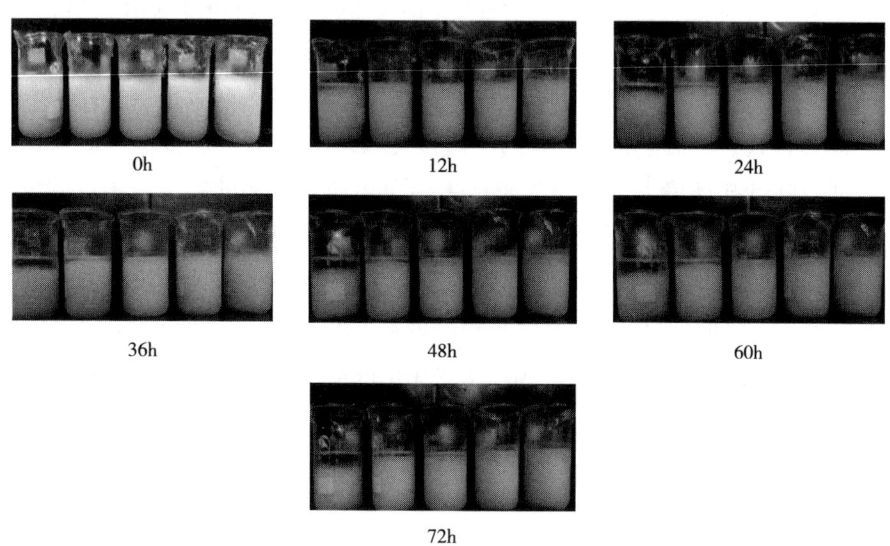

图 8-12　超声波处理时间对低盐条件下肌原纤维蛋白溶液稳定性的影响

8.2.3　超声处理时间对低盐条件下 MP 浊度和分散性的影响

蛋白质聚集程度一般可以通过蛋白质溶液的浊度来反映，浊度值越高，说明蛋白质聚集越明显。超声处理对低盐条件下 MP 浊度的影响如图 8-13（a）所示。相比未超声组，延长超声处理时间可以显著降低低盐条件下 MP 的浊度（$P<0.05$）。结合图 8-11 溶解度的变化趋势，高溶解度对应低浊度，这一结论与前人研究一致。同时，图 8-13（b）进一步验证了超声处理可以有效提高低盐条件下 MP 溶液的分散性。未经超声处理的 MP 溶解性极差，整个体系因丝状聚合物大量存在而变得浑浊。随超声处理时间的延长，絮状物含量逐渐减少，MP 溶解度增加，浊度下降，分散性明显提高。认为低盐条件下 MP 中的肌球蛋白通过尾部静电吸引而堆积盘绕，形成溶解性差的大颗粒

聚合物。一方面，超声处理通过物理作用破坏了肌球蛋白的聚合结构，减小了 MP 的粒径；另一方面，超声的机械作用使原本埋藏在 MP 内部的负电荷也暴露在表面，静电斥力的增强也有利于 MP 溶液的稳定。因此，超声处理可有效抑制低盐条件下 MP 的聚集。

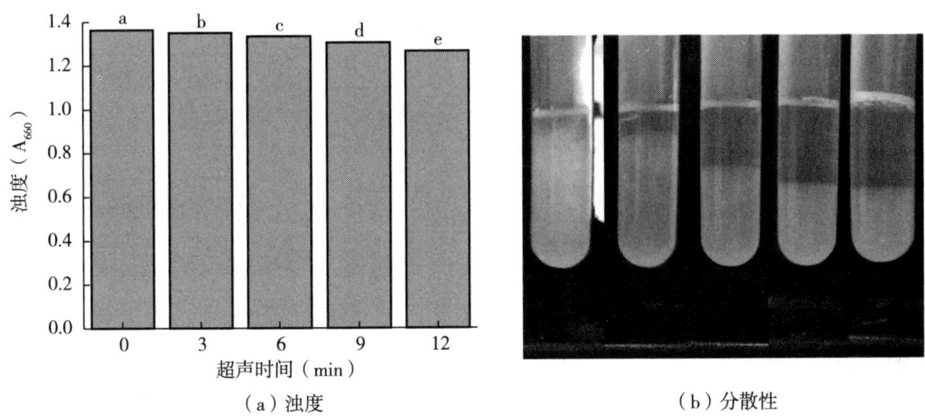

（a）浊度　　（b）分散性

图 8-13　超声波处理时间对低盐条件下肌原纤维蛋白浊度和分散性的影响

注　不同字母表示差异显著（P<0.05）。

8.2.4　超声处理时间对低盐条件下 MP SDS—PAGE 图谱的影响

采用十二烷基硫酸钠—聚丙烯酰胺凝胶电泳法分析了不同超声时间处理对低盐条件下 MP 蛋白质组成的影响。如图 8-14 所示，所有样品溶液在还原条件和非还原条件下都显示出典型的 MP 蛋白质图谱，包括肌球蛋白重链、肌动蛋白、原肌球蛋白等。在还原和非还原条件下，与未超声组相比，超声处理的蛋白质样品的主要条带组成没有发生明显变化，即延长超声处理时间并未对低盐条件下 MP 的电泳条带组成产生明显影响。但在还原和非还原条件下，我们均可观察到肌球蛋白重链条带强度逐渐减弱，分子质量在 50kDa 处的条带强度明显增加。上述结果说明超声处理使肌球蛋白重链降解成更小的分子。这可归因于超声的动态剪切作用。

8.2.5　超声处理时间对低盐条件下 MP 二级结构的影响

圆二色谱是反映蛋白质二级结构变化的重要指标，与蛋白质乳化性能等

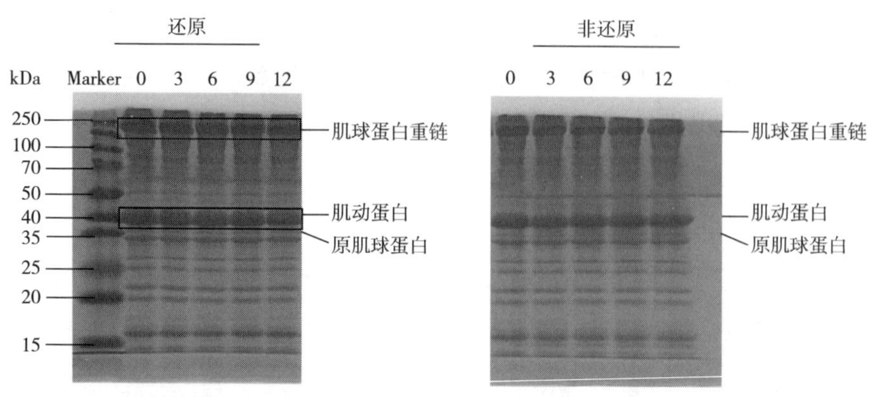

图 8-14 超声波处理低盐条件下肌原纤维蛋白 SDS-PAGE 图谱

密切相关。超声处理对低盐条件下 MP 二级结构含量的影响如表 8-2 所示。与未超声组相比，超声处理 3min 可显著增加 α-螺旋和无规则卷曲的含量，降低 β-折叠和 β-转角的含量（$P<0.05$），但当超声处理超过 3min 时，超声组之间未见显著差别。氢键负责 α-螺旋结构的稳定，α-螺旋含量增加说明氢键含量增加；β-折叠含量与蛋白质疏水性有关，其含量降低表明低盐条件下 MP 分子内部的疏水性位点暴露程度增大，疏水性有所增强；β-转角通常与高度有序的蛋白质结构有关，无规则卷曲结构被描述为典型的柔性和开放结构，因此，低盐条件下的 MP 经超声处理后，由高度有序结构向无序结构转变。但超声处理对低盐条件下 MP 二级结构的影响十分有限，所以导致各超声组间没有显著性差异（$P>0.05$）。

表 8-2 超声波处理时间对低盐条件下肌原纤维蛋白二级结构的影响

超声时间（min）	α-螺旋（%）	β-折叠（%）	β-转角（%）	无规则卷曲（%）
0	17.00 ± 0.001^{b}	54.70 ± 0.008^{a}	21.35 ± 0.0005^{a}	45.35 ± 0.0007^{b}
3	17.27 ± 0.001^{a}	52.63 ± 0.002^{b}	21.07 ± 0.0003^{b}	45.97 ± 0.0020^{a}
6	17.20 ± 0.001^{a}	53.00 ± 0.002^{b}	21.17 ± 0.0003^{b}	45.83 ± 0.0015^{a}
9	17.30 ± 0.001^{a}	52.63 ± 0.003^{b}	21.10 ± 0.0003^{b}	45.77 ± 0.0015^{a}
12	17.27 ± 0.001^{a}	52.83 ± 0.004^{b}	21.13 ± 0.0003^{b}	45.77 ± 0.0005^{a}

注 同列不同小写字母代表差异显著（$P<0.05$）。

8.2.6 超声处理时间对低盐条件下 MP 表面疏水性的影响

表面疏水性是蛋白质维持内部结构的一个重要指标，反映蛋白质中暴露的疏水氨基酸残基的含量，与蛋白质的凝胶性、乳化性和起泡性等功能特性密切相关。图 8-15 展示了超声处理对低盐条件下肌原纤维蛋白表面疏水性的影响，所有超声处理样品的表面疏水性均显著高于未超声组（$P<0.05$）。未经超声处理时，MP 的溴酚蓝结合量为 16.05μg，超声 12min 时 MP 的溴酚蓝结合量达到 28.68μg。蛋白质表面的疏水性由与非极性水环境接触的表面疏水基团的数量决定。因此，观察到的表面疏水性的增加可能是由于大聚集体在超声物理作用下解聚，内部疏水基团暴露在表面；另外，一些原本纳入可溶性蛋白质表面的疏水基团的迁移也导致了表面疏水性的增加。这些疏水基团增加了蛋白质分子在界面上的通量、碰撞、重排和吸附。疏水性的增加有利于形成更稳定和更坚硬的薄膜，从而改善蛋白质的乳化特性。

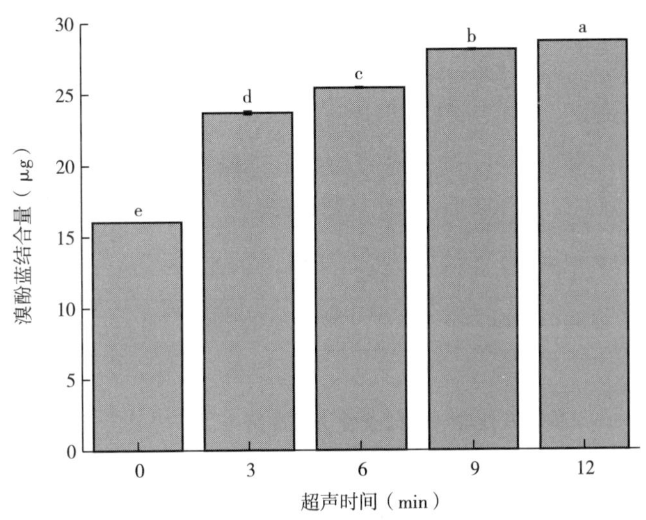

图 8-15　超声波处理对低盐条件下肌原纤维蛋白表面疏水性的影响

8.2.7　超声波处理时间对低盐条件下 MP 内源性荧光光谱的影响

内源荧光光谱通过测定色氨酸残基及其微环境的极性来表征蛋白质内部结构的变化。超声波处理对低盐条件下 MP 内源荧光性的影响如图 8-16 所示。与未超声组相比，经超声处理的 MP 在最大发射波长和最大荧光强度方面表现出明显变化。随超声时间从 0 增加到 12min，低盐条件下 MP 的最大发射波长从336.8nm增加到338nm（红移）；最大荧光强度从4179增加到5809。色氨酸主要位于蛋白质的疏水环境内，并表现出高荧光强度。低盐条件下，随超声时间的延长MP的最大发射波长出现轻微红移，这是因为超声处理使MP内部结构展开，使更多的芳香族氨基酸暴露在蛋白质表面。因此，超声处理使MP暴露了更多的疏水基团，从而增加了蛋白质的疏水环境，即低盐条件下MP的微环境变得更具疏水性。内源荧光光谱证实了表面疏水性的结果，并证实了低盐条件下MP内部结构的变化。

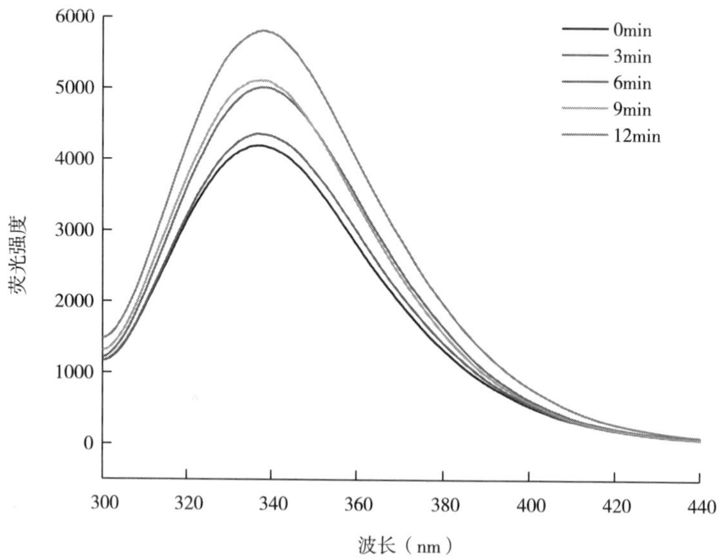

图8-16　超声波处理对低盐条件下肌原纤维蛋白内源荧光性的影响

8.2.8　超声波处理时间对低盐条件下MP分子柔性的影响

蛋白质的柔性被认为是影响其乳化性和起泡性的重要因素。蛋白质柔性越高，其界面膜的黏弹性越好。如图8-17所示，超声处理可以显著增加低盐条件下MP的柔性（$P<0.05$）。MP在未经超声处理时柔性吸光值为0.24，超声处理12min时柔性吸光值为0.37。这表明超声处理可以使蛋白质结构构象改变。超声处理可以直接作用于蛋白质分子，并改变其刚性区域的结构，导致MP的柔性上升，内部结构更易延展、暴露，有利于疏水基团的形成；同时较高的柔性也可以促进MP吸附在油—水界面上，有利于MP的乳化稳定

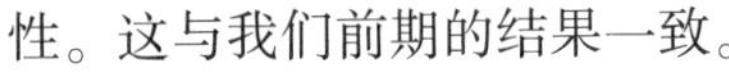
性。这与我们前期的结果一致。

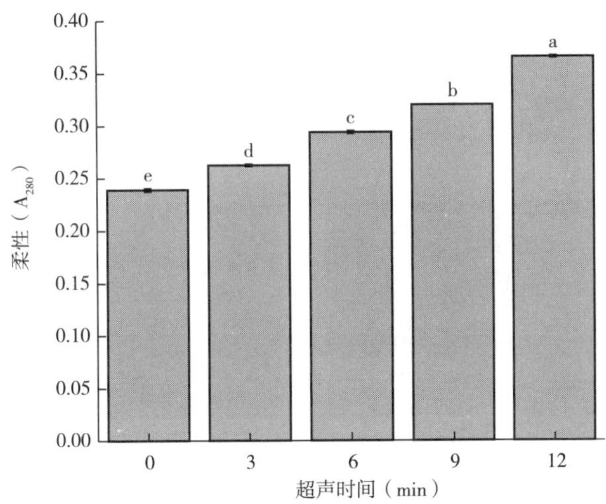

图 8-17　超声波处理对低盐条件下肌原纤维蛋白柔性的影响

8.2.9　超声波处理时间对低盐条件下 MP 微观结构的影响

扫描电镜放大 5000 倍展示了超声处理对低盐条件下 MP 微观结构的影响。如图 8-18 所示，未经超声处理时，低盐条件下 MP 高度聚集且呈片状结构，超声处理 12min 时，MP 的网状结构暴露在表面且结构松散。上述结果表明，超声处理可以改变低盐条件下 MP 的微观结构，增大其比表面积，有利于提高蛋白质的溶解度。在 Zhu 等的研究中也发现了类似的现象，他们报道了超声引起的空化和湍流力对蛋白质断裂的破坏更彻底。

以上研究表明：与对照组相比，随超声波处理时间延长，MP 的溶解度、分散性、物理稳定性以及电位的绝对值显著增加（P<0.05），浊度、粒径显著减小（P<0.05）。其中，未超声处理时的 MP 溶解度为 5.44%，延长超声处理时间至 12min 时，MP 的溶解度增加至 58.5%。同时，超声处理并未对低盐条件下 MP 的电泳条带组成产生影响，对 MP 二级结构的影响也十分有限。此外，经超声波处理后，低盐条件下 MP 的表面疏水性显著增强，内源荧光强度和分子柔性明显增加，这说明延长超声处理时间使低盐条件下高度聚集的 MP 结构展开，内部疏水基团暴露在表面，进而导致了内源荧光强度的增加。通过扫描电镜观察进一步证实了上述结果。

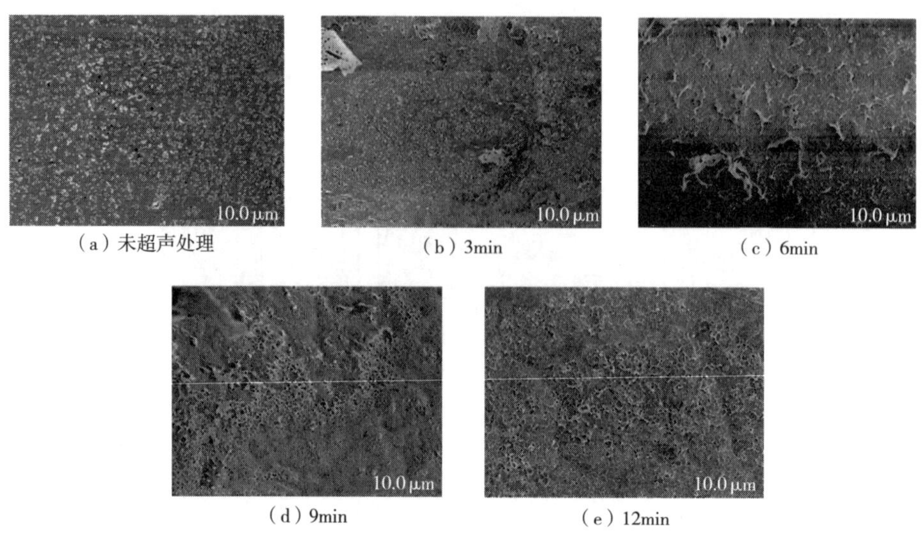

（a）未超声处理　（b）3min　（c）6min

（d）9min　（e）12min

图 8-18　超声波处理对低盐条件下肌原纤维蛋白微观结构的影响

8.3　高强度超声波产生的自由基对肌原纤维蛋白氧化作用的评估

前面的两节中已经证实，高强度超声可以展开低盐条件下 MP 的内部结构，从而使其乳化性得到改善。但对食品系统中高强度超声产生的自由基诱导蛋白质氧化的机制还没有完全了解。因此，本章主要测定不同超声时间处理过程中产生的自由基强度，观察不同强度的自由基对低盐条件下 MP 的羰基、紫外—可见吸收光谱、巯基、二硫键、游离氨基、二聚酪氨酸以及 MP 分子间相互作用力的影响。以期为评估超声处理产生的自由基对低盐条件下 MP 氧化程度以及作用机制提供理论参考。

8.3.1　超声处理对低盐条件下 MP 中自由基含量的影响

电子顺磁共振是一种相对较新的氧化评估方法。众所周知，蛋白质氧化是由自由基介导的链式反应过程。图 8-19、图 8-20 显示，相比未超声组，超声处理可使磷酸盐缓冲液和低盐条件下 MP 中的自由基信号强度明显增加。其中，超声时间从 0 增加到 6min 时，低盐条件下 MP 中自由基信号强度增加程度较弱，延长超声时间至 12min 时，自由基信号强度增加尤为明显。这表明超声处理可以产生自由基导致低盐条件下 MP 的氧化，且超声处理时间越长，氧化作用越明显。如前所述，在超声处理过程中，空化和热效应产生局部高能、高热空化气泡，从而促进自由基的形成，最终诱导蛋白质氧化。同时，超声功率的增加可能伴随着热效应的增加。Li 等之前报道高强度超声处理促进了虾 MP 中自由基的产生。过量的自由基导致氨基氧化成羰基，这与本研究的结果一致。

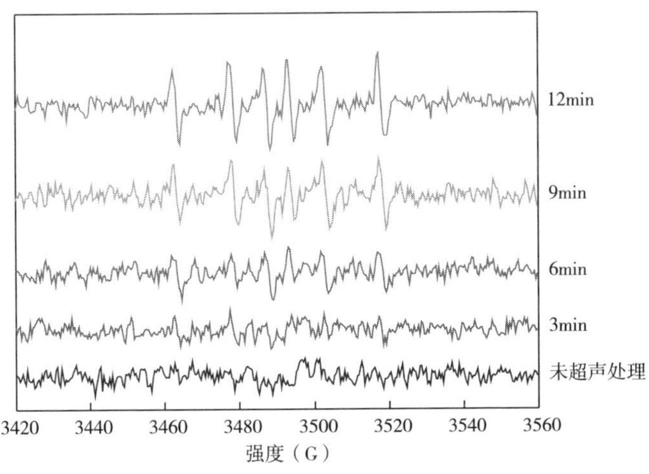

图 8-19　超声波处理时间对低盐条件下肌原纤维蛋白中自由基含量的影响

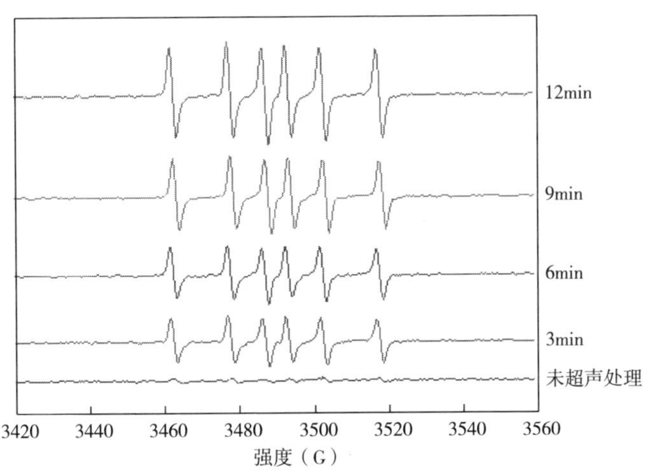

图 8-20　超声波处理时间对磷酸盐缓冲液中自由基含量的影响

8.3.2 超声处理对低盐条件下 MP 总巯基、自由巯基和二硫键含量的影响

巯基与蛋白质聚集体的形成和蛋白质氧化程度有关，主要稳定蛋白质的内部结构。超声处理对低盐条件下 MP 巯基含量的影响如图 8-21 所示。通过和未超声处理组比较，超声处理可以显著提高低盐条件下 MP 总巯基的含量（$P<0.05$）。未经超声处理时，低盐条件下 MP 总巯基含量为 16.77μmol/g，超声处理时间延长至 12min 时，低盐条件下 MP 总巯基含量增加至 17.67μmol/g。同时，超声处理 3min 时，低盐条件下 MP 自由巯基含量显著增加（$P<0.05$），超声时间超过 6min 后，自由巯基含量相比未处理组显著下降，超声时间延长至 12min 时，自由巯基含量降为 13.29μmol/g，相比未处理组下降了 2.24μmol/g。总巯基含量增加是超声的空化效应造成的，高强度超声使低盐条件下高度聚集的 MP 分子结构展开，内部巯基基团暴露。超声时间为 3min 时，自由巯基含量变化与总巯基变化趋势一致，均随超声时间增加而增加。超声处理超过 6min 时，自由巯基含量开始逐渐下降，这归因于超声处理所产生的氧化作用，超声波通过水介质产生的自由基进而导致氧化作用的发生。Liu 等采用超声处理肌球蛋白的报道也认为自由巯基含量随超声功率（100~250W）的增加和超声时间（3~12min）的延长而降低，与我们的结果类似。

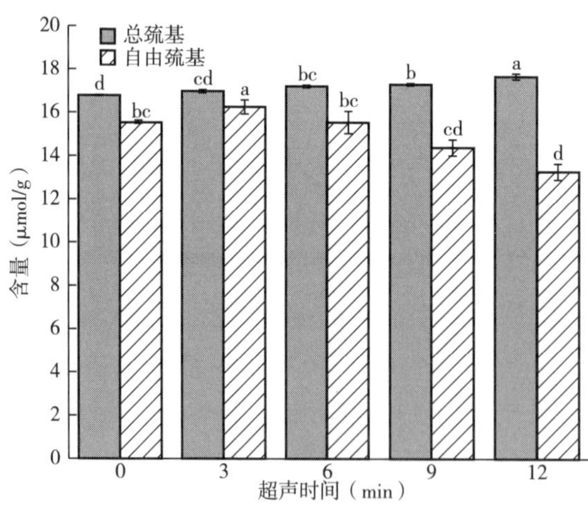

图 8-21 超声波处理时间对低盐条件下肌原纤维蛋白总巯基和自由巯基含量的影响

注 不同小写字母代表差异显著（$P<0.05$）。

二硫键和巯基可以相互转化，因此可以通过巯基含量计算出二硫键含量的变化。巯基中的半胱氨酸残基极易被氧化成二硫键，因此二硫键含量越高说明低盐条件下 MP 氧化程度越重。图 8-22 展示了超声处理对低盐条件下 MP 二硫键含量的影响。随超声处理时间的增加，二硫键含量呈现出先降低后增加的变化趋势。相比未超声组，超声 3min 时的二硫键含量显著降低（$P<0.05$），但随超声时间进一步延长（3~12min），二硫键含量显著增加（$P<0.05$）。这一结果主要是由于超声初期机械作用大于氧化作用，当超声时间超过 6min 时，超声产生更多的自由基，氧化作用增强，暴露的巯基基团被氧化成二硫键。

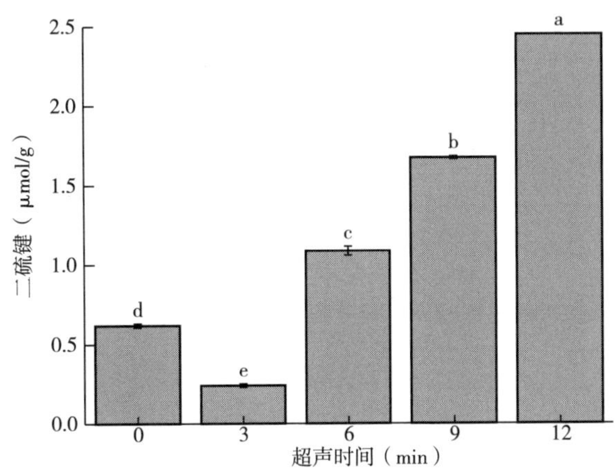

图 8-22　超声波处理时间对低盐条件下肌原纤维蛋白二硫键含量的影响

注　不同字母表示差异显著（$P<0.05$）。

8.3.3　超声处理对低盐条件下 MP 羰基含量的影响

蛋白质中多种氨基酸侧链基团和肽键容易被自由基攻击，进而转化为蛋白质中的羰基衍生物。因此，羰基含量被认为是蛋白质氧化的可靠指标。一般来说，羰基含量越高，氧化程度越大。如图 8-23 所示，随超声时间从 0 增加到 12min，低盐条件下 MP 的羰基含量从 2.50nmol/mg 显著增加到 10.83nmol/mg（增加了大约 4.33 倍）。结果表明，超声处理可以导致低盐条件下 MP 的氧化，氧化程度也随超声时间的增加而增加，这可能是由于超声后低盐条件下的 MP 含有更多的无规卷曲结构，而超声的空化效应产生局部高温，随后导致 MP 中被还原的氨基酸氧化形成羰基。此外，埋在 MP 分子内部的氨基侧链暴露于超声波高频振动产生的自由基环境中。低盐条件下 MP 氨基酸侧链上的-NH 或-NH_2 基团很容易通过自由基发生氧化脱酰胺反应转化为羰基。

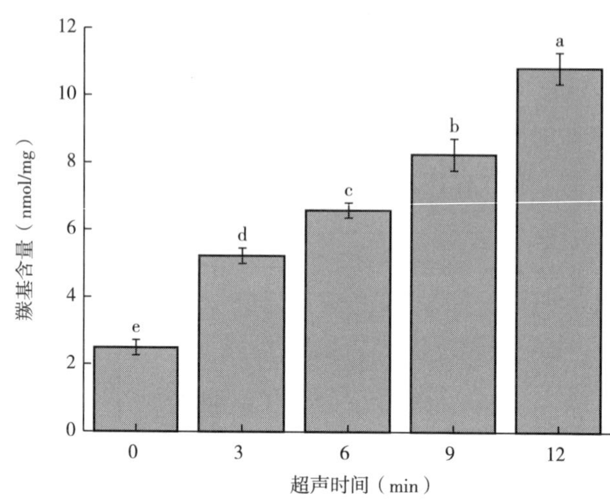

图 8-23 超声波处理时间对低盐条件下肌原纤维蛋白羰基含量的影响

8.3.4 超声处理对低盐条件下 MP 紫外吸收光谱的影响

蛋白质中的色氨酸（Trp）和酪氨酸（Tyr）可引起紫外线吸收。紫外吸收光谱被广泛用于评价芳香族氨基酸侧链的微环境变化，它反映了蛋白质构象的变化。图 8-24 为低盐条件下不同超声时间 MP 的紫外吸收光谱。结果表明，随超声时间从 0 增加到 12min，低盐条件下 MP 的紫外吸收光谱强度逐渐降低，在 300~350nm 波长范围内尤为明显，这与超声使 MP 聚集程度下降、溶解度增加有关。277nm 处有吸收峰，表明 Trp 存在，且随处理时间的延长，Trp 暴露程度降低，结合前期结果，这是超声氧化导致。长时间、高功率超声处理引发 MP 分子氧化，使 Trp 残基被包埋，并且在氧化初期，这种包埋程度受氧化程度的影响较大；随氧化时间的延长，包埋的效率越来越低。

根据紫外吸收光谱二阶导数的差异对低盐条件下 MP 的构象进行进一步分析。图 8-25 显示，在 289nm（Trp 和 Tyr 共同作用）和 298nm（Tyr 作用）处有两个峰。根据 Lange 等的方法计算比值（$r=a/b$）。“r” 值取决于 Trp 和 Tyr 的相对量和与水相的接触。与未超声组相比，超声处理可使低盐条件下

MP 的二阶导数“r”值明显增加，即 Tyr 暴露程度增加。这一现象的产生归因于长时间高功率超声处理会使低盐条件下 MP 的内部结构展开，Tyr 暴露量增加，但超声处理超过 3min 后，“r”值有所下降，这是超声的氧化效应导致的，暴露的酪氨酸受自由基氧化而以二聚酪氨酸形式存在。

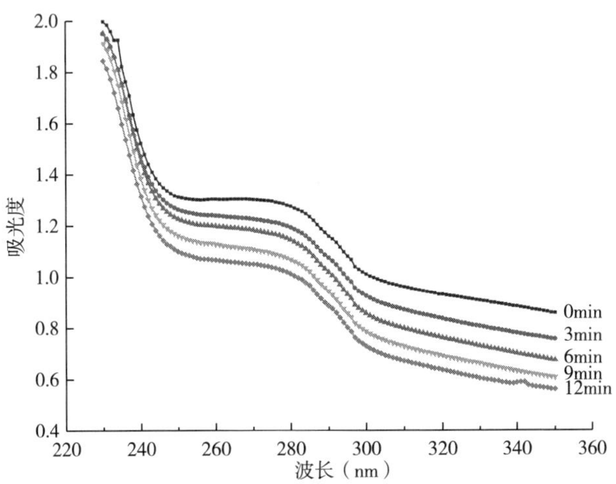

图 8-24　超声波处理时间对低盐条件下肌原纤维蛋白紫外吸收光谱的影响

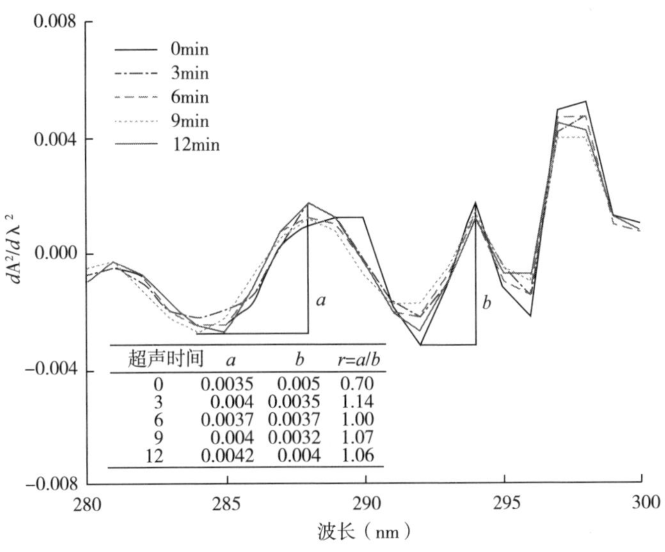

超声时间	a	b	$r=a/b$
0	0.0035	0.005	0.70
3	0.004	0.0035	1.14
6	0.0037	0.0037	1.00
9	0.004	0.0032	1.07
12	0.0042	0.004	1.06

图 8-25　超声波处理时间对低盐条件下肌原纤维蛋白紫外吸收光谱二阶导数图的影响

8.3.5 超声处理对低盐条件下 MP 游离氨基含量的影响

赖氨酸、精氨酸、脯氨酸和苏氨酸等的氨基易受自由基攻击而氧化形成羰基。超声时间对低盐条件下 MP 中游离氨基含量变化的影响如图 8-26 所示。随超声时间从 0 增加到 12min，低盐条件下 MP 的游离氨基含量从 15.04mmol/L 降低到 12.68mmol/L（降低了约 15.69%），结果显示，超声处理导致低盐条件下 MP 游离氨基酸含量显著降低（$P<0.05$）。在超声处理过程中，含有 $\varepsilon-NH_2$ 基团的赖氨酸残基很容易受自由基影响而发生脱氨基过程形成羰基。随后，新形成的羰基和现有的氨基酸侧链上的 NH_2 基团发生共价结合，导致游离氨基含量的进一步减少，造成游离氨基损失。Gu 等的研究结果与我们类似。另外，韩馨蕊等的报道也认为自由基的产生可以使 MP 中的游离氨基含量减少。

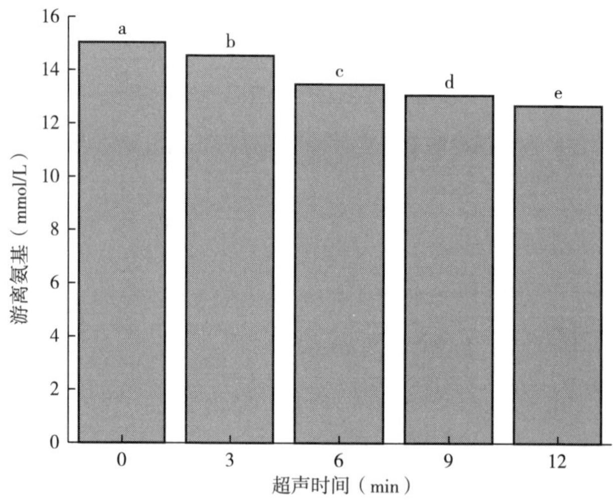

图 8-26 超声波处理时间对低盐条件下肌原纤维蛋白游离氨基含量的影响

8.3.6 超声处理对低盐条件下 MP 二聚酪氨酸含量的影响

作为最敏感的氨基酸之一，酪氨酸很容易被自由基攻击而氧化成酪氨酰基，并通过氧化系统中位于不同或相同 MP 的酪氨酸残基之间的分子内或分子间交联形成二聚酪氨酸。超声处理低盐条件下 MP 二聚酪氨酸含量用相对荧光强度（AU）表示。如图 8-27 所示，与未超声处理相比，超声处理可导致低盐条件下 MP 的二聚酪氨酸含量显著增加（$P<0.05$）。未经超声处理的 MP 二聚酪氨酸含量为 47.39，超声处理时间为 12min 时，MP 的二聚酪氨酸含量达到 57.13（增加约 20.55%）。这与 Chen 等的研究结果一致，随氧化强度的增加，肉蛋白中二聚酪氨酸的含量显著（$P<0.05$）升高。高强度的超声处理通过作用水而产生自由基，酪氨酸因此受到攻击并迅速与周围的酪氨酸残基发生共价交联，导致二聚酪氨酸含量增加。

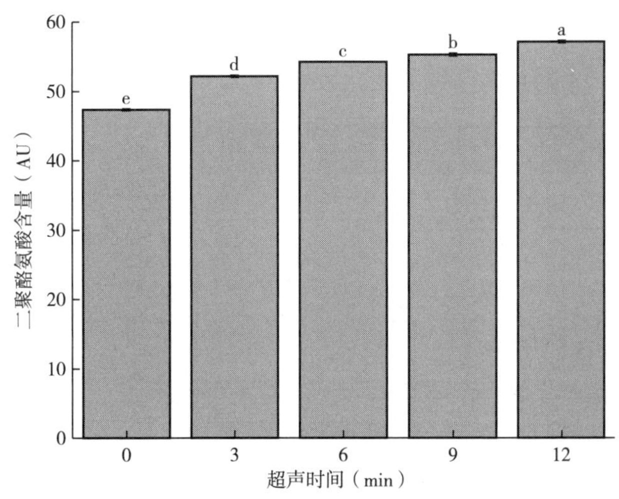

图 8-27　超声波处理时间对低盐条件下肌原纤维蛋白二聚酪氨酸含量的影响

8.3.7　超声波处理对低盐条件下 MP 的相互作用力的影响

蛋白质的非共价相互作用力主要有离子键、氢键、疏水相互作用等。超声波处理对低盐条件下 MP 分子间相互作用的影响如图 8-28 所示。随超声时间从 0 增加到 12min，低盐条件下 MP 的离子键和疏水相互作用含量显著降低（$P<0.05$），氢键含量显著增加（$P<0.05$）。氢键含量的增加一方面是超声处理过程中产生自由基的同时也会生成大量的氢供体，极易与蛋白质的羧基反应形成氢键；另一方面，上述研究中也发现超声处理会使酪氨酸暴露量增加且处于极性环境中，这也有利于酪氨酸残基与蛋白质发生反应形成氢键。疏水相互作用降低可归因于超声处理过程中，氢键成为主要驱动力导致低盐条件下 MP 中疏水相互作用降低。

以上研究表明超声处理时间越长，MP 中自由基含量越多，MP 中羰基、二聚酪氨酸含量显著增加（$P<0.05$），游离氨基含量显著降低（$P<0.05$），可能是自由基强度增加引起的。其中，未经超声处理的 MP 二聚酪氨酸含量为 47.39，超声处理时间为 12min 时，MP 的二聚酪氨酸含量达到 57.13，增加约 20.55%。同时，超声处理可以显著提高低盐条件下 MP 总巯基的含量，超声处理超过 6min 时，自由巯基含量开始逐渐下降，二硫键含量升高。此外，超声处理导致低盐条件下 MP 的紫外吸收光谱强度逐渐降低，离子键和疏水相互作用显著降低（$P<0.05$），氢键含量显著增加（$P<0.05$）。这些结果说明了低盐条件下鸡肉 MP 的羰基、二聚酪氨酸、游离氨基、分子相互作用力等对超声产生的自由基强度变化敏感。

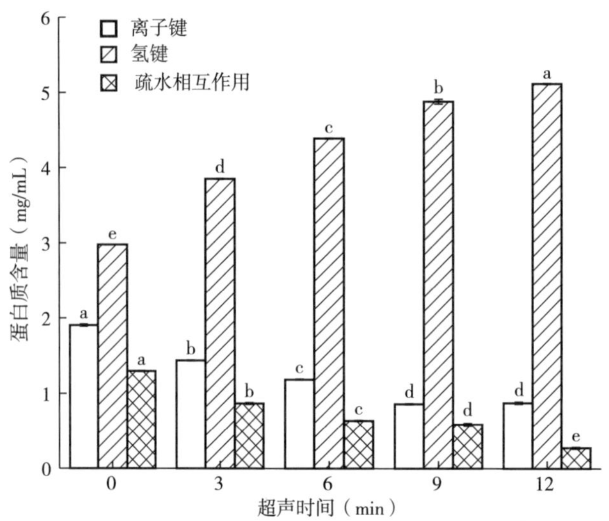

图 8-28　超声波处理时间对低盐条件下 MP 分子间相互作用的影响

8.4　本章小结

以肌原纤维蛋白为研究对象，从乳化特性、物理稳定性以及自由基氧化等方面切入，研究了高强度超声波处理对低盐条件下肌原纤维蛋白乳化性的影响，揭示了高强度超声波处理改善低盐条件下肌原纤维蛋白乳化性的机制。

并探讨了低盐条件下，高强度超声波处理产生的自由基对肌原纤维蛋白理化性质的影响。现将主要结论报告如下。

（1）不同时间高强度超声波处理有效改善了低盐条件下 MP 的乳液稳定性。随超声处理时间的延长，低盐条件下 MP 的乳化活性和乳化稳定性显著增加，其中超声波处理 12min 的 MP 的 *EAI* 增加了 75.82%，*ESI* 增加了 7 倍，效果显著；同时超声处理使低盐条件下 MP 乳液的 *TSI* 降低，粒径降低且分布均匀，电位绝对值增加；超声处理也增加了乳液的黏弹性，油—水界面吸附蛋白质含量增加的同时降低了低盐条件下 MP 的界面张力。

（2）不同时间高强度超声波处理有效改善了低盐条件下 MP 的物理稳定性。随超声处理时间的延长，低盐条件下 MP 的溶解度和分散性明显改善；MP 的粒径显著降低（$P<0.05$），电位绝对值增加；同时，超声处理使 MP 的表面疏水性、内源荧光、分子柔性增加；但对低盐条件下 MP 的电泳条带组成、二级结构影响并不明显。

（3）高强度超声处理时间越长，水介质中产生的自由基强度越大，产生的氧化效果越明显。随超声处理时间的延长，低盐条件下 MP 溶液的羰基、二聚酪氨酸含量显著增加（$P<0.05$），游离氨基含量显著降低（$P<0.05$）。由于超声处理 0~6min 以内产生的自由基强度较弱，所以自由巯基含量在超声初期呈现上升趋势，6min 以后由于自由基氧化作用导致自由巯基含量开始下降，二硫键含量也进一步升高，但总巯基含量始终呈上升趋势。

第 9 章　超声波处理对预乳化液稳定性的影响及其与肌原纤维蛋白复合凝胶特性研究

在低温乳化型肉制品加工中，应用预乳化技术即使用非肉蛋白替代动物蛋白包裹脂肪球，改变脂肪酸组成。实际生产过程中制备的预乳化液体系动力学不稳定，含油量较高（>50%），极易发生分层。超声波是一种相对新颖的乳化加工技术，可以改善预乳化液的物理稳定性。但是，超声波处理高油的预乳化液的化学稳定性还有待于评估。同时，预乳化液中含有非肉蛋白质，超声波修饰蛋白质的结构以及乳液稳定性机理有待进一步探究。为了使预乳化液达到良好的稳定状态，适应加工与贮藏，本研究系统探究超声波处理对酪蛋白酸钠（sodium caseinate，SC）预乳化液的物理和化学稳定性的影响，从油—水界面特性和 SC 的理化及结构特性揭示其稳定的机制，同时探讨了超声预乳化植物油与鸡胸肉肌原纤维蛋白的交互作用及其动态流变、凝胶特性的变化，重点分析超声波预乳化处理与肌原纤维蛋白质复合凝胶的质地特性、流变特性和微观结构，为超声波预乳化加工及降低乳化凝胶肉制品的脂肪含量提供理论依据和技术支持。

9.1　超声波处理对酪蛋白酸钠预乳化液物理和化学稳定性的影响

近年来，许多加工技术被用于制备乳液，超声波是一种应用广泛的乳化技术，它是基于声场产生的空化效应，进而产生小油滴，从而形成稳定的乳液。许多研究表明超声波乳化可以应用于预乳化液的制备和生物活性化合物的包埋、增溶和控制释放，但是很少有研究关注超声对预乳化液化学稳定性的影响。许多肉类专家研究表明超声波的化学效应产生的自由基可能促进脂肪氧化，导致肉制品质量下降，预乳化液是富含脂肪的体系，超声波是否会对预乳化液的脂肪氧化产生负面影响还有待于评估。

因此，本节以 SC 为乳化剂，通过研究预乳化液的乳化特性、贮藏稳定、热稳定、冻融稳定、脂肪氧化以及蛋白质氧化等指标，初步探究超声波处理对 SC 预乳化液物理和化学稳定的影响。

9.1.1 乳化特性

蛋白质的乳化特性一般可以用 *EAI* 和 *ESI* 来评价。*EAI* 表示每单位质量蛋白质稳定的界面面积，表征蛋白质在油水界面的吸附能力。*ESI* 则表明蛋白质维持乳液稳定的能力。如图 9-1 所示，超声时间在 0~6min 时，*EAI* 值从 21.00m^2/g 显著增加到 61.13m^2/g（$P<0.05$），进一步延长超声时间无显著性差异（$P<0.05$），超声波促进预乳化液的形成。此外，超声预乳化液的 *ESI* 值也显著高于未处理（$P<0.05$），说明超声也提高了预乳化液的稳定性，预乳化液没有发生相变、聚集、合并和奥斯特瓦尔德熟化。结果表明，超声波可以改善 SC 预乳化液的乳化特性。

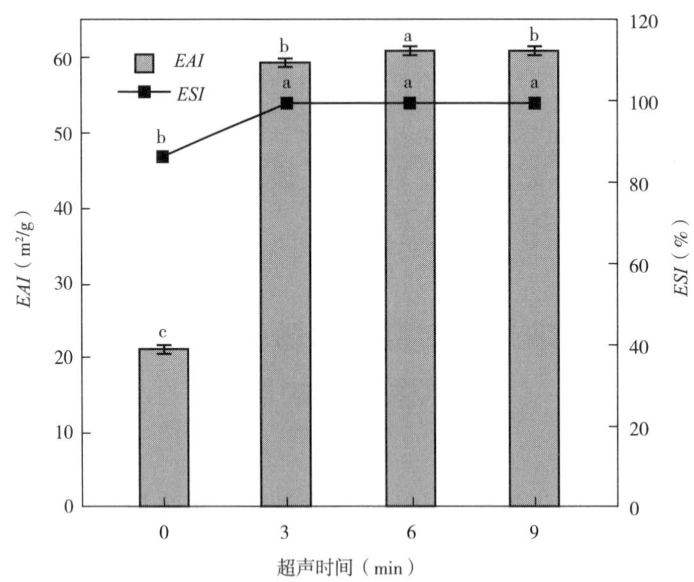

图 9-1 超声波对 SC 预乳化液乳化特性的影响

注 不同字母表示不同样品间差异显著（$P<0.05$）。

9.1.2　乳液分层指数和表观稳定

图9-2显示了SC预乳化液的乳液分层指数（creaming index，CI）和表观稳定。在贮藏1天时，未处理组的预乳化液出现相分离（13%）；在贮藏3天时，*CI*增加到20%。未处理的预乳化液在进一步贮藏达到稳定状态。然而，在贮藏14天期间，未观察到超声波处理预乳化液中存在明显相分离，表明超声波所制备的高油预乳化液呈现出更好的稳定性。

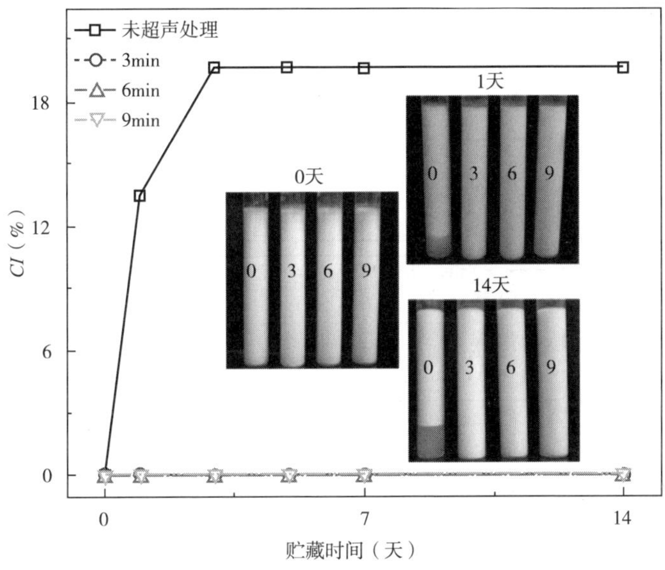

图9-2　超声波对SC预乳化液*CI*和表观稳定的影响

9.1.3　粒径分布

如图9-3所示，未处理组的预乳化液粒径分布范围较大，主要有两个峰，主峰峰值在2304.7nm，次峰峰值在252nm。超声波处理3min、6min和9min预乳化液的粒径分布变窄，并且由双峰变成单峰，峰值分别为615.1nm、396.1nm和295.3nm，随超声时间的增加，预乳化液的油滴粒径分布向左偏移。Li研究表明超声降低了5%椰子油水包油乳液油滴的平均粒径，并形成一个狭窄的粒径分布。超声处理3min、6min和9min时，预乳化液油滴的平均粒径分别从（1529.3±59.6）nm降至（533.1±36.9）nm、（351.9±3.0）nm

和（274.6±10.5）nm。稳定的乳液通常对应均一的粒径分布，峰值位于小粒径范围。油滴平均粒径的减小导致油滴表面积增大，有助于预乳化液抵抗重力沉降和聚合。

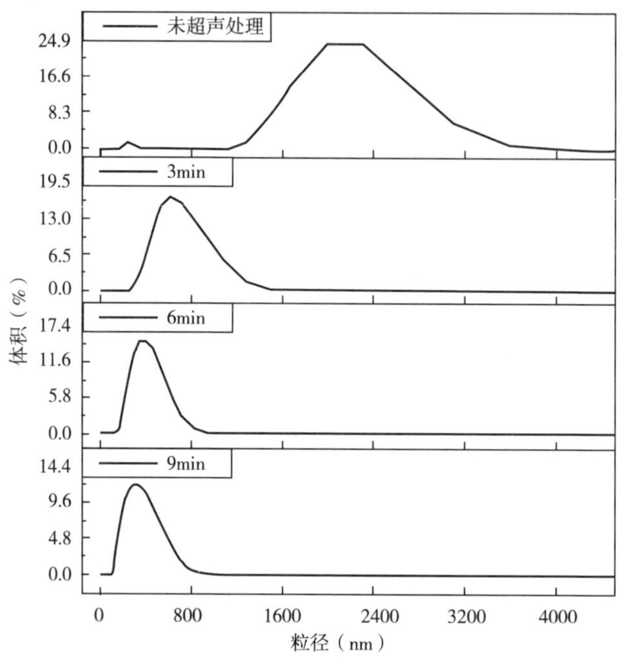

图 9-3 超声波对 SC 预乳化液粒径分布的影响

9.1.4 电位

预乳化液电位的变化如图 9-4 所示，未处理组的预乳化液电位值为负值（-19.38mV）。这个结果是由于 SC 在 pH 高于其等电点（4.6~5.5）的溶液中带负电荷。超声波显著降低预乳化液的电位值（$P<0.05$），表明超声波处理可降低预乳化液油滴之间的静电相互作用。超声波处理减小了预乳化液的粒径（图 9-3），增加了油滴的表面积，可能导致更多的 SC 吸附在油水界面上，提高油滴之间的空间排斥相互作用，弥补静电相互作用的影响，形成稳定乳液。Silva 研究结果也表明超声波显著降低了葡萄籽油制备的乳液电位（$P<0.05$），但是较低密度表面电荷（低于-30mV）的乳液有较高的稳定性。

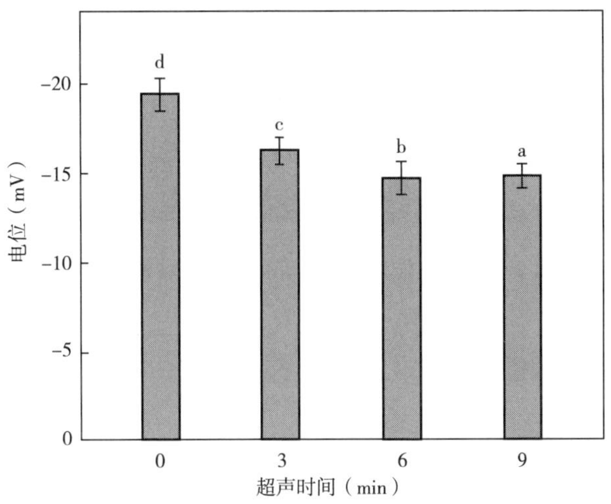

图 9-4　超声波对 SC 预乳化液电位的影响

注　不同字母表示不同样品间差异显著（$P<0.05$）。

9.1.5　预乳化液的微观结构

如图 9-5 所示，利用激光共聚焦显微镜（confocal laser scanning microscope，CLSM）直观地观察预乳化液的油滴分布。未处理组的预乳化液油滴粒径最大，且油滴分布不均匀，油滴分布不均匀会加速预乳化液的乳析。超声波可减小油滴粒径，并且随超声时间的延长，预乳化液的油滴粒径逐渐减小，这些观察结果与预乳化液粒径分布一致（图 9-3）。Li 也报道了类似的研究结果，使用 CLSM 观察 5%椰子油制备的多糖水包油乳液的微观结构，与对照乳液相比，适当超声处理（270W，7min）的乳液具有更小的粒径，并且油滴之间没有发生聚集。Taha 等采用超声处理大豆分离蛋白制备的乳液，与均质乳液相比具有更小的油滴粒径。具有相对较小油滴的乳液由于移动速度较慢而具有较高的稳定性，同时表明超声波可提高 SC 对油滴的包埋效率。由图 9-3 和图 9-5 可推测出同等蛋白质含量时，超声预乳化液油滴数量显著大于未处理组（$P>0.05$），但是通过 CLSM 观察的超声预乳化液红色的油滴数量小于未处理组，可能是超声处理显著（$P<0.05$）降低了预乳化液油滴的粒径（图 9-3），在同一个标尺下呈现不出较多的超声预乳化液油滴。

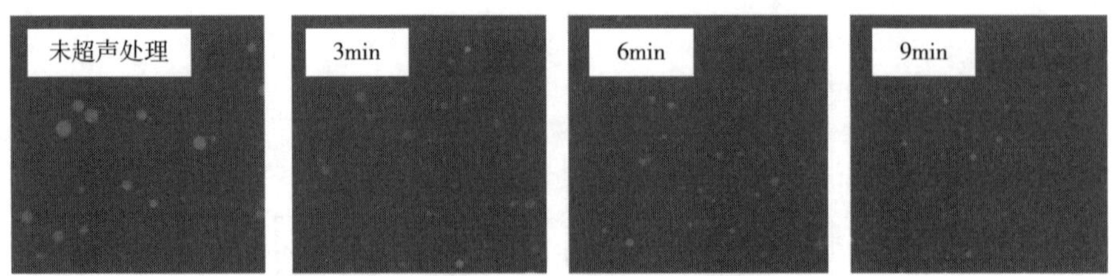

图 9-5　超声波对 SC 预乳化液微观结构的影响

9.1.6　外界因素对预乳化液稳定性的影响

9.1.6.1　贮藏稳定性

贮藏期间预乳化液的粒径如图 9-6（a）所示，未处理组的预乳化液油滴粒径随时间的延长而显著增加（$P<0.05$），油滴尺寸从 1529.3nm 增加到 2903.5nm。然而，随着时间延长，超声波处理的预乳化液油滴尺寸无显著变化（$P>0.05$）。这些结果证实超声波处理抑制了预乳化液油滴的聚集和合并，进而改善了预乳化液的稳定性。利用显微镜直观地观察预乳化液贮藏期间的微观结构［图 9-6（b）］，0 天时，未处理预乳化液的油滴粒径最大，分布不均匀。14 天时，油滴聚集导致尺寸增大。乳液中油滴的移动速度与其半径的平方成正比，较大的油滴加速了乳液的聚集和乳析，从而导致乳液失稳。超声波处理预乳化液的微观结构随贮藏时间的延长而保持不变，可能是由于超声波提高了预乳化液乳化特性（图 9-1），有利于 SC 吸附和界面膜的形成，油滴的聚集可以被抑制，这些结果表明超声波提高了预乳化液的贮藏稳定性。Kaltsa 等研究表明，在整个贮藏期间超声波作用下的水包油乳液具有较小的油滴尺寸，并保持长期稳定。

9.1.6.2　热稳定性

预乳化液于 90℃ 水浴中加热 30min，再冷却至室温。预乳化液的表观、粒径分布和微观结构如图 9-7 所示。加热过后，超声预乳化液未观察到明显的相分离［图 9-7（a）］。未处理组和超声 3min 的预乳化液粒径分布范围增大［图 9-7（b）］，两组微观结构的油滴［图 9-7（c）］尺寸增大且分布不均一，预乳化液的油滴可能发生聚集和合并。超声时间大于 3min 时，预乳化液的表观、粒径分布和微观结构均无明显变化，预乳化液表现出良好的热稳定，上述结果可能是由未加热预乳化液的粒径所致，超声 6min 和 9min 时，预乳

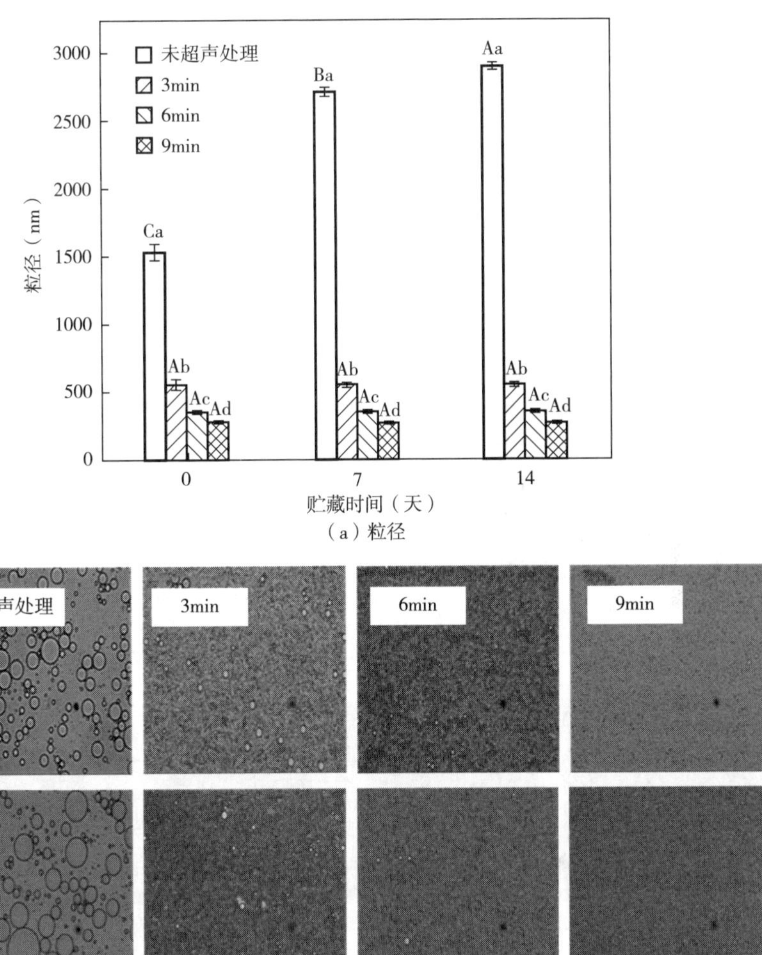

（a）粒径

（b）微观结构

图 9-6　超声波对贮藏期间 SC 预乳化液粒径和微观结构的影响

注　a～d 表示不同超声时间样品间差异显著（$P<0.05$），A～C 表示不同贮藏时间相同样品间差异显著（$P<0.05$）。

化液的粒径范围为 20～500nm，属于纳米乳液，纳米乳液具有相对较高的物理稳定性，较小的粒径可抑制油滴聚集、合并和重力分离。Jin 等研究中也有类似的结果，热处理的 β-伴大豆球蛋白、β-伴大豆球蛋白/十二烷基硫酸钠和 β-伴大豆球蛋白/聚乙二醇 10000 稳定纳米乳液的平均粒径没有显著变化（$P>0.05$），乳液良好的热稳定性可以抑制油滴聚集。乳清分离蛋白稳定的 β-

胡萝卜素纳米乳液，在60℃下加热4h发生聚集。造成上述不同的结果可能是由于加热时间，与较短加热时间相比，长时间加热会增强蛋白质变性和蛋白质—蛋白质相互作用，从而出现油滴聚集。

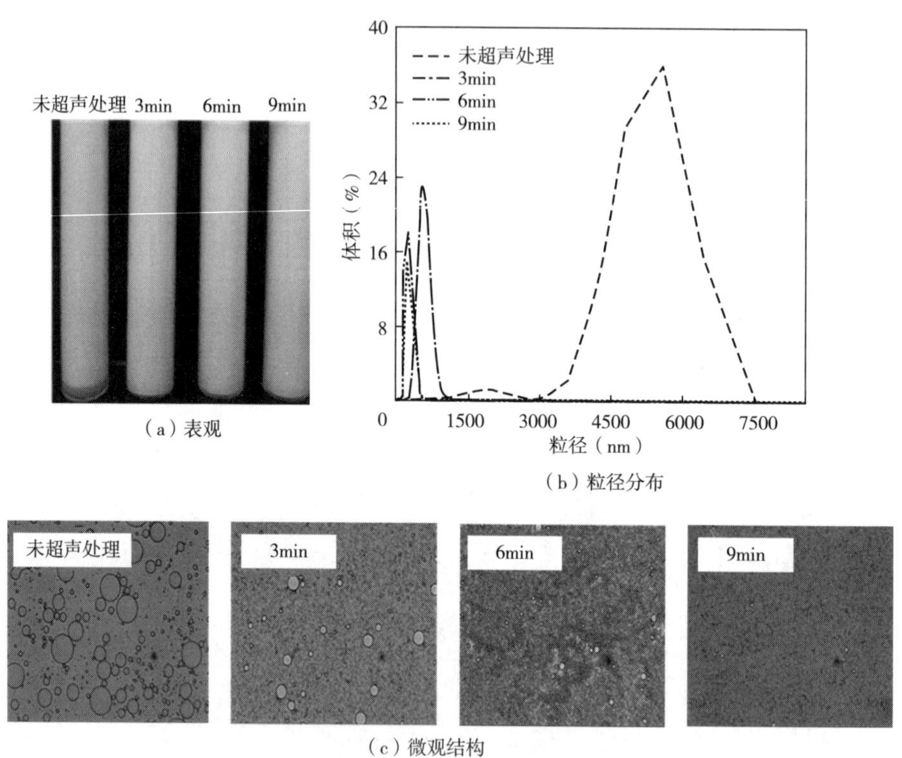

图 9-7　超声波对 SC 预乳化液的热稳定的影响

9.1.6.3　冻融稳定

冻融稳定是许多乳制品的重要属性。因此，我们研究了超声波处理对预乳化液冻融稳定的影响。由图 9-8（a）可知，冻融处理后，未处理组的预乳化液破乳。然而，Zhu 等研究表明经过 3 次冻融的 SC 稳定乳液仍能抑制破乳保持稳定，不同的结果可能取决于乳液中不同的分散比、蛋白质浓度和乳化方法。超声波处理的预乳化液表观无明显分层现象。同时，相对于刚超声处理的预乳化液，冻融超声处理的预乳化液粒径分布［图 9-8（b）］和微观结构［图 9-8（c）］没有明显改变，超声波处理的预乳化液具有较好的冻融稳定，原因可能是超声波处理的预乳化液粒径分布均匀（图 9-3）

和较强的乳化特性（图9-1），增强了油水界面上吸附的蛋白质含量，有利于形成致密的界面膜，增强油滴之间的空间排斥力，从而抑制冻融后油滴的聚集和合并。

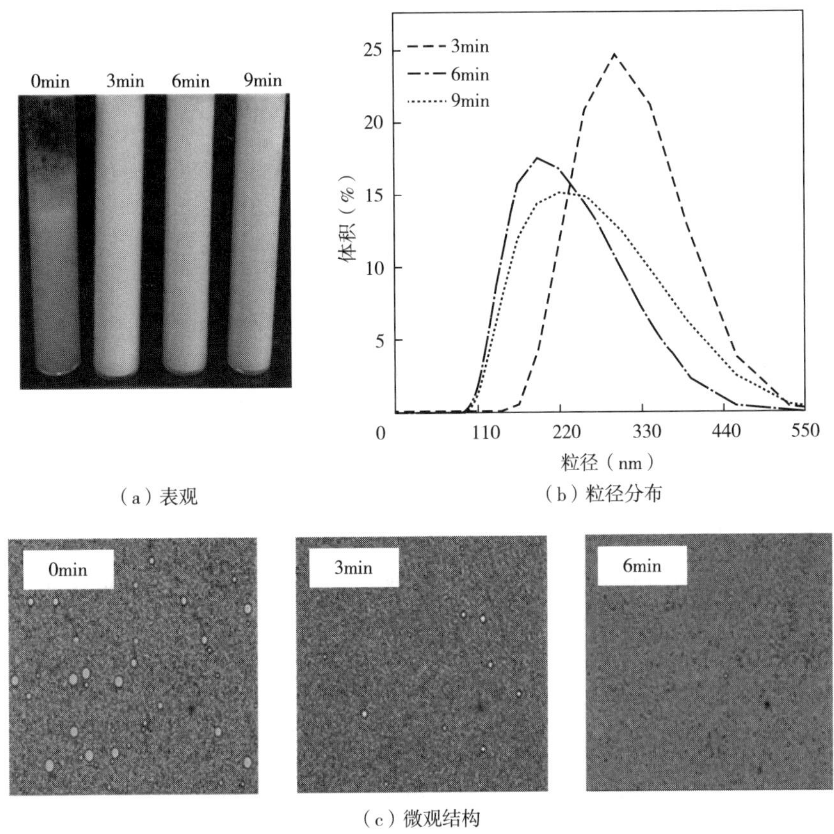

（a）表观　（b）粒径分布

（c）微观结构

图9-8　超声波对SC预乳化液冻融稳定的影响

9.1.7　预乳化液的化学稳定

9.1.7.1　脂肪酸组成成分

预乳化液的脂肪酸组成成分见表9-1，超声波处理前后，预乳化液的饱和脂肪酸、单不饱和脂肪酸和多不饱和脂肪酸组成成分和含量相似，表明超声波处理没有改变和降解脂肪酸。Kaci研究也表明超声波没有改变无乳化剂的葵花子油的脂肪酸组成成分和含量。

表 9-1　超声波对 SC 预乳化液的脂肪酸组成成分的影响

脂肪酸		未超声处理	3min	6min	9min
饱和脂肪酸	C14：0	0.071±0.001[a]	0.070±0.002[a]	0.073±0.001[a]	0.074±0.005[a]
	C15：0	N.D	0.018±0.003[a]	0.018±0.001[a]	0.015±0.001[a]
	C16：0	11.200±0.001[a]	11.200±0.001[a]	11.200±0.001[a]	11.200±0.003[a]
	C17：0	0.112±0.003[a]	0.120±0.004[a]	0.127±0.002[a]	0.132±0.001[a]
	C18：0	4.350±0.002[a]	4.400±0.002[a]	4.390±0.001[a]	4.400±0.003[a]
	C20：0	0.367±0.001[a]	0.363±0.003[a]	0.371±0.001[a]	0.373±0.002[a]
	C21：0	0.036±0.001[a]	0.025±0.004[a]	0.025±0.004[a]	0.029±0.003[a]
	C22：0	0.402±0.002[a]	0.397±0.001[a]	0.419±0.007[a]	0.408±0.001[a]
	C24：0	0.136±0.001[a]	0.159±0.001[a]	0.142±0.001[a]	0.160±0.003[a]
总饱和脂肪酸		16.674±0.004[a]	16.752±0.001[a]	16.764±0.001[a]	16.791±0.002[a]
单不饱和脂肪酸	C16：1	0.072±0.001[a]	0.079±0.002[a]	0.078±0.008[a]	0.083±0.003[a]
	C18：1n9	19.400±0.003[a]	19.000±0.002[a]	18.900±0.001[a]	19.000±0.001[a]
总单不饱和脂肪酸		19.472±0.002[a]	19.079±0.001[a]	18.978±0.001[a]	19.083±0.002[a]
多不饱和脂肪酸	C18：2n6	54.400±0.001[a]	54.200±0.001[a]	54.200±0.002[a]	54.100±0.001[a]
	C18：3n3	9.350±0.001[a]	9.300±0.001[a]	9.310±0.001[a]	9.320±0.003[a]
	C20：2	0.038±0.001[a]	0.035±0.001[a]	0.059±0.003[a]	0.044±0.004[a]
	C20：3n6	0.045±0.002[a]	0.037±0.005[a]	0.031±0.001[a]	N.D
总多不饱和脂肪酸		63.833±0.001[a]	63.572±0.001[a]	63.599±0.003[a]	63.464±0.002[a]

注　不同字母表示不同样品间差异显著（$P<0.05$），N.D：未检出。

9.1.7.2　脂肪氧化

预乳化液的过氧化值（peroxide value，*POV*）如图 9-9（a）所示。在贮藏 14 天期间，所有预乳化液的 *POV* 逐渐增加，未处理组的预乳化液中 *POV* 的形成速度高于超声波预乳化液，所有预乳化液的 *POV* 初始水平（0）无显著性差异（$P>0.05$），但在 1~14 天贮藏期间，未处理组和超声波预乳化液的 *POV* 值之间有显著差异（$P<0.05$），在 1 天时，与未处理组相比，超声波处理 3min、6min 和 9min 可显著降低预乳化液的 *POV* 值（$P<0.05$），说明超声

波处理可以抑制 SC 稳定的预乳化液中 *POV* 的产生。在超声预乳化液组，贮藏 5 天后，超声波 3min 预乳化液有较高的 *POV* 含量，过氧化物的生成速率急剧增加，结果表明超声波 6min 和 9min 能有效抑制 *POV* 增加，提高预乳化液的氧化稳定。

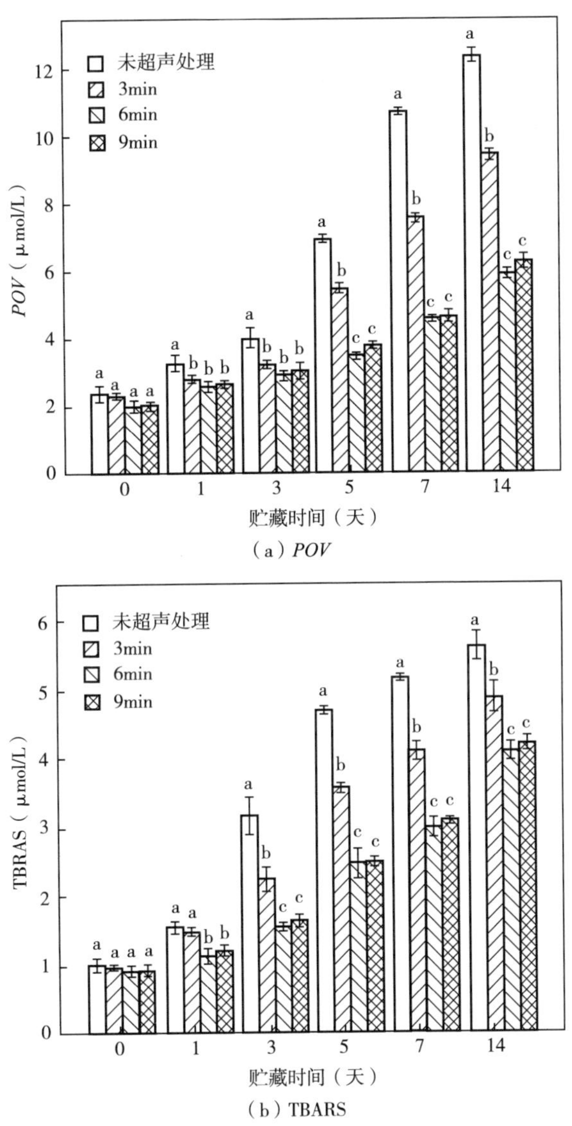

图 9-9　超声波对 SC 预乳化液的 *POV* 和 TBARS 的影响

注　不同字母表示不同样品间差异显著（$P<0.05$）。

预乳化液的硫代巴比妥酸反应物（thiobarbituric acid reactive substance, TBARS）变化趋势与 *POV* 相似［图 9-9（b)］。所有预乳化液的 TBARS 在 0~14 天持续增加，但在贮藏 14 天后，与未处理预乳化液相比，超声波处理预乳化液的 TBARS 显著降低（$P<0.05$）。经超声波处理 6min 和 9min 预乳化液的 TBARS 值略有增加，但无显著性差异（$P>0.05$）。根据 *POV* 和 TBARS 结果，超声波处理 6min 和 9min 的预乳化液更能抑制脂肪氧化，说明超声波处理对提高预乳化液的氧化稳定性有一定的影响。未处理组的预乳化液 *POV* 和 TBRAS 值最高，这可能是由于油滴粒径最大（图 9-3)，吸附蛋白质最少。未处理的预乳化液的不稳定性导致乳层中更多的油滴暴露在空气中，从而更容易接触促氧化剂［如自由基（氢氧化物自由基和氢原子)、过氧化氢和金属离子］，它们可以与油滴相互作用促进脂肪氧化，而更多的 SC（未吸附蛋白质）留在水层。经超声后，吸附蛋白质增加可有效地清除自由基或使潜在的促氧化分子失活，进而抑制脂肪氧化，从而提高预乳化液的氧化稳定性。结果表明，超声波对高大豆油含量预乳液的脂肪氧化没有负面影响。Chen 等研究表明 SC（0.5%质量分数）稳定的水包油（10%质量分数）乳液具有清除自由基活性的能力。

相同超声条件处理水模拟预乳化液体系，体系中过氧化氢的浓度如表 9-2 所示，随超声时间从 0 增加到 9min，水中 H_2O_2 浓度从 33.71μmol/L 显著增加到 53.54μmol/L（$P<0.05$），但是上述表 9-1 和图 9-9 的结果表明超声抑制预乳化液的脂肪氧化，所以需要进一步探究超声稳定预乳化液的机制。

表 9-2 不同超声时间处理的水中过氧化氢的浓度

超声时间（min)	H_2O_2（μmol/L)
0	$33.71±0.50^{d}$
3	$38.01±0.29^{c}$
6	$44.23±0.76^{b}$
9	$53.54±0.50^{a}$

注 不同字母表示不同样品间差异显著（$P<0.05$）。

9.1.7.3 羰基

羰基衍生物的形成是蛋白质氧化的第一步，因此可测量预乳化液中的羰基含量以评估蛋白质的氧化程度。从图 9-10 可知，全部预乳化液的羰基含量随贮藏时间增加而增加，这可能是由于 α-酰胺化途径中氧化裂解肽骨架或脂肪氧化产物作用于蛋白质的氨基酸侧链。同时，超声波处理组预乳化液的羰基含量高于未处理组，且 9min 时最高。超声波处理增加了体系的过氧化氢含量，可能会导致羰基含量增加。这与 Liu 等研究结果一致，在自由基体系孵化的乳清蛋白的羰基含量显著提高（$P<0.05$）。

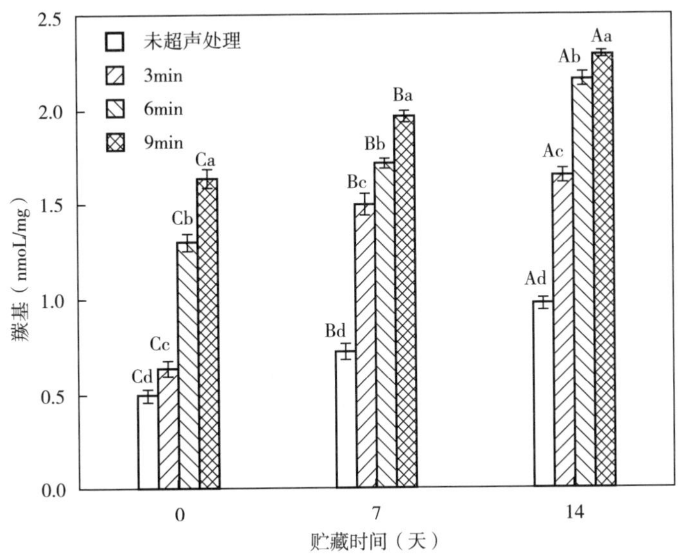

图 9-10　超声波对 SC 预乳化液的羰基的影响

注　a~d 表示不同超声时间样品间差异显著（$P<0.05$），A~C 表示不同贮藏时间相同样品间差异显著（$P<0.05$）。

9.1.7.4　内源性色氨酸荧光强度

利用荧光光谱研究氧化对蛋白质三级结构的影响，蛋白质中的芳香族氨基酸会产生一种对分子环境敏感的荧光信号，因此，可以用来监测结构变化。由图 9-11 可知，在贮藏的 14 天中，预乳化液的内源性色氨酸荧光强度随时间的延长而降低，蛋白质的内源性色氨酸荧光强度降低表明蛋白质氧化，这是自由基反应对色氨酸吲哚环的修饰以及构象变化引起色氨酸基团环境变化的结果。同一天中，随超声时间增加，荧光强度降低。这可能由于以下两种原因，第一种原因可能是超声波处理液体基质产生自由基，表 9-2 中也反映 H_2O_2 浓度随超声波时间延长而增加，氧化物质的增加可能加快预乳化液中蛋白质的氧化；另一种原因可能是超声波处理预乳化液中吸附蛋白质含量高，而许多研究表明吸附蛋白质的氧化高于未吸附蛋白质。

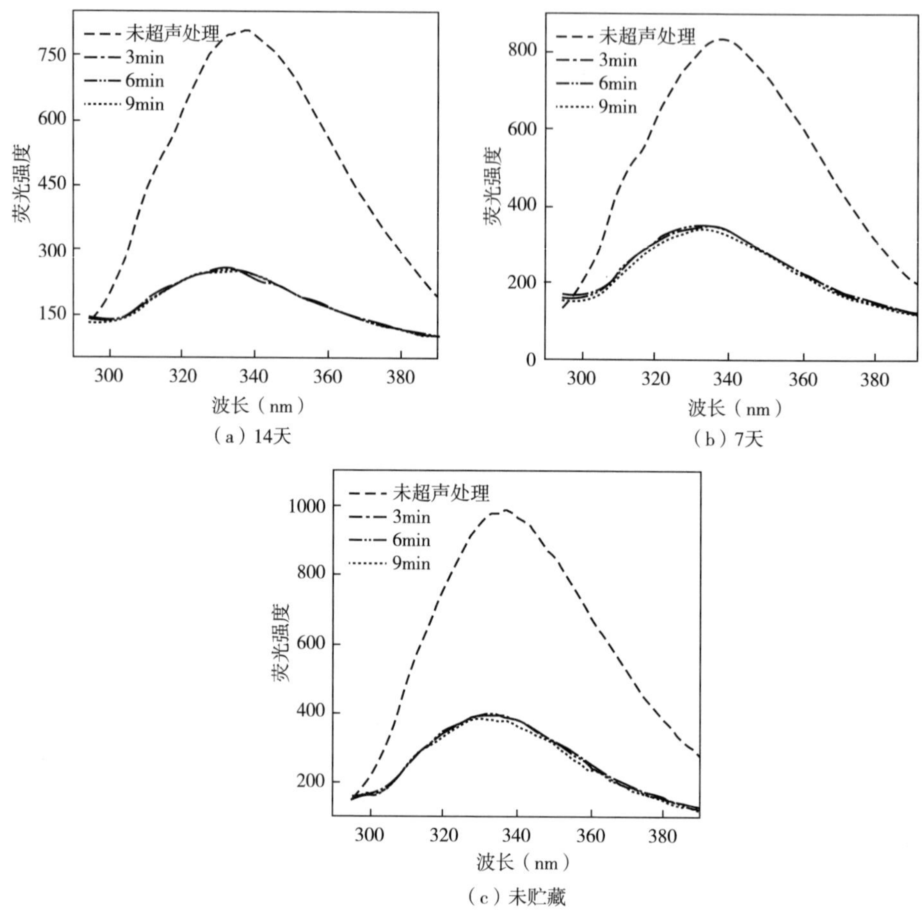

图 9-11 超声波对 SC 预乳化液贮藏期间的内源性色氨酸荧光强度的影响

以上研究表明超声波处理的预乳化液（特别是超声 6min），乳化特性得到改善，乳化活性指数从 21.00m^2/g 增加到 61.13m^2/g，乳化稳定性指数也增加；油滴的粒径降低；同时通过表观、粒径分布和微观结构的测定，表明预乳化液的贮藏稳定性、热稳定性和冻融稳定性得到改善；预乳化液的饱和、单不饱和、多不饱和脂肪酸组成成分没有显著变化（$P>0.05$）；贮藏期间，超声 6min 和 9min 有效地抑制了预乳化液 *POV* 的增加和 TBARS 的产生，表明超声抑制了预乳化液的脂肪氧化；相同超声条件处理的液体基质中的过氧化氢含量显著增加（$P<0.05$）；预乳化液的蛋白质羰基和内源性色氨酸荧光强度结果表明蛋白质发生氧化且超声 9min 时氧化程度最高。综上所述，超声波有利于提高预乳化液物理和化学稳定性，但是稳定预乳化液的蛋白质发生了氧化，所以需进一步探究其稳定机理。

9.2　超声波处理对酪蛋白酸钠预乳化液油—水界面特性的影响

蛋白质乳液均质的过程中，蛋白质迅速吸附到油水界面，疏水基定向到油相和气相，而亲水基则定向到水相，并在油滴周围展开和重排形成一个界面层，进而产生蛋白质—蛋白质的相互作用、空间相互作用和静电排斥相互作用，从而抑制乳液的相分离、聚集、絮凝和破乳。蛋白质稳定乳液的油水界面与其物理稳定有明确的关联。另一方面，乳液的脂肪氧化发生于油水界面，因为这是水不溶性不饱和脂肪酸与水溶性促氧化剂（如过渡金属或酶）接触的区域，因此，乳液的脂肪氧化高度依赖于界面特性。

这表明蛋白质包裹的乳液的界面特性对乳液的物理和化学稳定有重要的影响。因此，本节探究超声波处理下 SC 预乳化液的界面特性的变化，探讨界面特性对预乳化液稳定性的影响。

9.2.1　Turbiscan 稳定性指数

TSI 反映乳液的动态不稳定性，包括乳析、絮凝和聚合等，*TSI* 数值增加表明乳液体系不稳定。如图 9-12 所示，预乳化液的 *TSI* 随时间增加而增加，所有超声波处理预乳化液的 *TSI* 值较低，证实超声波处理可产生更稳定的预乳化液。30min 后，超声处理 6min 的预乳化液 *TSI* 值最低（达到 0.32），说明超声波处理 6min 的预乳化液具有更好的稳定性，超声处理 9min 的预乳化液 *TSI* 值（达到 0.36）略高于超声处理 6min 的预乳化液，虽然超声波处理的预乳化液无乳析，但不同超声处理时间制备的预乳化液可能发生不同程度的油滴絮凝或聚集。这些结果表明超声波处理 6min 的预乳化液可能拥有适当的油滴粒径，可以有效地防止重力沉降或聚集。

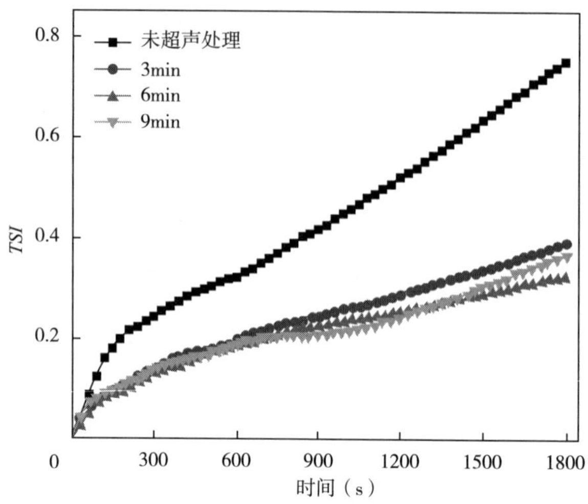

图 9-12　超声波对 SC 预乳化液 *TSI* 的影响

9.2.2　界面张力

4 组预乳化液的界面张力在开始时急剧降低，然后随时间延长保持平衡（图 9-13），与未处理组的预乳化液相比，超声波处理不仅使初始界面张力从 19.18mN/m 降低到 14.43mN/m，且在平衡状态下界面张力值也较低。超声波处理 6min 和 9min 预乳化液的界面张力较低，分别为 13.50mN/m 和 13.60mN/m。这表明超声波处理有助于 SC 的重排，提高 SC 在油水界面的吸附能力，并形成稳定的预乳化液。界面张力的降低与所用分散相的性质和乳化剂的类型有关，乳化剂能够在油水界面有效吸附和重新定向，并有助于油相分散到水相，从而降低界面张力。SC 结构排布无规则且疏水性强，因此在乳化过程中能够快速吸附到油水界面。超声空化效应导致油滴粒径减少，SC 的灵活性增加，分子运动更加迅速，促进 SC 从水相向油滴表面的扩散及向油水界面的渗透，促进界面张力降低。

9.2.3　未吸附与吸附蛋白质含量

预乳化液未吸附与吸附蛋白质的含量如图 9-14 所示。随超声波时间从 0 增加到 6min，未吸附蛋白质的值从 88.81%显著降低到 6.85%（$P<0.05$），未吸附蛋白质含量随超声波时间延长至 9min 略有增加，但与超声波 6min 无显著性差异（$P>0.05$），相应地，超声波预乳化液的吸附蛋白质含量显著高于未处理组

(P<0.05)。结果表明，超声波处理可提高 SC 在油滴表面的吸附能力，超声波处理 6min 后，预乳化液的吸附蛋白质含量最高，吸附蛋白质含量的增加可能与超声波减小油滴粒径和增加表面积有关。此外，TSI 的降低有利于蛋白质在油水界面的吸附，超声波处理 6min 可产生足够小的油滴粒径，增强 SC 吸附能力，获得较高的吸附蛋白质和较低的界面张力，从而形成更稳定的预乳化液。

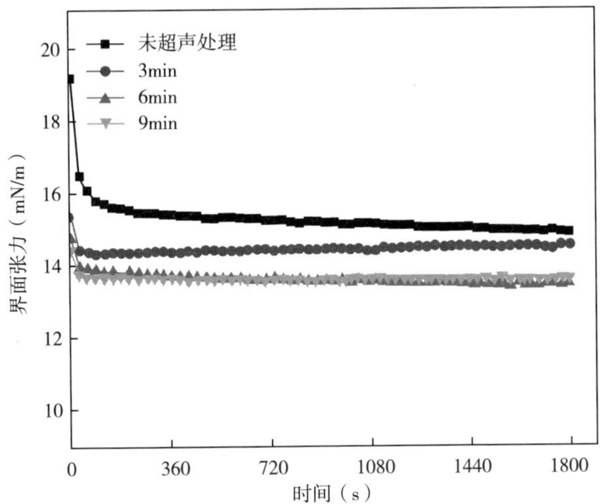

图 9-13 超声波对 SC 预乳化液界面张力的影响

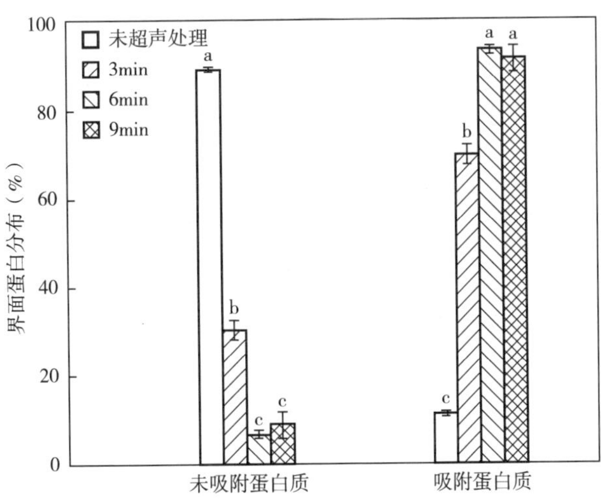

图 9-14 超声波对 SC 预乳化液未吸附蛋白质和吸附蛋白质浓度的影响

注 不同字母表示差异显著（P<0.05）。

9.2.4 未吸附与吸附蛋白质组成

如图 9-15 所示，未吸附与吸附蛋白质主要由 3 种不同的磷蛋白组成（α_{s1}-，α_{s2}-，β-酪蛋白）。4 组预乳化液的未吸附与吸附蛋白质组成成分无明显差异，说明这些类型的酪蛋白易于吸附到油滴表面。与未处理组的预乳化液吸附蛋白质（第 8 道）相比，超声处理的预乳化液吸附蛋白质的含量（第 5 道、第 6 道和第 7 道）明显增加，随超声时间的增加，未吸附的蛋白质（第 1、第 2 和第 3 道）的谱带强度降低。这些结果进一步证实超声波处理可使水相中的 SC 更容易吸附在油滴表面。超声波处理 6min 和 9min 预乳化液的吸附蛋白质谱带强度（第 7 道和第 8 道）没有明显差异，另外，超声波 9min 预乳化液具有最小的油滴粒径（9-3），超声波时间从 6min 延长到 9min，*TSI* 值略有增加（图 9-12）；但是吸附蛋白质的含量没有显著降低（图 9-14）。为探究延长超声波处理时间对乳液稳定性的影响，有必要进一步研究界面蛋白质的含量和结构，适当的超声时间是产生更稳定乳液的关键乳化条件。

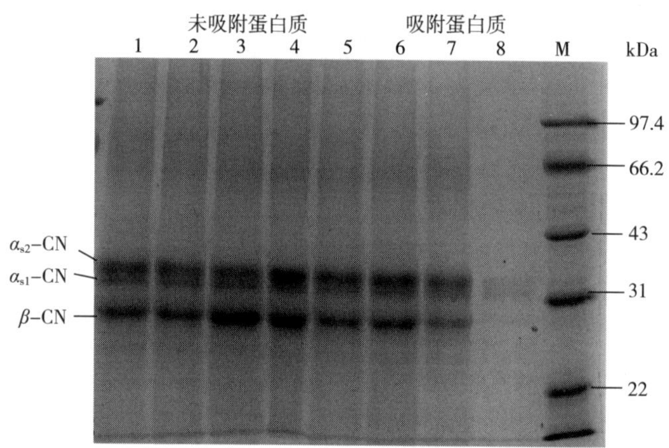

图 9-15 超声波对 SC 预乳化液未吸附蛋白质和吸附蛋白质组成的影响

注 第 1，2，3 和 4 车道对应的超声波时间 9min、6min、3min 和未超声处理，第 5，6，7 和 8 车道对应的超声波时间 9min、6min、3min 和未超声处理。

9.2.5 界面蛋白质浓度（*Γ*）

表 9-3 显示了 SC 稳定预乳化液的界面蛋白质浓度（*Γ*），*Γ* 值取决于油滴的

比表面积和吸附蛋白质的量。未处理组的预乳化液的 Γ 值最高（9.99mg/m^2），未处理组的预乳化液是通过常规均质形成的粗乳液，其吸附蛋白质的含量最低，粒径最大。Silva 研究表明较高的界面蛋白质浓度（超过 3mg/m^2）会在乳液油滴周围形成多层蛋白质或形成酪蛋白聚集体。未处理组的预乳化液非常不稳定，原因可能是油滴的粒径相对较大，容易引起乳液油滴的聚集、聚合或絮凝，超声波处理预乳化液的 Γ 值显著降低（$P<0.05$），超声波处理 3min、6min 和 9min 的预乳化液会产生更小的油滴，油滴比表面积分别为 3.4m^2/g、4.01m^2/g 和 4.22m^2/g。超声 6min 的 Γ 值最高，超声波处理 9min 的预乳化液 Γ 值显著降低至 3.89mg/m^2（$P<0.05$），这可能是由预乳化液油滴粒径进一步减小引起的。综上，超声波处理 6min 可使油滴粒径适当减小并提高 SC 在油滴上的界面蛋白质浓度。

表 9-3　超声波对 SC 预乳化液界面蛋白质浓度的影响

超声时间（min）	Γ（mg/m^2）
0	9.99±0.19^a
3	3.69±0.05^d
6	4.21±0.10^b
9	3.89±0.07^c

注　不同字母表示不同样品间差异显著（$P<0.05$）。

9.2.6　界面膜

透射电子显微镜通常用于观察水包油乳液中界面膜的厚度（纳米级）。如图 9-16 所示，在放大倍数（100nm）下，仅在未处理组的预乳化液中观察到极微小的油滴，这表明油滴周围的 SC 更多呈现聚集状态，这主要是因为未处理预乳化液的粒径大于 1500nm，属于粗乳液，其吸附蛋白质含量较少，并且在油滴上形成较少的界面膜，导致油滴絮凝。超声处理 3min 时，油滴周围形成一层光滑且不连续的界面膜，随超声时间延长到 6min，油滴周围形成一层致密和连续的界面蛋白质膜，这一结果与吸附蛋白质的含量和组成成分结果一致，这表明超声处理 6min 的预乳化液在油水界面表现出更高的蛋白质吸附量并形成更厚的界面膜，超声时间延长至 9min 时形成的界面膜比超声处理 6min 时薄，比超声处理 3min 时厚。结果表明，超声处理 6min 时有较高的吸附蛋白质及界面蛋白质浓度（表 9-3），有助于形成致密的界面蛋白质膜，较厚的界面膜可增强油滴之间的空间排斥力，并提高预乳化液的稳定性，界面膜可以抑制促氧化剂（如自由基）与油滴相互作用的能力，从而抑制脂肪氧化并提高乳液的氧化稳定性。透射电子显微镜表明超声处理 6min 是一个较适宜的乳化条件，可以在油水界面形成更为致密和连续的界面膜，获得更稳定的预乳化液。

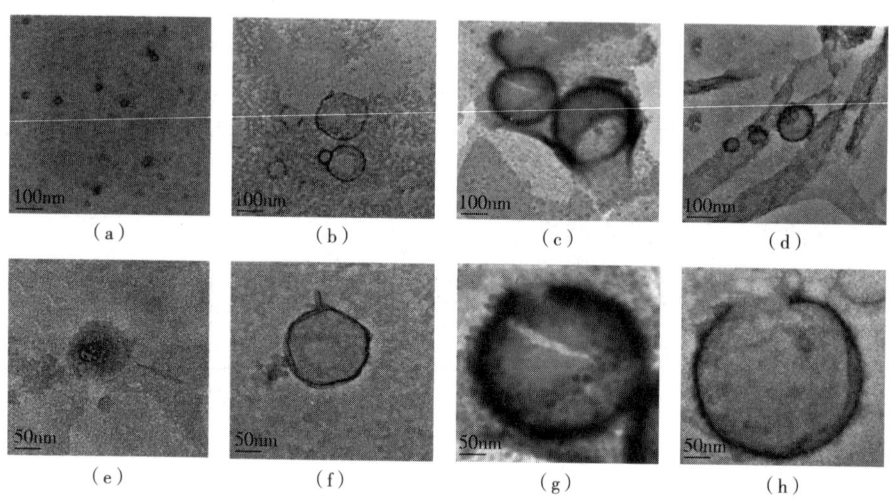

图 9-16　超声波对 SC 预乳化液界面膜的影响

注　(a) 0min，100nm；(b) 3min，100nm；(c) 6min，100nm；(d) 9min，100nm；(e) 0min，50nm；(f) 3min，50nm；(g) 6min，50nm；(h) 9min，50nm。

9.2.7　贮藏期间预乳化液的蛋白质、未吸附蛋白质和吸附蛋白质组成

在贮藏期间，预乳化液的蛋白质、未吸附与吸附蛋白质主要由 3 种不同的磷蛋白组成（α_{s1}-，α_{s2}-，β-酪蛋白）。由图 9-17 可知，在整个贮藏过程中，4 组预乳化液蛋白质的含量减少。这个结果表明蛋白质发生了氧化降解，并且它们的谱带变宽，各个组分蛋白质的分离度减少，蛋白质氧化可产生不同分子量的产物。为了深入了解预乳化液在贮藏过程中蛋白质氧化的变化，测定预乳化液未吸附蛋白质和吸附蛋白质的 SDS-PAGE，由图 9-17 可知，在贮藏 7 天时，4 组预乳化液的未吸附蛋白质的含量没有明显的减少，延长贮藏时间，未吸附蛋白质含量减少。但是预乳化液的吸附蛋白质在整个贮藏期间含量明显减少，且程度高于未吸附蛋白质，表明吸附蛋白质氧化速度更快。

Zhu 研究报道不同 pH 下乳液（5%体积分数核桃油、0.5%质量浓度乳清分离蛋白和 0~0.4%质量浓度吐温 20）乳相的蛋白质氧化程度高于水相。在超声 3~9min 时，超声 9min 的吸附蛋白质含量最少，可能是由于超声 9min 作用于液体基质所产生的过氧化氢含量最高，有利于蛋白质氧化。结合预乳化脂肪氧化（图 9-9）和蛋白质氧化（图 9-10、图 9-11）结果，得出高的吸附蛋白质含量有效地抑制了预乳化液的脂肪氧化，提高了预乳化液的品质。

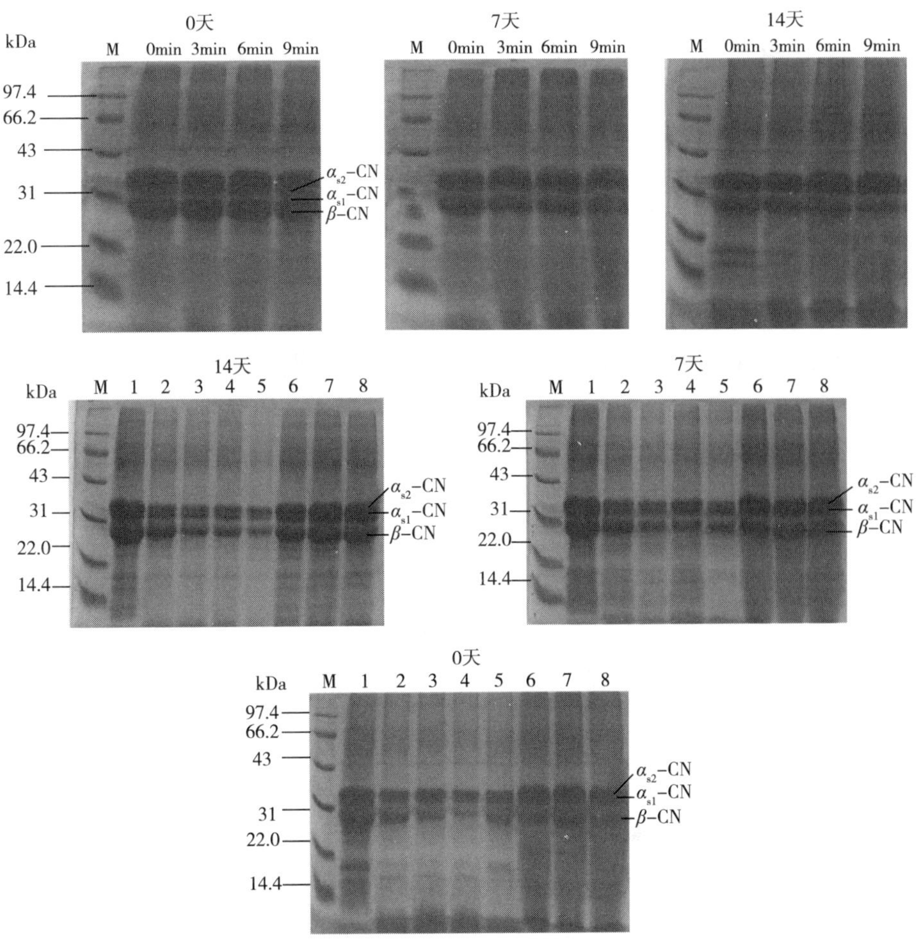

图 9-17 超声波对贮藏过程中 SC 预乳化液、未吸附蛋白质（水相）和吸附蛋白质（乳层）组成的影响

注 未吸附蛋白质：第 1、2、3、4 车道对应的超声波时间 0min、3min、6min、9min；吸附蛋白质：第 5、6、7、8 车道对应的超声波时间 0min、3min、6min、9min。

以上研究表明超声波（尤其是超声 6min）可降低预乳化液的 *TSI* 和界面张力，增加吸附蛋白质含量和界面蛋白浓度；超声 6min 的预乳液油滴周围形成了一层致密和连续的界面蛋白质膜；0~14 天，吸附蛋白质降解的程度高于未吸附蛋白质，表明预乳化液吸附蛋白质的氧化有效抑制了预乳化液的脂肪氧化。综上所述，应用超声波可以提高预乳化液的界面特性，有利于预乳化液的稳定。

9.3 超声波处理对酪蛋白酸钠理化和结构特性的影响

在上述研究中，我们发现超声波［频率为 20kHz，功率为 450W，强度为（50.42±3.13）W/cm^2］可以改善 SC 稳定的预乳化液的界面特性，提高预乳化液的稳定性。然而，蛋白质作为乳化剂，原蛋白质的物化和结构对所制备的乳液的稳定性起着重要作用，如粒径、溶解度和表面疏水性等。目前，超声波蛋白质乳化主要分为蛋白质乳化后超声制备乳液和超声处理蛋白质后乳化制备乳液，前两节已经探究蛋白质乳化后超声制备的乳液的稳定性和界面特性，因此，有必要探究超声处理蛋白质的理化和结构的变化，评估这些变化对预乳化液稳定性的影响。

本节的主要目的是探究超声波处理后 SC 的理化和结构与预乳化液稳定性的关系。测定超声波处理后 SC 的粒径和电位，进一步分析蛋白质组成成分、结构和微观结构。

9.3.1 粒径和电位

蛋白质的粒径是影响其乳化特性的关键因素。如表 9-4 所示，0~6min 内超声时间延长，SC 的粒径显著减小（$P<0.05$），但进一步延长超声处理时间没有显著减小 SC 的粒径（$P<0.05$）。由于超声波的空化效应，SC 的颗粒被分散成更小的尺寸。超声处理后，大豆分离蛋白、藜属植物种子分离蛋白、肌动球蛋白和牛奶蛋白浓缩物等一系列蛋白质粒径减小，与我们的研究结果相似。蛋白质粒径的减小增加了其表面积，有利于蛋白质的水合。并且小的粒径促进了蛋白质吸附到油水界面的速率，从而降低油水界面的界面张力。这一结果将提高乳液的稳定性，这与预乳化液的乳化特性结果一致（图 9-1）。另外，超声波处

理后电位绝对值无明显变化（$P>0.05$），可能是我们实验中的超声波处理条件对 SC 的化学性质影响相对较小。Furtado 等研究也表明超声（20kHz，300W）处理 SC 的电位值没有随超声时间的增加而改变。

表 9-4　超声波对 SC 的粒径和电位的影响

超声时间（min）	粒径（nm）	电位（mV）
0	274.9±5.1[a]	−11.73±1.01[a]
3	241.0±3.7[b]	−13.07±0.32[a]
6	208.3±3.2[c]	−12.98±0.50[a]
9	205.1±9.1[c]	−12.76±0.83[a]

注　不同字母表示不同样品间差异显著（$P<0.05$）。

9.3.2　蛋白质组成

由图 9-18 可知，超声波处理前后 SC 的组成成分和含量没有明显差异，表明超声波处理不会改变 SC 的主要结构。可以合理地推测，超声波处理产生的空化效应可能对 SC 的多肽主链没有影响。Saleem 等报道低频超声处理（频率为 20kHz，功率为 120W，时间为 0、5min、10min、20min 和 30min）不会引起肌原纤维蛋白的裂解。Wang 等的研究也表明，在未还原和还原条件下，未处理组和超声波处理组的（功率为 300W，频率为 20kHz，时间为 0~20min）鹰嘴豆分离蛋白之间的谱带均无明显差异。此外，超声波处理的乳清分离蛋白和浓缩牛奶蛋白的分子量（频率为 20kHz，强度为 -48W/cm²，时间为 15min）降低，上述差异的现象可能是与不同的超声条件、样品量和蛋白质类型等其他因素有关。

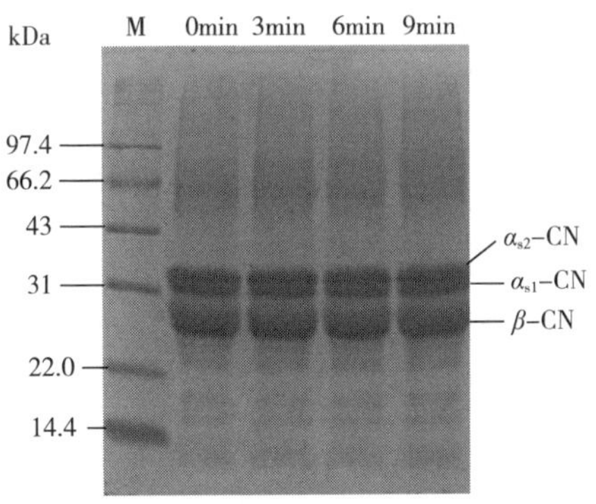

图 9-18　超声波对 SC 的组成成分的影响

9.3.3　二级结构

FTIR 常用于表征蛋白质的二级结构。在 FTIR 中可以观察到 3 个反映蛋白质二级结构变化的重要区域：酰胺Ⅰ区（1700～1600cm^{-1}），酰胺Ⅱ区（1600～1500cm^{-1}）以及酰胺Ⅲ区（1500～1100cm^{-1}），其中含有主要信息的是酰胺Ⅰ区（α-螺旋，β-转角，β-折叠和无规则卷曲）。该区域主要与N—H基团的面内弯曲，C_{α}—CN弯曲，C═O基团的拉伸振动有关，在一定程度上包括肽键中C—N的拉伸振动。图9-19显示SC的FTIR的变化，超声前后，酰胺Ⅰ区的峰位置（1656.78cm^{-1}）没有变化。

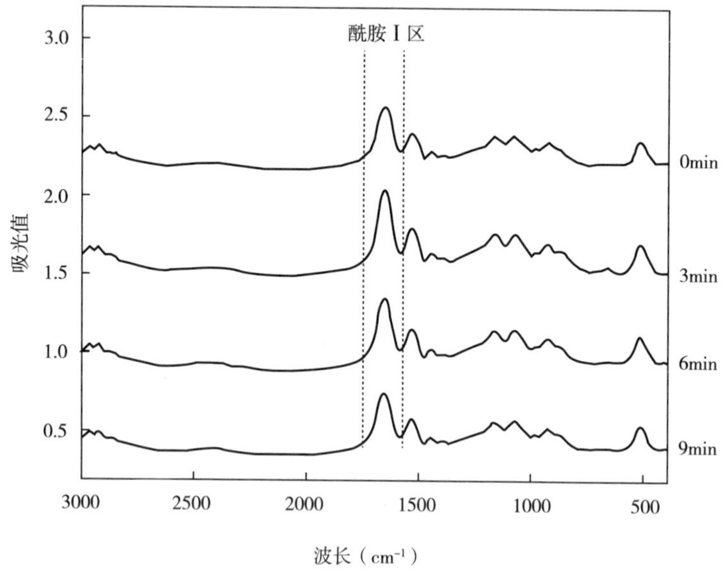

图9-19 超声波对SC的FTIR的影响

光谱大致反映蛋白质二级结构的变化，具体的二级结构信息见表9-5，4组SC的α-螺旋，β-转角，β-折叠和无规则卷曲的值无明显差异（$P>0.05$）。这些结果表明超声波未改变SC的二级结构。超声波产生的空化效应破坏了三级结构（图9-20～图9-22），但保留了大部分完整的二级结构碎片。Xiong等文献报道超声波对蛋白质的二级结构没有影响。另外，Yang等证明超声波处理的大米蛋白的α-螺旋和β-转角的含量降低，同时β-折叠和无规卷曲的含量增加。Ma等研究表明超声处理后，β-乳球蛋白的α-螺旋和β-折叠结构含量增加，无规则卷曲减少。截然不同的结果可能是由于蛋白质自身的特征。

表 9-5　超声波对 SC 的二级结构的影响

超声时间（min）	α-螺旋	β-折叠	β-转角	无规则卷曲
0	41. 21±1. 42[a]	24. 12±0. 77[a]	17. 38±0. 64[a]	18. 72±0. 51[a]
3	39. 07±2. 89[a]	25. 20±0. 40[a]	17. 71±0. 72[a]	19. 25±1. 52[a]
6	41. 86±1. 05[a]	24. 34±0. 71[a]	17. 63±0. 79[a]	20. 56±1. 23[a]
9	40. 85±2. 45[a]	24. 32±0. 05[a]	18. 57±0. 06[a]	19. 65±1. 35[a]

注　不同字母表示不同样品间差异显著（$P<0.05$）。

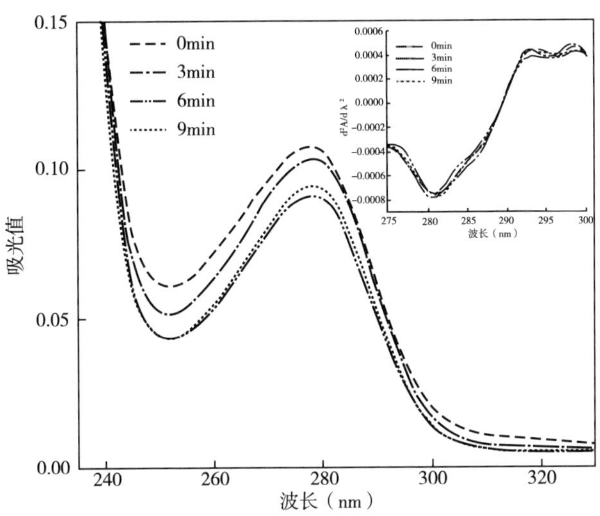

图 9-20　超声波对 SC 的初级和二阶导数紫外可见吸收光谱的影响

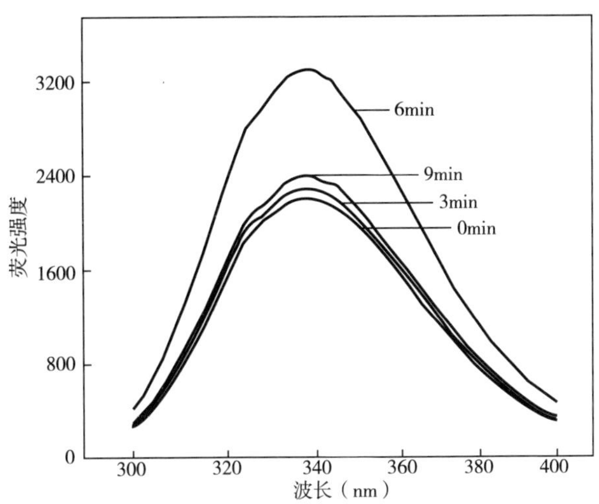

图 9-21　超声波对 SC 的内源性荧光的影响

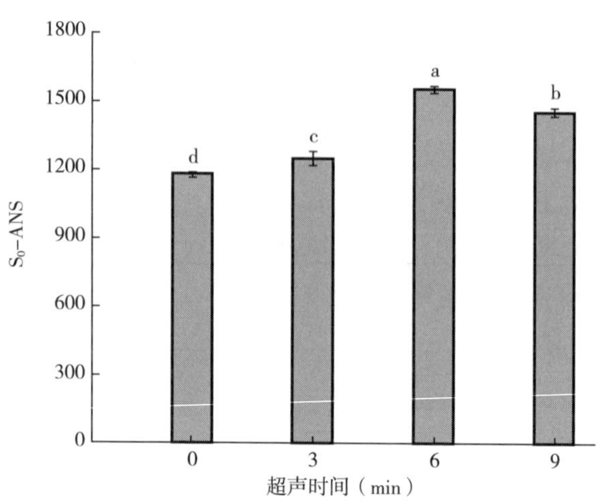

图 9-22　超声波对 SC 的表面疏水性的影响

注　不同字母表示不同样品间差异显著（$P<0.05$）。

9.3.4　三级结构

9.3.4.1　紫外可见吸收光谱

由于芳香族氨基酸残基（酪氨酸、色氨酸和苯丙氨酸）对环境敏感，利用紫外可见吸收光谱可观察到蛋白质三级结构的变化。图 9-20 中分别显示超声波处理 SC 的初级光谱和二阶导数光谱。在 278nm 左右的初级光谱出现吸收峰，表明 SC 中存在芳香族氨基酸残基，超声波处理后，吸收峰向较长波长方向微移，表明 SC 的构象发生变化。与初级光谱相比，二阶导数光谱是探究芳香族氨基残基微环境变化的一种有效分析工具，可以将初级光谱中重叠区域划分为芳香侧链的独立作用。二阶导数光谱中存在两个峰（292nm 和 297nm）和两个波谷（281nm 和 295nm）。292nm 处的峰表征酪氨酸和色氨酸两个残基的数量和分布的波动。在超声波作用下，峰值出现蓝移，二阶导数光谱的蓝移通常意味着溶剂极性的增加。结果表明，超声波处理导致酪氨酸和色氨酸暴露在蛋白质表面，改变蛋白质的构象，并导致酪氨酸和色氨酸基团向更高极性环境移动。

9.3.4.2　内源性荧光

内源性荧光光谱表征芳香族氨基酸残基的暴露程度，通过光谱变化提供蛋白质结构的进一步信息。色氨酸在蛋白质中的位置对内源性荧光有重要的影响。而且，色氨酸的内源性荧光对微环境极性特别敏感，可用于监测蛋白质的三级结构变化。如图 9-21 所示，所有处理组的最大荧光发射波长约为338nm。超声波处理后，荧光强度逐渐增加。这可能是由于蛋白质的构象改变，原本埋藏在蛋白质内部的色氨酸和疏水基团暴露。Vera 等报道藜麦蛋白荧光强度的增加可能是由于超声波改变了蛋白质的结构和构象。此外，超声波时间为 6~9min 时，蛋白质发生荧光猝灭现象，延长超声波时间可能诱导 SC 疏水性重排，包埋一部分色氨酸。这些结果表明，超声波影响 SC 的疏水相互作用和三级结构。

9.3.4.3　表面疏水性

表面疏水性可以反映蛋白质分子表面疏水基团的数量，表面疏水性与蛋白质的功能性有关，可以作为蛋白质结构变化的一个因素。ANS 是一种有效的荧光探针，其对疏水位点具有高度的特异性，S_0-ANS 表征蛋白质的表面疏水性。SC 的 S_0-ANS 随超声波时间的变化如图 9-22 所示，超声时间为 0~6min，蛋白质的 S_0-ANS 显著增加（$P<0.05$），这可能是由于超声波的空化效应诱导蛋白质分子解链。另外，蛋白质颗粒尺寸减小增加其表面积（表 9-5）。这些结果导致最初在蛋白质分子内部的疏水基团暴露在极性环境中，导致 S_0-ANS 数值增加。表面疏水性的增加可提高 SC 的柔韧性，并降低空气—水界面吸附的能量屏障，因此促进蛋白质在油水界面的吸附，改善乳液的乳化能力有利于乳液稳定。但超声波时间延长后 S_0-ANS 含量下降，说明超声波时间延长可能导致蛋白质部分变性。随着表面疏水性增加，部分变性蛋白质可能更广泛地结合，降低表面疏水性。超声波处理蛋清也观察到类似结果，过度超声处理可能使蛋白质单体形成二聚体或聚合物。超声波处理 SC 荧光强度的变化趋势与 S_0-ANS 完全一致。

9.3.5　微观结构

利用扫描电子显微镜探究超声处理对 SC 微观结构的影响。图 9-23 显示了超声波处理的 SC 在两个放大倍数（×3300，×13000）下的微观结构。SC 颗粒大致呈球形，直径不均匀。自然状态下的 SC 呈团聚体，并且结构致密。超声处理后，大团聚体被破碎成小的碎片，较小的碎片导致 SC 分子表面积增大，并且形成更加不均匀和无序的结构。这可能是由于空化效应暂时分散了聚集体并破坏了聚合物链中的共价键，从而导致大分子解聚，蛋白质分子结构展开。微观结构的变化再次证明超声波处理后的 SC 结构改变，这些变化增加了蛋白质—水相互作用和蛋白质—油相互作用，提高了 SC 的乳化特性，从而在乳化过程中形成致密的界面膜，提高预乳化液的稳定性。

图 9-23 超声波对 SC 的微观结构的影响

注 A：0min，×3300；B：3min，×3300；C：6min，×3300；D：9min，×3300；E：0min，×13000；F：3min，×13000；G：6min，×13000；H：9min，×13000。

以上研究表明超声处理的 SC 粒径显著降低（$P<0.05$）；电位绝对值无变化；SC 的组成成分和含量没有明显差异（$P>0.05$），表明超声波处理不会改变 SC 的主要结构；SC 的 α-螺旋、β-转角、β-折叠和无规则卷曲的值无明显的差异（$P>0.05$）；紫外可见吸收光谱的波长发生红移，表面疏水性和荧光强度先增加后降低；表明 SC 解链，其结构改变。扫描电子显微镜显示超声处理的 SC 聚集体被破碎成更小的碎片，较小的碎片导致 SC 分子表面积增大，并且形成更加不均匀和无序的结构。综上所述，超声波改变 SC 的理化和结构特性，增加蛋白质—水相互作用和蛋白质—油相互作用，进而提高 SC 的乳化特性，从而有利于乳化过程中形成致密的界面膜，提高预乳化液的稳定性。

9.4 超声预乳化植物油对鸡胸肉肌原纤维蛋白复合凝胶功能特性的影响

为降低肉制品中饱和脂肪酸含量，本研究采用超声处理制备预乳化的植物油替代动物脂肪。鸡胸肉肌原纤维蛋白—大豆油复合凝胶（SMG）由 3%鸡胸肉肌原纤维蛋白、27.5%大豆油和 0.5%酪蛋白酸钠在磷酸缓冲液（0.6mol/L NaCl，50mmol/L Na_2HPO_4/NaH_2PO_4，pH 6.25）中混合制成。从流变特性、保水保油性、质地特性以及微观结构等方面，研究了超声处理后酪蛋白酸钠稳定的预乳状液对鸡胸肉肌原纤维蛋白凝胶特性的影响。

9.4.1 超声处理对 SMG 流变特性的影响

9.4.1.1 黏度

肉类蛋白凝胶抗流动性或抗内摩擦力可以用黏度来衡量。对照组和处理组的剪切速率和黏度之间的关系见图 9-24。和对照组相比，超声波处理组的初始黏度显著降低（$P<0.05$）。超声波空化效应引起食品流体流动性变化，进而影响乳化液的功能特性。随不同的超声波时间处理，初始黏度从 109.33Pa · s（3min 处理组）增加到 117.33Pa · s（6min 处理组），然后降低到 107Pa · s（9min 处理组）和 98.53Pa · s（12min 处理组）。Choe 等和 Yapar 等研究表明乳状制品初始黏度的增加有助于提高产品的弹性和持水性。

随剪切速率的增加，不同处理组的黏度值呈下降趋势。在 $0.1s^{-1}$ 剪切速率时，所有样品的黏度范围为 98.53~141Pa · s，而当剪切速率为 $1000s^{-1}$ 时，所有样品的黏度范围减少为 0.067~0.088Pa · s。产生的这种剪切稀释现象可能归因于空化过程中产生的物理作用力。液体介质受剪切力和湍流等强力作用，会对布朗运动和蛋白质—蛋白质或者蛋白质—脂肪之间的弱键产生综合效应。当剪切速率增加到足够客服布朗运动和分子碰撞作用力时，乳化液液滴在流场作用下变得更加有序，从而降低了剪切抗性，使黏度降低。剪切稀释现象说明了对照组样品是假塑性流体（图 9-25），经过超声波处理的复合乳化液同样保持着假塑性。

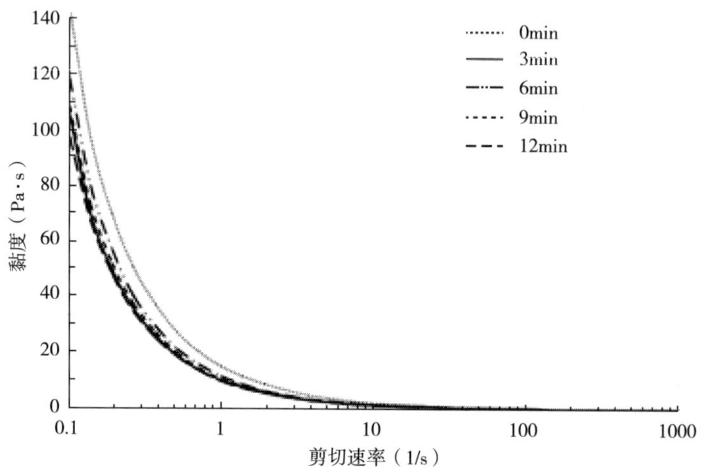

图 9-24　不同超声波预处理时间对鸡胸肉肌原纤维蛋白—大豆油复合乳化液黏度的影响

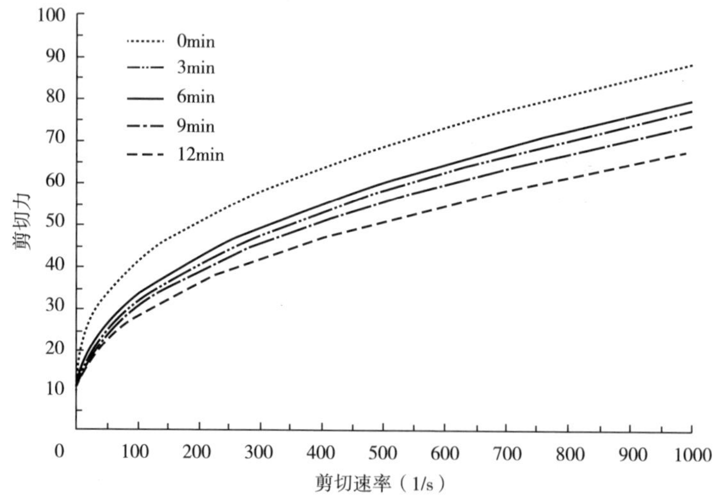

图 9-25　超声波处理时间对乳化液剪切力与剪切速率关系的影响（*n*=3）

9.4.1.2　动态黏弹性测定

动态流变学能够敏感地、非破坏性地检测复合凝胶模型的形成过程。复合凝胶典型的 G' 、G''和 δ 模式随温度的变化分别见图 9-26、图 9-27 和图 9-28。储能模量 G'衡量了乳化凝胶体系网络结构的弹性形变特征。所有样品的 G'有 5 个转变温度，分为 4 个关键性过程：20~46℃、46~52℃、52~57℃和 57~72℃。从 20℃到 46℃，G'呈平稳增加趋势，46℃后 G'急剧增加，表明了凝胶化即弹性蛋白网络结构形成的开始，可能是肌球蛋白重链解折叠的结果。G'的峰值出现在 52℃，添加了超声波处理 6min 预乳化液样品的 G'值最大，为 935Pa，其余各组依次为 904Pa（9min）、808Pa（12min）、650Pa（3min）和 595Pa（对照组）。52℃后 G'有短暂性的下降，这跟之前的研究相似。在此过程中，主要是非共价键和短期的分子间作用、蛋白质—蛋白质之间连接的变性和断裂，造成临时蛋白质网络结构的崩溃和瓦解，解折叠和蛋白质分子的流动相增加，最终导致 G'下降。随后一直到 72℃，G'迅速上升，新键的形成产生了乳化凝胶稳固的网络结构。通过添加经过超声波处理的预乳化液能显著提高复合凝胶的 $G'_{72℃}$，表明添加了超声波处理的预乳化液的复合溶胶在加热过程中形成的网络结构具有较佳的黏弹性。

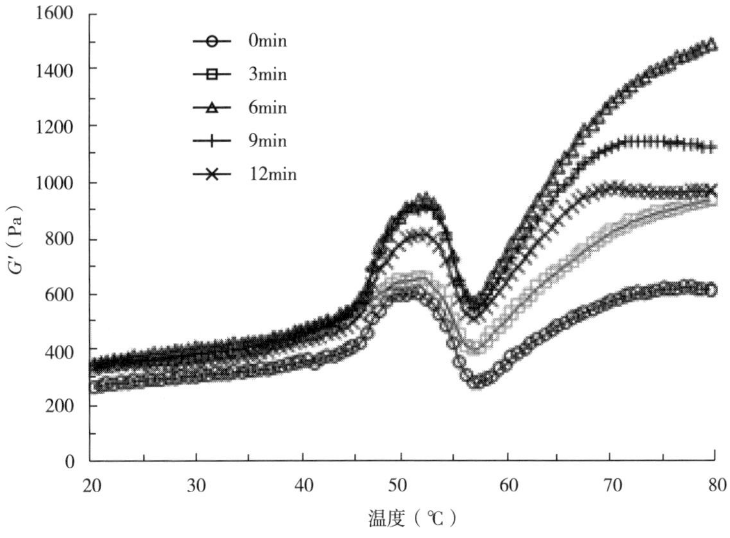

图 9-26　超声波处理时间对乳化液储能模量的影响

复合乳化液流变学的热诱导变化具有高度的温度依赖性。这些温度转折点表征了凝胶强度的转变。凝胶形成过程中最重要的温度为57~72℃，因为此温度阶段内弹性的变化率和凝胶形成的表现具有显著相关性。在57~72℃温度范围内，弹性变化率是弹性模量增加值除以温度得到的斜度，弹性变化率从对照组的20.26Pa/℃显著增加到6min超声波处理组的29.67Pa/℃（$P<0.05$），这些结果表明超声波处理6min增加了交联和相互作用，聚集体有序地分布于展开的蛋白质分子之间，形成了较好的弹性凝胶网络。

损失模量G''用于衡量凝胶的黏性。复合乳化液在加热过程中由溶胶转变为凝胶，可以观测到G''具有和G'相同的趋势：一开始是从较低的G''到一个较高的G''的过渡态，随后G''下降，最终得到较高的G''（图9-27）。

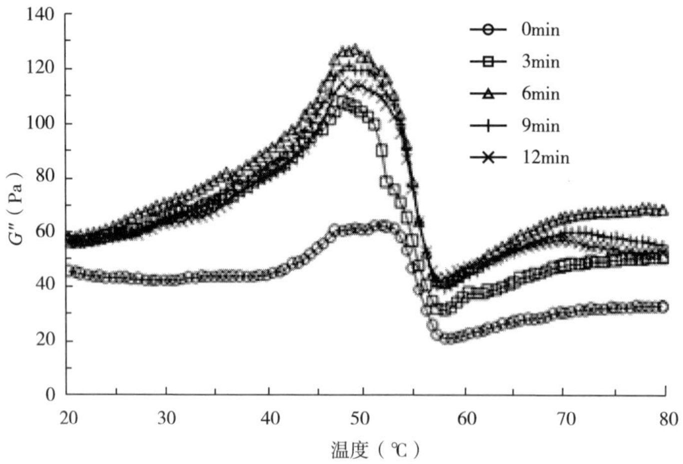

图9-27　超声波处理时间对乳化液损失模量的影响

δ表征样品的总体黏弹性。在一个单独的形变循环过程中，$\tan\delta$是损耗模量和储能模量的比值（$\tan\delta=G''/G'$），纯固体的$\tan\delta$为0，纯流体的$\tan\delta$无穷大。在20~57℃温度范围内，尽管对照组的δ与超声波处理组的显著不同，但所有凝胶在加热最后的δ均为3°（图9-28）。虽然超声波处理组的G'和G''都显著高于对照组，最终相同的δ值表明了所有样品凝胶化的形成。加热终点保持较低的δ和较高的G'表明了良好凝胶黏弹性的形成和凝胶化的完成。在72℃时，超声波处理6min组的δ显著（$P<0.05$）低于其他组（图9-28），这些结果表明当经过超声波处理6min的样品加入肌原纤维蛋白溶胶时，加热

过程中能够形成较佳的三维网状结构。

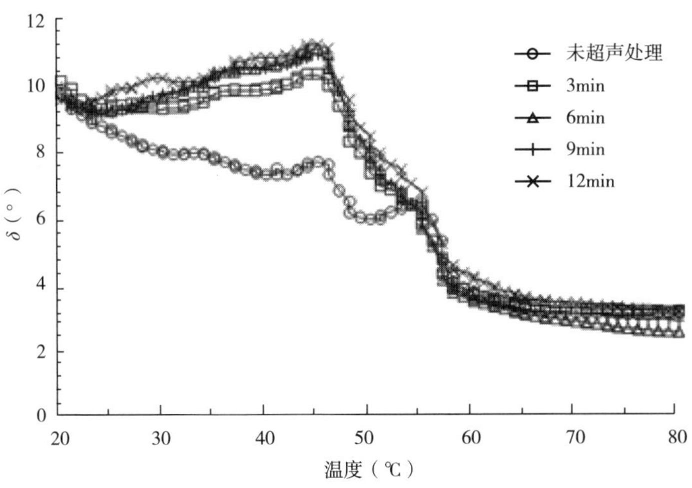

图 9-28　超声波处理时间对乳化液相位角的影响

9.4.2　质地特性

添加不同超声波时间处理预乳化液的复合凝胶质地剖面分析（texture profile nanlysis，TPA）结果见表 9-6。质地是决定凝胶感官品质的重要特性之一。所有 TPA 的数据显示，各处理组样品数值均显著高于对照组（$P<0.05$），尤其是硬度值增加了 93.3%～120.33%，咀嚼性增加了 110.75%～140.09%。超声波处理对弹性、内聚性和回复性也有显著的影响（$P<0.05$）。加入超声波处理 9min 和 6min 预乳化液的样品硬度值最高，其次是加入超声波处理 12min 预乳化液的样品。咀嚼性的变化趋势跟硬度类似。不同组乳化凝胶质地特性的差异可能是由添加的预乳化液特性不同引起的。在加入肉类蛋白质基质前，预乳化液在低温下经过超声波处理了 3～12min，空化作用引起分子的快速运动，水分子水解产生的羟自由基会加速化学反应和修饰一些分子，并且可能会增加酪蛋白分子之间的交联。与常规匀浆方式相比，高强度超声波能够产生更小的油滴。Youssef 和 Barbut 报道与用牛脂肪制备的肉制品相比，用芥花油制备的肉制品对挤压作用显示出较高的抗性，因为芥花油的油滴要小于牛脂肪球颗粒。一般来说，乳化界面上酪蛋白分子数量跟加热过程中蛋白质—蛋白质交联有关。超声波处理能够引起乳化界面油滴表面的变化，如

油滴的总表面积增加和酪蛋白分子暴露在油滴表面的程度增大，这些都有可能在预乳化液液滴的界面上结合更多的肌原纤维蛋白。质地特性的研究结果显示，添加超声波处理6min的预乳化液的肌原纤维蛋白溶胶经过加热具有较高的硬度和咀嚼性（表9-6）。这些结果表明，酪蛋白分子之间的交联和酪蛋白—肌原纤维蛋白之间的相互作用可能会导致加热过程中凝胶结构的加强。将超声波处理6min的预乳化液加入肌原纤维蛋白溶胶中，与添加没有经过超声波处理的预乳化液的对照组相比，复合凝胶的弹性、内聚性和回复性分别增加了5.62%、6.23%和6.25%。良好的弹性、内聚性和回复性显示出这些复合凝胶具有较好的弹性和较低的脆性。这些结果跟动态流变学测定一致，即超声波组 G' 显著高于对照组（图9-25）。

表9-6 不同超声波时间处理的鸡胸肉肌原纤维蛋白—大豆油复合凝胶的质地特性

超声波时间（min）	硬度（N）	弹性	咀嚼性	内聚性	回复性
0	$1.22±0.06^{d}$	$0.87±0.02^{b}$	$78.34±5.76^{c}$	$0.74±0.02^{b}$	$0.45±0.01^{b}$
3	$2.35±0.04^{c}$	$0.90±0.01^{a}$	$165.09±4.23^{b}$	$0.79±0.02^{a}$	$0.48±0.01^{a}$
6	$2.57±0.07^{ab}$	$0.92±0.01^{a}$	$185.64±5.53^{a}$	$0.78±0.01^{a}$	$0.48±0.01^{a}$
9	$2.68±0.11^{a}$	$0.91±0.03^{a}$	$192.78±11.51^{a}$	$0.79±0.01^{a}$	$0.48±0.01^{a}$
12	$2.55±0.12^{b}$	$0.91±0.02^{a}$	$183.24±11.12^{a}$	$0.79±0.01^{a}$	$0.48±0.01^{a}$

注 每组数据为（平均值±标准差）。不同字母表示纵列存在显著差异（$P<0.05$），$n=3$。

9.4.3 保水保油性

保水保油性（Water-and fat-binding capacity，WFB）是蛋白质的重要功能之一，在各种凝胶类食品体系中发挥着必不可少的作用。凝胶基质能够物理包埋和稳定水分子和乳化液脂肪颗粒，改善乳化肉制品的质地。在相同的蛋白质浓度（30mg/mL）下，所有包含超声波处理预乳化液的样品的 *WFB* 显著（$P<0.05$）高于对照组（图9-29）。6min处理组的 *WFB* 值高达92.3%，而没有加入超声波处理预乳化液的对照组的 *WFB* 值只有80.3%。*WFB* 的提高可能是由超声波处理导致的一些结构的变化引起的，如预乳化液中大豆油油滴粒度的降低。Kao等报道与非均质结构的凝胶相比，有序聚集的凝胶往往具有较高的 *WFB*。因此，我们猜测将超声波处理产生的较小预乳化液液滴加入

肌原纤维蛋白溶胶后，在加热过程中形成的均匀细腻的凝胶结构会发挥优良的保水保油性。

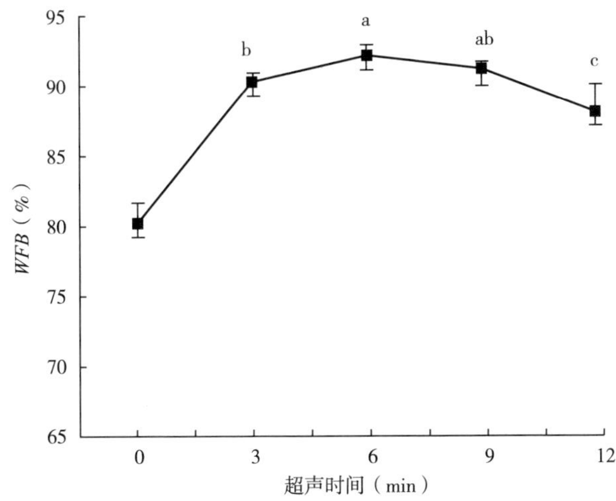

图 9-29　不同超声时间处理的鸡胸肉肌原纤维蛋白—大豆油复合凝胶的保水保油性

注　不同字母表示存在显著差异（$P<0.05$）。

超声波处理能有效提高 *WFB* 是因为较小尺寸预乳化液液滴的空间充填作用，复合凝胶具有比较紧凑的结构［图 9-30（c）］。在超声波作用下，空化效应在两种不能相互混合的液体（水和油）的界面释放高能量，促进乳化。空化气泡在液体周围产生强烈的剪切力使蛋白质和脂肪的分布更加平衡，产生更小的乳化液液滴。此外，高强度（低频率）超声波制备的 O/W 乳化液体系更加稳定，表现出较低程度的液滴絮凝现象。

超声波处理 6min 和 9min 组复合凝胶的 *WFB* 差异并不显著（$P<0.05$）。这些实验结果表明随超声波处理时间的延长，复合凝胶的 *WFB* 呈增加趋势，但是当超声波时间高达 12min 时，*WFB* 下降。复合凝胶较高的 *WFB* 表明，超声波处理能够作为一种具有潜力的新技术来减少低脂肉制品的脱水作用。

9.4.4　肌原纤维蛋白的微观结构

预乳化液中的脂肪/油分散在蛋白质基质中，最终混合到肉制品的肌原纤维蛋白凝胶中。预乳化液不同的超声波持续时间导致了复合凝胶微结构的不同（图 9-30）。相较对照组微观结构的粗糙，6min 和 9min 超声波处理组的复合凝胶网络结构密度较高。出现这种现象的原因可以用超声波作用来解释，0min 或 3min 超声波处理的乳化液液滴较大［图 9-30（a）、(b)］，而从图 9-30（c）、(e）可以看出，超声波处理 6min 以上的乳化液液滴颗粒较小，减少了网络结构之间的空隙。观测到的显微结构图象和 *WFB* 结果相一致。Wu 等报道物理和化学力都会促进复合凝胶流变学特性、保水性和油脂稳定性的增强。油脂的类型、界面膜的状态和预乳化液的液滴尺寸影响复合凝胶的 *WFB*。肉类乳化的稳定过程中不能忽视物理现象，脂肪乳化包括脂肪颗粒减小到提取出的肉类蛋白质能够包埋的尺寸。如果脂肪颗粒太大，就不能得到光滑稳定的乳化液，然而，如果脂肪颗粒被斩拌地过于细腻，导致总表面积太大或过多地脂肪细胞被破坏，也不能获得稳定的产品。当超声波时间高达 12min 时，乳化液中的油滴就被从肌原纤维蛋白网络结构中挤出，分散在周围的基质中［图 9-30（e）］。均匀空化的形成可能有助于水和油脂的固定，从而提高 *WFB*。SEM 观测到的结构也能解释复合凝胶的流变特性和质地特性。

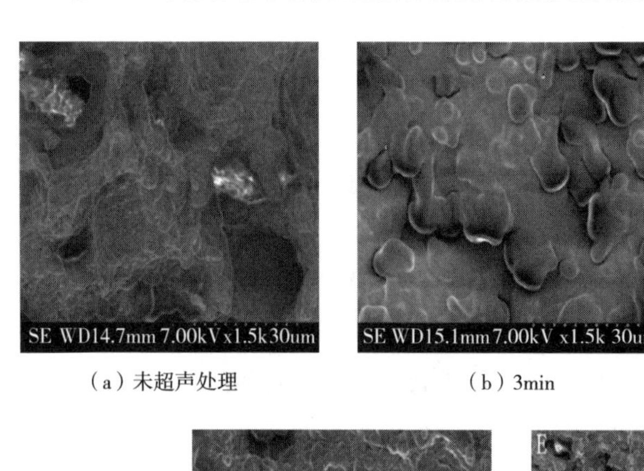

（a）未超声处理　（b）3min

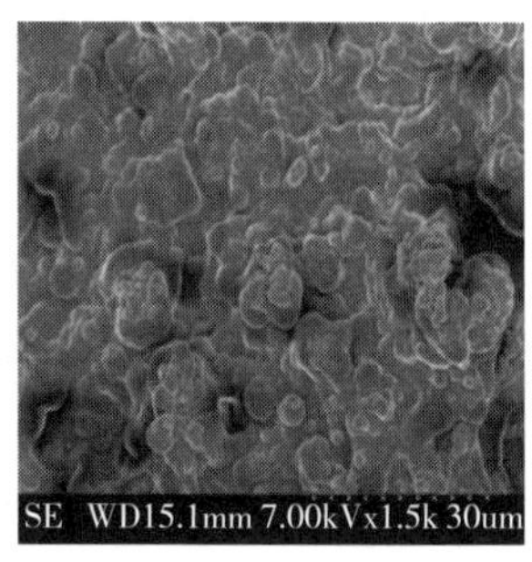

（c）6min

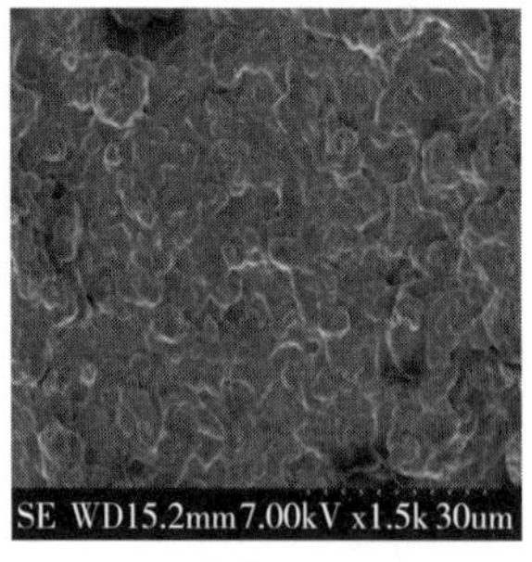

（d）9min

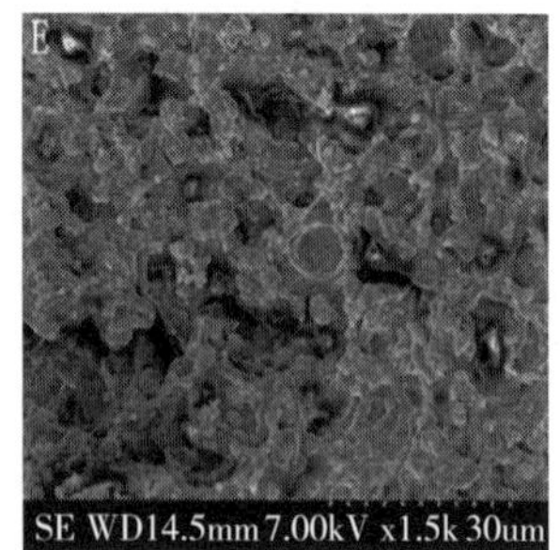

（e）12min

图 9-30　不同超声时间处理的鸡胸肉肌原纤维蛋白—大豆油复合凝胶的微观结构

9.4.5 TPA、WFB和流变特性的相关性分析

对TPA（硬度、弹性、咀嚼性、内聚性和回复性）、*WFB*和流变学数据进行了相关性分析。流变学（G'、G''和δ）、*WFB*和TPA的相关系数矩阵见表9-7。$G'_{72℃}$、$G''_{72℃}$与*WFB*呈极显著正相关（$P<0.01$），表明较好弹性凝胶网络能够更有效地固定水分和乳化液液滴。TPA各参数之间呈极显著正相关（$P<0.01$），TPA各参数与$G''_{72℃}$也呈极显著正相关（$P<0.01$）。凝胶的三维网络结构对质地特性、流变学特性以及其他功能如保水保油性具有决定性作用。电镜扫描微观结构为肌原纤维蛋白溶胶中添加超声波处理预乳化液的方法能达到改善凝胶结构的目的提供了物理性证据。优良凝胶结构的特征之一就是能够通过毛细管作用或基质的物理包埋效应有效地固定水分和乳化液液滴。实际上，从图9-30（a）（c）可以看出，与结构粗糙的对照组相比，添加了不同超声波时间处理的预乳化液的复合凝胶，不仅硬度有所改善，*WFB*也比对照组增强了高达44%（图9-29）。

表9-7 不同超声波处理时间复合乳化液的指标相关性分析

指标	$G''_{72℃}$	$\delta_{72℃}$	黏度0.1	黏度1000	*WFB*	硬度	弹性	咀嚼性	内聚性	回复性
$G'_{72℃}$	0.98**	-0.52**	-0.45*	-0.45*	0.81*	0.82**	0.68**	0.83**	0.67**	0.70**
$G''_{72℃}$	1.00	-0.32	-0.62**	-0.62**	0.86*	0.92**	0.73**	0.92**	0.78**	0.81**
$\delta_{72℃}$		1.00	-0.43*	-0.43*	-0.10	0.01	-0.09	-0.00	0.14	0.14
黏度0.1			1.00	1.00**	-0.53**	-0.79**	-0.54**	-0.79**	-0.72**	-0.76**
黏度1000				1.00	-0.53**	-0.79**	-0.54**	-0.79**	-0.72**	-0.76**
WFB					1.00	0.89**	0.74**	0.89**	0.79**	0.82**
硬度						1.00	0.78**	1.00**	0.87**	0.89**
弹性							1.00	0.81**	0.52**	0.58**
咀嚼性								1.00	0.86**	0.89**
内聚性									1.00	0.95**

注 *表示显著性，$P<0.05$；**表示显著性，$P<0.01$；黏度0.1表示剪切速率为0.1 s^{-1}时的黏度；黏度1000表示剪切速率为1000s^{-1}时的黏度。

以上研究表明超声处理组样品具有较好的黏弹性，质地特性和*WFB*都

有显著的提高（$P<0.05$）。超声 6min 时，复合凝胶具有均匀细腻的微观结构。相关性分析结果表明，$G'_{72℃}$ 和 $G'_{72℃}$ 都与 *WFB* 和 TPA（硬度、弹性、咀嚼性、内聚性和回复性）极显著相关（$P<0.01$）。这些研究结果表明，超声处理能够有效地改善乳化肉制品的脂肪酸组成，同时保证功能特性和较高产率。

9.5　本章小结

（1）以来源丰富且具有良好乳化特性的 SC 为乳化剂，探究超声波处理 SC 预乳化液的物理和化学稳定性，并从油—水界面特性揭示超声波稳定预乳化液的机制。超声波处理可提高 SC 预乳化液的物理和化学稳定性。经过超声波处理的预乳化液，特别是超声 6min，乳化特性显著提高（$P<0.05$），且有良好的物理稳定性（贮藏稳定、热稳定和冻融稳定）。预乳化液的饱和、单不饱和、多不饱和脂肪酸组成成分没有显著变化（$P>0.05$）。贮藏期间，超声 6min 和 9min 有效地抑制了预乳化液脂肪的氧化。相同超声条件下，液体基质中的过氧化氢含量显著增加（$P<0.05$）。超声 9min 预乳化液的蛋白质氧化程度最高。超声波有利于提高预乳化液的物理和化学稳定性，但是稳定预乳化液的蛋白质发生了氧化，因此需进一步探究其稳定机理。

（2）超声波处理（尤其是 6min）可改善 SC 预乳化液的界面特性，有利于预乳化液的稳定。经过超声波处理的预乳化液，*TSI* 值和界面张力降低，吸附蛋白质的浓度和界面蛋白质浓度增加，油滴周围形成一层致密且连续的界面蛋白质膜。贮藏过程中预乳化液中吸附蛋白质降解程度高于未吸附蛋白质，吸附蛋白质的氧化有效地抑制了预乳化液的脂肪氧化。超声波处理有助于 SC 的重排，提高 SC 在油水界面的吸附能力并形成稳定的乳液，降低界面张力，并形成较厚的界面膜，有利于预乳化液的物理和化学稳定性。

（3）超声波处理改变了 SC 的理化和结构特性，提高了蛋白质的柔韧性，有利于预乳化液的稳定性。SC 经过超声波处理，粒径显著降低（$P<0.05$），电位绝对值无明显变化（$P>0.05$）。SC 的含量和组成成分没有改变。SC 的 α-螺旋、β-转角、β-折叠和无规则卷曲的值无明显差异（$P>0.05$）。表面疏水性和荧光强度先增加、后降低，紫外可见吸收光谱的波长发生红移，SC 解链，三级结构发生变化。扫描电子显微镜结果表明，超声波破碎聚集状态的SC成小的碎片，较小的碎片导致SC分子表面积增大，并且形成更加不均匀和无序的结构。以上结果表明，超声波可以增加蛋白质—水相互作用和蛋白质—油相互作用，提高SC的乳化特性，从而在乳化过程中形成致密的界面膜，提高预乳化液的稳定性。

（4）将超声波预乳化植物油添加到鸡胸肉肌原纤维蛋白中，结果发现超声波处理预乳化液增加了肌原纤维蛋白质复合凝胶的硬度、弹性、咀嚼性；显著提高了肌原纤维蛋白—大豆油复合凝胶的保水保油性。超声波处理预乳化液与肌原纤维蛋白质复合的黏弹性显著增加，具有均匀细腻的微观结构；相关性分析显示了$G'_{72℃}$、$G''_{72℃}$与质地和保水性指标极显著相关。这些结果表明超声处理能够有效地提高预乳化液与肌原纤维的相互作用，改善复合凝胶的凝胶功能特性。

第 10 章　超声波处理对鹰嘴豆分离蛋白乳化液稳定性的影响及其对低脂猪肉糜品质特性的影响

乳化剂通常用于稳定乳液。与合成乳化剂相比，天然乳化剂具有生物降解性、可持续性和生物功能性等优点，因此天然乳化剂尤其是植物乳化剂备受关注。植物蛋白（大豆蛋白、乳清蛋白、豌豆蛋白等）常被用作乳化剂来研究乳化液的稳定性，目前将鹰嘴豆分离蛋白（chickpea protein isolate，CPI）直接作为乳化剂的研究相对较少。CPI 因其营养价值高、成本低而被用作天然乳化剂。然而 CPI 具有分子结构大、溶解度低以及静电排斥力弱等结构特性，降低了 CPI 分子在油/水界面上的移动和吸附速度，可能需要更长的乳化时间才能形成稳定的 CPI 乳化液。作为商品化乳化剂，CPI 乳化性能较差，不能满足现代食品工业的需要，这限制了它在实际生产加工中的应用。

超声波可以通过空化效应、动态振动、剪切应力等作用改善乳化剂的乳化稳定性。将蛋白质作为乳化剂，加入一定量的油脂，均质后形成粗乳化液，再对其进行超声处理制备为稳定的乳化液，这一过程通常描述为乳化后超声。已有的研究集中于探究乳化液的传统贮藏稳定性，但实际应用中，乳化液的冻融稳定性与各种加工处理和长期储存有关，尤其是乳化液的热稳定性关系到产品的烹饪质量。因此，需要进一步考虑在食品加工中热处理与冷冻处理工艺对超声波乳化液稳定性的影响。

随着人们对健康的日益关注，消费者对脂肪含量较低的低脂肉产品的需求量越来越大。在食品工业中，常用的脂肪代替物有碳水化合物原料、蛋白质类原料、脂肪基类原料以及混合原料。Pietrasik 等报道，乳化剂对质地、保水能力和降低脂肪含量有有益的影响，它们适合作为肉类产品中的脂肪替代品。在肉类制品的开发中，植物蛋白被广泛用于替代肉类和香肠等动物食品中，如大豆蛋白、豌豆蛋白、蚕豆蛋白等。CPI 作为一种主要的植物蛋白质来源，与动物蛋白相比，具有很高的营养价值。然而 CPI 的乳化性和溶解性差等不利特性限制了其广泛应用。植物油在食品中的应用会对产品质量产生负面影响。López-Pedrouso 等指出植物油乳化液稳定性差，与动物脂肪性质不同，会影响肉糜制品的乳化品质，此外，使用不饱和脂肪代替饱和脂肪在口感、风味或酸败度方面存在技术挑战。含有植物油的产品会降低肉制品弹性并加速氧化，从而缩短储存期并导致营养损失。通过超声波处理增强 CPI 乳液的功能特性，是优质肉制品中脂肪替代的一种有前途的策略。

迄今为止，还没有研究利用超声 CPI 乳化液在乳化肉制品配方中替代脂肪，因此，本章将研究超声处理 CPI 乳液替代猪背脂肪对猪肉饼理化、水分分布和流变特性的影响。

10.1 超声波处理对鹰嘴豆分离蛋白乳化液稳定性的影响

本研究探讨了不同超声时间处理对 CPI 乳化液稳定性的影响，通过分析超声 CPI 乳化液的乳化活性、乳化稳定性、粒径、电位、Turbiscan 稳定性指数、微观结构、贮藏稳定性、热稳定性、冻融稳定性的变化，旨在提高 CPI 乳化液的应用价值，为后续开发低脂乳化型肉制品提供数据基础。

10.1.1 乳化特性分析

EAI 和 *ESI* 是反映蛋白质乳化液乳化特性最常用的指标。不同超声时间处理对 CPI 乳化液 *EAI* 和 *ESI* 的影响见表 10-1。由表 10-1 可知，随超声时间的延长，*EAI* 显著增加（$P<0.05$），超声波处理 0～12min，*EAI* 从（26.28±0.13）m^2/g 增加到（51.67±0.12）m^2/g，超声 12min 时的乳化性最好，这可能是因为超声处理造成的空化效应会破坏维持蛋白质空间结构稳定性的非共价键，使 CPI 暴露更多疏水基团，其表面疏水性增加，并有效增强油—水界面的吸附作用，增强 CPI—油的相互作用，这种改善效果与超声时间有着密切的关系，超声时间越长，对蛋白质空间结构的破坏力也越强，会更有效的促进 CPI—油的相互作用。*ESI* 趋势与 *EAI* 一致，也随超声时间的延长而显著增加（$P<0.05$）。与未超声波处理组（77.87±0.05）min 相比，超声处理 12min 的 CPI 乳化液的 *ESI* 达到最大值（99.32±0.13）min，表明超声处理显著改善

了 CPI 的乳化稳定性，超声波的空化作用可解聚聚集的蛋白质，加快其在水油界面的扩散速率，增强其在水油界面的结合能力，改善其乳化稳定性。Qayum 等的研究发现超声时间的增加改善了蛋白质乳液的 *EAI* 和 *ESI*，这与本研究结果类似。

表 10-1 不同超声时间处理对 CPI 乳化液 *EAI* 和 *ESI* 的影响

超声时间（min）	*EAI*（$m^2 \cdot g^{-1}$）	*ESI*（min）
0	26.28 ± 0.13^e	77.87 ± 0.05^e
3	40.42 ± 0.06^d	80.30 ± 0.32^d
6	47.97 ± 0.02^c	95.68 ± 0.04^c
9	49.76 ± 0.03^b	97.71 ± 0.21^b
12	51.67 ± 0.12^a	99.32 ± 0.13^a

注 同列不同小写字母代表组间差异显著（$P<0.05$）。

10.1.2 乳析指数和表观稳定分析

乳析指数（crearning index，*CI*）是指乳化液油滴在贮藏过程中与水相的聚集和分离程度，可用于评价乳化液的贮藏稳定性，*CI* 越低，则乳化液更稳定。不同超声时间处理对 CPI 乳化液 *CI* 和表观稳定的影响如图 10-1 和图 10-2 所示。在贮藏过程中，未经超声波处理的 CPI 乳化液的 *CI* 最高，在贮藏第 1 天已出现分离现象，表明其稳定性最差。超声波处理可显著改善这一现象，超声时间越长，CPI 乳化液的稳定性越好，分层现象越不明显，同时 *CI* 越低。由图 10-2 可知，新制备的 CPI 乳化液呈均匀乳白色，随贮藏时间的延长，乳化液出现分离现象。14 天时，油滴聚集，较大的油滴加速了乳化液的聚集和乳析。当超声处理 12min 时，CPI 乳化液没有发生明显分层现象，这可能是超声波产生的空化效应导致油滴之间的排斥力更强，超声时间的增加提高了乳化液的乳化特性，当油滴被大量蛋白质包被时，二者之间的排斥力增强，高静电排斥力会导致更强的乳化液稳定性，有效抑制乳化液的相分离。本研究结果与 Li 等研究超声花生分离蛋白、大豆分离蛋白玉米油乳液的贮藏稳定性的结果较一致。

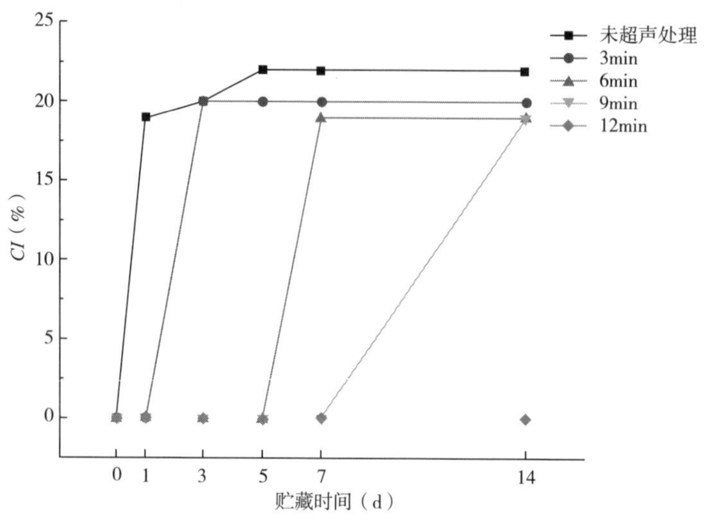

图 10-1　不同超声时间处理对 CPI 乳化液 *CI* 的影响

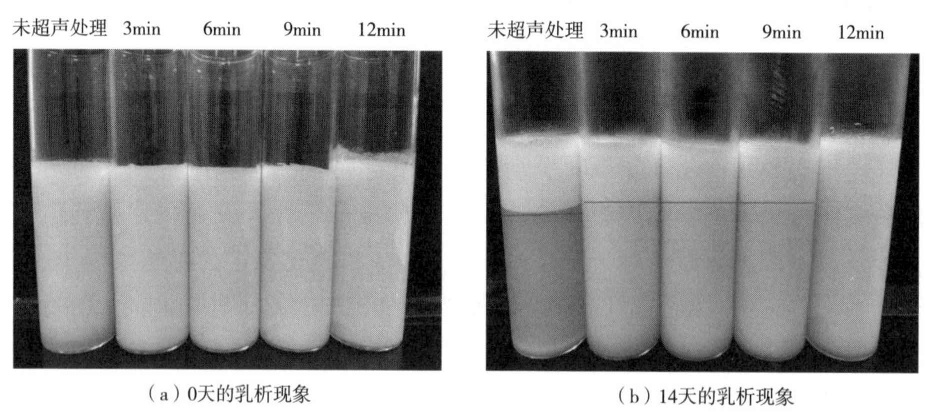

（a）0天的乳析现象　　（b）14天的乳析现象

图 10-2　不同超声时间处理对 CPI 乳化液贮藏稳定性的影响

10.1.3　平均粒径分析

粒径大小可直观反映乳化液体系的稳定性。不同超声时间处理对 CPI 乳化液平均粒径的影响如图 10-3 所示，其中，不同上标小写字母表示组间差异显著（$P<0.05$）。由图 10-3 可知，未超声波处理的平均粒径为（11.12±0.077）μm，随超声时间从 3min 增加到 12min，CPI 乳化液的平均粒径由（9.22±0.12）μm 降至（3.53±0.25）μm，超声波处理可显著减小 CPI 乳化

液的平均粒径（$P<0.05$），超声 12min 时粒径最小，这可能是由超声波空化效应产生的剪切力导致的。随超声时间的增加，产生的空化力逐渐增加，对 CPI 的作用强度随之增强，液滴不断被破碎，平均粒径不断减小。该结果也进一步反映了超声 12min 时的乳液稳定性最好。超声处理产生的空化力，以及超声处理过程中的微流和湍流力，即颗粒在正面和切向碰撞时的剧烈搅动使液滴减小。此外，由于碰撞效率降低，较小的液滴尺寸可以增强乳液的稳定性。Ahmed 等研究了不同超声时间处理对大豆分离蛋白乳液稳定性的影响，发现经超声波作用后的乳液粒径显著减小，乳液的稳定性提高。

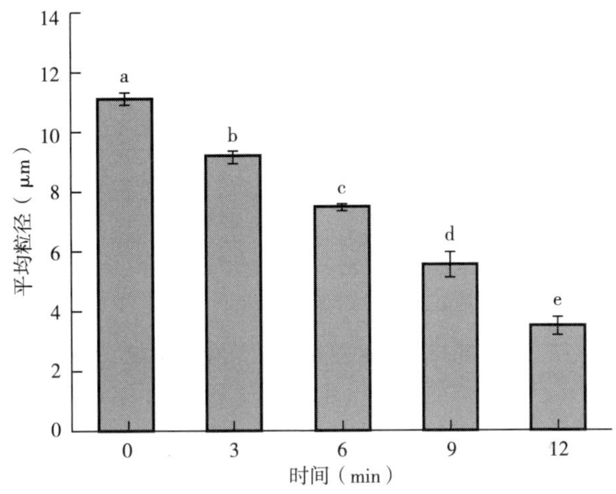

图 10-3　不同超声时间处理对 CPI 乳化液平均粒径的影响

10.1.4　微观结构分析

超声波乳化主要有 3 个阶段：油滴的变形和断裂、乳化剂向油滴表面的转移和吸附以及乳化液液滴相互碰撞并融合。超声波处理过程中，空化气泡的瞬时破裂会导致气泡周围的压力和体积迅速变化从而产生剪切力。气泡破裂产生的高压也会破坏悬浮在液体中的固体颗粒和较大的液滴。不同超声时间处理对 CPI 乳化液微观结构的影响如图 10-4 所示。由图 10-4 可知，未超声处理组的液滴较大且分布不均匀，而较大油滴不利于乳化液稳定。与未超声处理组相比，随超声时间的延长，CPI 乳化液的液滴逐渐减小，当超声时间为 12min 时，CPI 乳化液的液滴最小且分布均匀，这与粒径变化一致。超声处理后 CPI 聚集减少，有助于 CPI 在油水界面吸附，从而使乳化液具有更好的稳定性。本研究与 Xu 等研究的不同超声时间下改性 CPI 乳化液的微观结构的结果较一致。

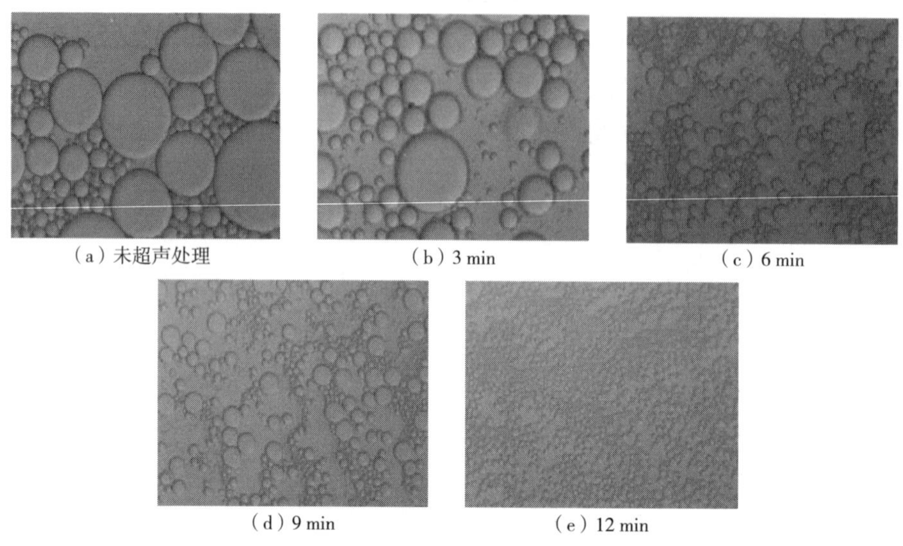

图 10-4　不同超声时间处理对 CPI 乳化液微观结构的影响

10.1.5　Zeta-电位分析

Zeta-电位能反应乳液分散体系中蛋白质颗粒间的静电相互作用，乳液的稳定性可以通过增加油滴排斥力来增强。乳化液液滴电荷的标志和大小对乳化液的稳定性有显著影响，Zeta-电位绝对值越大，乳化液越稳定。不同超声处理时间对 CPI 乳化液 Zeta-电位的影响如图 10-5 所示。由图 10-5 可知，经超声波处理后，CPI 乳化液的 Zeta-电位绝对值均高于未超声波处理组，且随超声时间的延长，Zeta-电位绝对值显著增大（$P<0.05$），当超声时间为 12min 时，CPI 乳化液的 Zeta-电位绝对值最大，为 52.57mV。这可能是由于超声可以展开 CPI 内部结构，在 CPI 表面暴露更多带负电的氨基酸，制备成乳液的 CPI 乳液液滴的表面电荷增加，较高的表面电荷可以增强乳液脂滴间的静电排斥，有助于减缓脂滴的沉降，增加脂滴分散性，从而抑制蛋白质聚集，提高分散稳定性。Silva 等研究超声酪蛋白葡萄籽油乳化液发现，随超声时间增加，乳化液的 Zeta-电位绝对值显著增加，液滴之间的静电斥力增大，乳化液体系更加稳定。

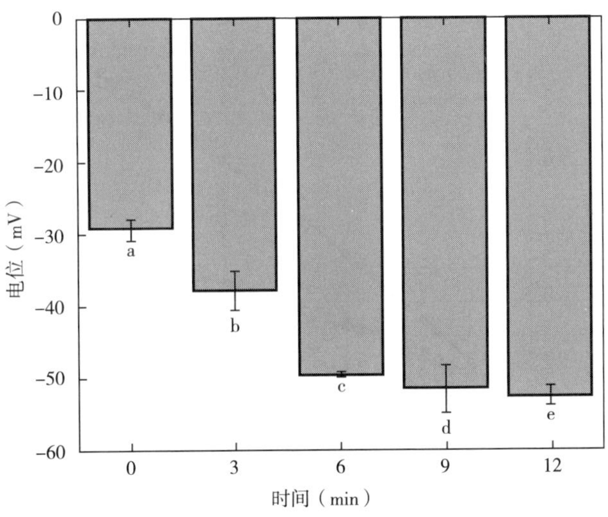

图 10-5　不同超声时间处理对 CPI 乳化液 Zeta-电位的影响

10.1.6　乳液不稳定性指数分析

乳液的 *TSI* 通过汇总乳析、絮凝、聚结等变化反映乳液的动态不稳定性。*TSI* 越小，表明乳液分散越慢，系统越稳定。不同超声时间处理对 CPI 乳化液 *TSI* 的影响如图 10-6 所示。由图 10-6 可知，测定开始的前 1400s 内，CPI 乳化液的 *TSI* 逐渐升高，之后趋于稳定。与未超声处理组相比，随超声时间的延长，CPI 乳化液的 *TSI* 逐渐减小。在超声时间为 12min 时，CPI 的 *TSI* 值最小。超声处理可提高 CPI 乳化液的稳定性，这与 *EAI*、*ESI* 的变化相对应。乳化液 *TSI* 明显减小，表明乳液体系更加稳定。超声时间的增加能够改善乳化液的物理稳定性，这可能是因超声的时间越久，CPI 中暴露的疏水残基越多，疏水残基增加了蛋白质分子对油水界面的亲和力，同时缩短了降低表面张力所需的时间，从而产生小脂滴。Vallath 在不同超声时间处理的鹰嘴豆蛋白亚麻籽油乳液中发现超声处理的乳液液滴表面负电荷密度增加，液滴之间的静电斥力增大，从而防止乳化液发生重力沉降或絮凝。

10.1.7　热稳定性分析

热处理是食品加工中最常用的方法之一。良好的热稳定性对乳化液至关重要。不同超声时间处理的 CPI 乳化液的热稳定性表观变化如图 10-7 所示。由

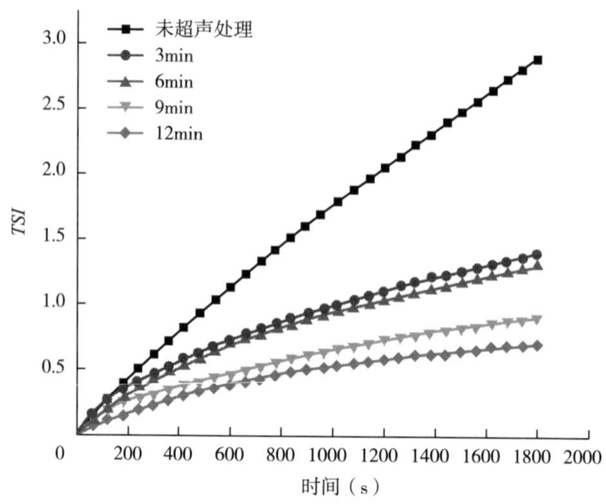

图 10-6　不同超声时间处理对 CPI 乳化液 *TSI* 的影响

图 10-7 可知，除了 0min 时未加热的乳液外，没有观察到明显的相分离。乳液的热稳定性取决于超声时间。根据图 10-8 可知，加热后，未超声处理组及超声时间为 3min 和 6min 的 CPI 乳化液的粒径均明显增大。乳化液粒径增大表明热处理会导致乳化液液滴聚结，粒径分布变得不均匀。受高温影响，原先稳定在油滴表面的部分 CPI 大分子易脱落，导致乳化液失稳，这与陈海华的研究结果较一致。超声时间大于 6min 后，CPI 乳化液的粒径未发生明显变化，这表明超声处理使 CPI 乳化液拥有较好的热稳定性。He 研究了超声波处理对酪蛋白酸钠乳化液热稳定性的影响，发现随超声时间的增加，乳化液的热稳定性增强。

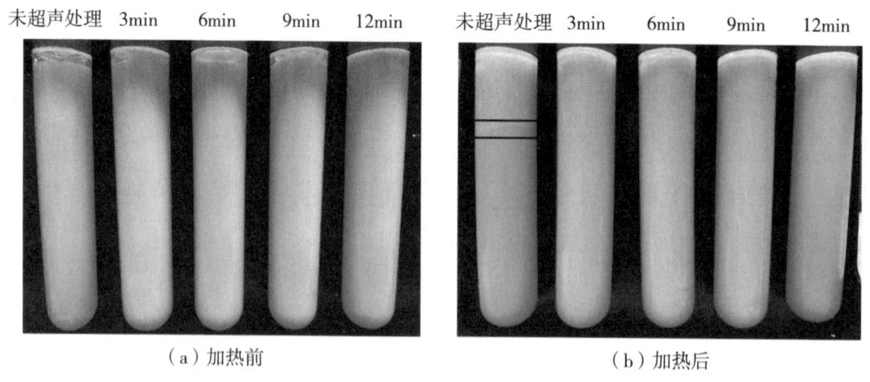

图 10-7　不同超声时间处理的 CPI 乳化液的热稳定性表观变化

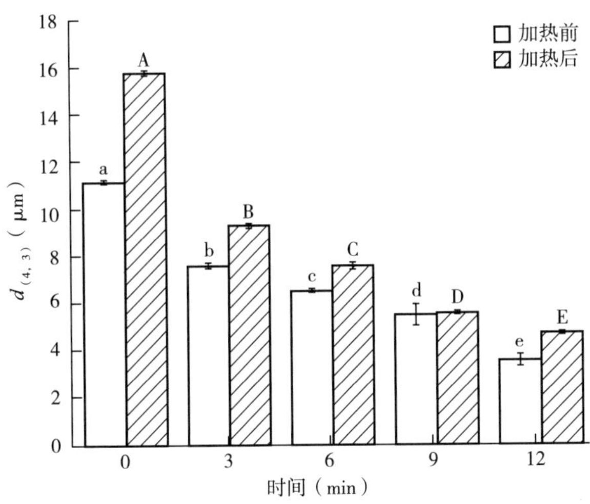

图 10-8　不同超声时间处理对 CPI 乳化液加热前后平均粒径的影响

10.1.8　冻融稳定性分析

冷冻是食品乳化剂在储存或运输过程中常用的延长保质期的方法，但许多食品乳化剂的冻融稳定性相对较差，在解冻过程中易发生界面膜破裂、液滴聚结、水油分离等现象。不同超声处理时间下 CPI 乳化液冻融稳定的表观变化如图 10-9 和图 10-10 所示。相较于未超声处理组，超声处理 12min 的 CPI 乳化液没有出现分层，乳化液较为稳定。随超声时间增加，乳液平均粒径显著降低。冷冻情况下，乳化液变得不稳定的主要原因是经冻融后水分子的结晶导致形成冷冻浓缩的未冻结水相，该水相浓缩在所有水溶质中。水相的离子强度增加，pH 降低。高浓度的盐可以屏蔽液滴之间的任何静电排斥，并更容易迫使它们靠近。超声波促进了液滴的破碎并形成了更小的液滴，防止冻融后的液滴聚集或聚结。随超声时间的增加，CPI 乳化液的冻融稳定性增强，这可能是因为超声空化效应增强了油水界面的吸附，增加了油滴之间的空间排斥力，从而抑制冻融后油滴的聚合。此外，界面层通过抑制液滴聚结，在乳液的冻融稳定性中起着重要作用。超声均质增强了乳化液的乳化性能，相比未超声处理组超声的 CPI 乳化液在 O/W 界面中吸附的蛋白质质量增加，从而形成致密的界面膜，改善了高度抗聚结的液滴之间的空间排斥。因此，可以得出超声改善了乳化液的冻融稳定性，当超声波处理

12min 时乳化液最稳定。

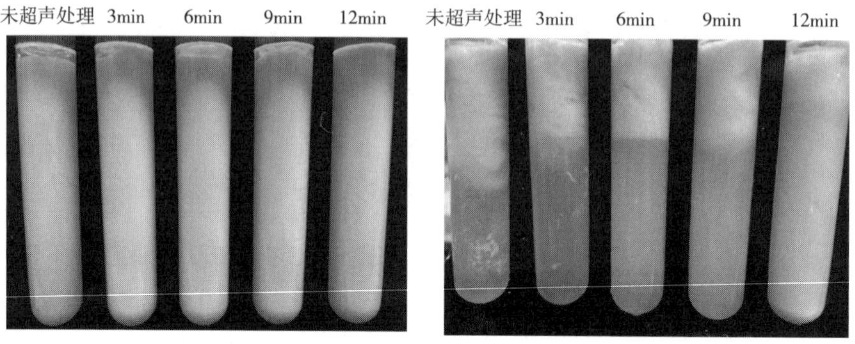

图 10-9　不同超声时间处理的 CPI 乳化液的冻融稳定性表观变化

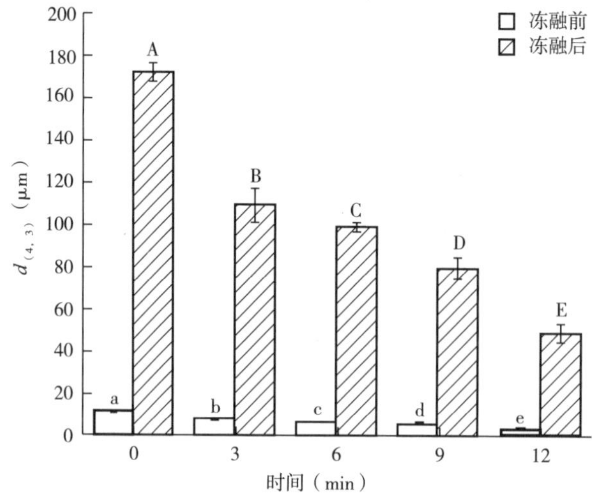

图 10-10　不同超声时间处理对 CPI 乳化液冻融前后平均粒径的影响

以上研究表明，与对照组相比，超声波处理显著改善了 CPI 乳化液的稳定性，在超声波处理 12min 时，*EAI* 提升至（51.67±0.12）m^2/g，*ESI* 增加至（99.32±0.13）min（$P<0.05$），贮藏稳定性效果最好，粒径达到最小值，为（3.52±0.25）μm；通过偏光显微镜观察发现超声波处理 12min 后，油滴变得更均匀、更小，电位绝对值最大［（52.57±1.31）mV］，Turbiscan 稳定性指数最低，CPI 乳化液稳定性提高；CPI 乳化液热稳定性和冻融稳定性测试表明，不同超声时间处理的乳化液的粒径存在显著差异，并在表观分层现象上

也差异明显。综上，超声波处理能改善 CPI 乳化液的各种物理稳定性，且超声处理 12min 时的效果最好。

10.2　超声波处理鹰嘴豆分离蛋白乳液对低脂猪肉糜品质特性的影响

随着人们对健康的日益关注，消费者对低脂肉制品的需求量越来越大。前一节研究表明，超声波处理 12min 有效改善了 CPI 乳状液的物理稳定性，为制备以植物蛋白为乳化剂的预乳化液提供了良好的思路。然而，关于超声波加工的 CPI 预乳化液在低脂肉糜中的应用效果并不清楚。因此，本节以 CPI 稳定的预乳化液为对象，研究应用超声波加工 CPI 预乳化液替代 25%猪脂肪加入猪肉糜中，测定猪肉肉糜的化学成分、乳化稳定性、质构特性、颜色、水分分布状态、流变学特性、微观结构以及感官评分等理化性质和品质指标，以期为超声波加工的植物油预乳状液在低脂肉糜加工中的应用提供理论依据。

10.2.1　化学成分

低脂猪肉糜的化学成分见表 10-2。与 T0 相比，由于预乳化液含有 CPI，添加预乳化液组（T1 和 T2）肉糜的蛋白质含量有所上升（$P<0.05$），而灰分含量略有下降（$P<0.05$）。T1 和 T2 的水分含量显著增加，这说明超声波乳化液的添加有助于提高肉糜的水分含量。使用 CPI O/W 乳液代替（T1 和 T2）部分猪背膘后，肉糜脂肪含量显著降低，超声波乳化液替代猪肉糜中的猪背膘具有良好的降脂效果。

表 10-2　CPI 乳化液替代部分猪脂肪的低脂肉糜的化学组成

组别	灰分（%）	脂肪（%）	蛋白质（%）	水分（%）
T0	$2.83±0.34^{a}$	$15.21±0.92^{a}$	$16.45±0.23^{a}$	$65.54±0.65^{a}$
T1	$2.66±0.77^{b}$	$14.86±0.83^{b}$	$16.66±0.16^{b}$	$66.23±0.17^{b}$
T2	$2.69±0.63^{b}$	$14.77±0.24^{b}$	$16.70±0.14^{b}$	$66.67±0.24^{b}$

注　T0 为对照组，T1 为未超声 CPI 乳液代替 25%脂肪，T2 为超声 CPI 乳液代替 25%脂肪。
不同字母表示同一列不同处理组之间的差异（$P<0.05$）。

10.2.2 乳化稳定性

肉糜的乳化稳定性即保水保油性，主要是指蒸煮损失。肉糜的蒸煮损失可在一定程度上代表肉糜对汁液的保持能力。不同的汁液保持能力会导致最终产品经咀嚼后汁液释放状态的差异。图 10-11 显示，与 T0 相比，添加植物油的预乳化液可显著降低肉糜的蒸煮损失；其中，超声波处理 CPI 乳化液组的蒸煮损失最低，大约降低了 6%。由各组的水分损失率和脂肪流失率可知，超声波预乳化液组为最低（$P<0.05$）。这说明超声波处理 CPI 乳化液与肉糜可较好地结合，可提高体系油和水的结合能力，从而减少加热后肉糜水分和脂肪的流失。Liu 研究表明乳化油可以形成致密的吸附层，将肉糜的水—油混合物包裹在内部，从而防止乳化肉制品加工过程中水和油的损失。CPI 乳状液经超声波处理后会产生大量的水包油液滴，液滴之间的排斥力更强，有效抑制乳液的聚结和相分离，从而降低肉糜油脂的流失。Lopez 研究发现了橄榄油乳化液代替低盐低脂牛肉饼中的猪背膘可以有效降低产品的蒸煮损失。Kang 利用预乳化红花油和磁场改性大豆 11S 球蛋白代替猪肉糜凝胶中的猪背膘，有效提高了肉糜凝胶的蒸煮得率。

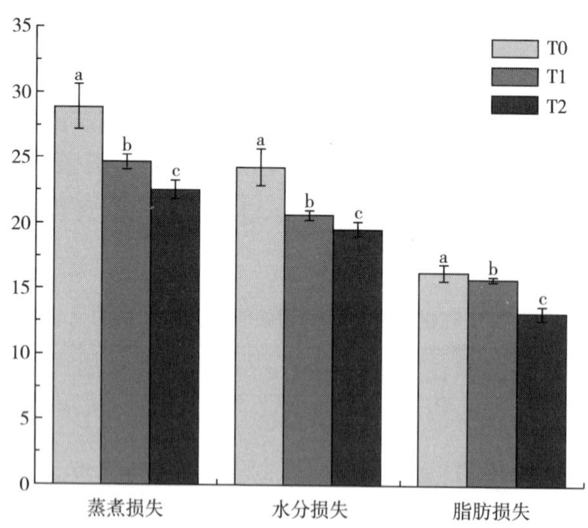

图 10-11 鹰嘴豆乳液替代脂肪的低脂肉糜乳化稳定性

注 T0 为对照组，T1 为未超声鹰嘴豆蛋白乳液代替 25%脂肪，T2 为超声鹰嘴豆蛋白乳液代替 25%脂肪。a~c 表示同一指标下不同处理组之间的差异（$P<0.05$）。

10.2.3　质构特性

质构特性是产品研发关注的重要性质。添加未超声波处理或超声波处理的 CPI 乳液代替脂肪的低脂肉糜的质构特性结果见表 10-3。不同处理组之间的肉糜硬度、咀嚼性、弹性存在差异显著（$P<0.05$），而咀嚼性、内聚性、回复性差异不显著。脂肪含量的直接降低导致 T0 肉糜组的质地柔软，弹性变差。由于 CPI 乳液具有较好的黏合性质，肉糜的硬度和弹性随 CPI 乳液的加入而增加，超声波处理的 CPI 乳液体系更加均一稳定，有利于乳液分散在肉糜体系中，促进良好质构特性的形成。另外，超声处理 CPI 乳液的热稳定性好于未超声的 CPI 乳化液，这也有助于肉糜的质构特性提升。此外，当油/脂肪用非肉类蛋白质预乳化时，更多的肉类蛋白质可用于肉类基质的凝胶形成。Kang 等将预乳化大豆油加入法兰克福香肠中，发现添加乳化液的法兰克福香肠的硬度高于对照组。Gao 等的研究表明，使用大豆蛋白预乳化葵花籽油替代肉糜中的猪背膘后，香肠的弹性显著增加。

表 10-3　CPI 乳液替代脂肪的低脂肉糜的质构特性

组别	硬度（g）	咀嚼性（g）	弹性	内聚性	回复性
T0	5811.30 ± 1571.8^{c}	3734.64 ± 137.6^{c}	0.858 ± 0.02^{b}	0.75 ± 0.01^{a}	0.35 ± 0.01^{a}
T1	6177.07 ± 457.1^{b}	4313.87 ± 484.8^{b}	0.892 ± 0.01^{b}	0.75 ± 0.01^{a}	0.38 ± 0.01^{a}
T2	6771.90 ± 614.53^{a}	4652.11 ± 508.9^{a}	0.923 ± 0.02^{a}	0.77 ± 0.01^{a}	0.39 ± 0.01^{a}

注　T0 为对照组，T1 为未超声 CPI 乳液代替 25%脂肪，T2 为超声 CPI 乳液代替 25%脂肪。不同字母表示同一列不同处理组之间的差异显著（$P<0.05$）。

10.2.4　色泽与 pH

猪肉糜颜色参数 L^*、a^*、b^* 以及 pH 如表 10-4 所示。与 T0 相比，添加超声波处理 CPI 乳液（T2）后，低脂肉糜的 L^* 增加至 76.37（$P<0.05$），这可能是因为乳剂滴液与肉糜均匀混合，使肉糜表面产生更多反射，同时，增加了肉糜的内部含水量，增强了光的反射和散射，提高了亮度。T1 和 T2 组肉糜凝胶的 a^* 降低，b^* 增加。鹰嘴豆以及大豆油的黄色可能是导致 b^* 增加的主要原因。Li 等发现了采用皮克林乳液代替脂肪，增加了猪肉香肠的 L^* 值。

Nacak 等证实乳化肉制品的 L^* 与 b^* 呈正相关，与 a^* 呈负相关。与 T0 相比，肉糜的 pH 显著增加（$P<0.05$）。这可能是由于鹰嘴豆蛋白的 pH 接近中性（pH = 6.98）。Sandra 等发现，植物蛋白替代动物脂肪会导致肉制品的 pH 升高。

表 10-4　CPI 乳液替代脂肪的低脂肉糜的色泽和 pH

组别	亮度 L^*	红度 a^*	黄度 b^*	pH
T0	$68.89±0.80^c$	$11.69±0.68^b$	$10.07±0.67^b$	$5.60±0.67^c$
T1	$69.09±0.20^b$	$11.14±0.99^a$	$10.51±0.75^b$	$5.78±0.22^a$
T2	$76.37±0.22^a$	$10.34±1.34^c$	$12.08±0.68^a$	$5.89±0.99^a$

注　T0 为对照组，T1 为未超声鹰嘴豆蛋白乳液代替 25%脂肪，T2 为超声鹰嘴豆蛋白乳液代替 25%脂肪。

a~c 表示同一列不同处理组之间的差异（$P<0.05$）。

10.2.5　外观

图 10-12 显示了添加不同加工方式 CPI 乳液代替脂肪的肉糜蒸煮前后的外观变化。与 T0 相比，蒸煮前含有 CPI 乳液的肉糜颜色白度增加，这是因为 CPI 乳液代替了部分脂肪，乳液经超声后溶液呈白色，从而导致添加超声乳液的肉糜要比未超声肉糜颜色更加明亮。在蒸煮后，由于 T0 组水分流失最严重，因此，肉糜表面更加粗糙。添加超声波处理 CPI 乳液的肉糜（T2）的内部更加均匀，不容易松散。超声波处理的乳液有更好的稳定性，可以更好地形成精细的乳化凝胶结构，从而提升肉糜的外观品质。

10.2.6　低场核磁分析

添加不同处理方式的 CPI 乳液替代猪背脂的肉糜的水分子 T_2 弛豫特性见图 10-13 和表 10-5。拟合后的 T_2 分布出现 3 个峰，按弛豫时间由低到高分为 T_{2b}（0~10ms）、T_{21}（10~100ms）和 T_{22}（100~1000ms）。T_{2b} 代表与肉糜体系中蛋白质紧密结合的水，T_{21} 为肉糜体系蛋白质结构中的不易流动水，T_{22} 为存在于肉糜凝胶结构外、松散分布在肉糜基质中的自由水。添加超声波处理 CPI 乳液后，低脂肉糜的 T_2 弛豫时间减小，说明超声乳化液替代动物脂肪后乳化凝胶体系内大分子截留水结合程度增加。

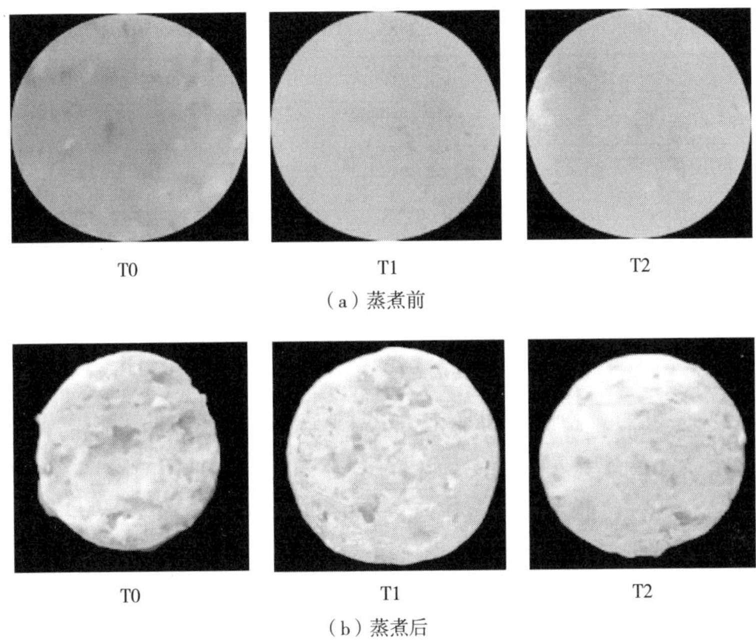

图 10-12　超声波 CPI 乳液替代脂肪的低脂肉糜蒸煮前后的外观变化

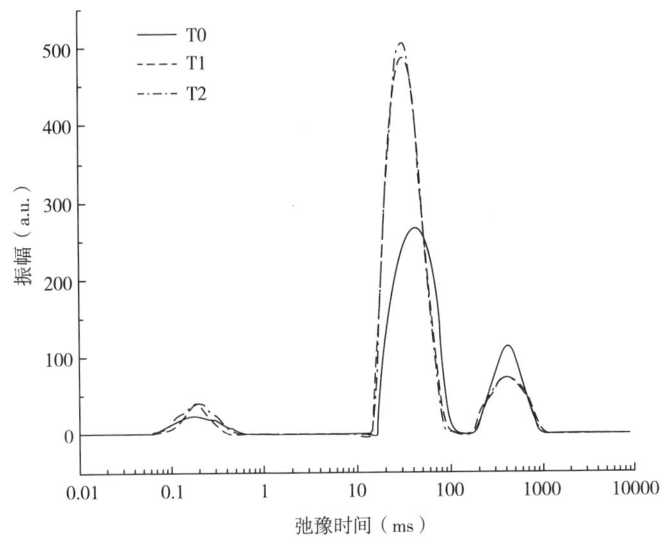

图 10-13　CPI 乳液替代脂肪的低脂肉糜水分子的 T_2 弛豫特性

注　T0 为对照组，T1 为未超声 CPI 乳液代替 25%脂肪，T2 为超声鹰嘴豆蛋白乳液代替 25%脂肪。

表 10-5 CPI 乳液替代脂肪的低脂肉糜水分子的 T_2 弛豫时间和弛豫峰面积百分数

组别	T_2 弛豫时间			T_2 弛豫时间对应的峰面积比例		
	T_{2b}	T_{21}	T_{22}	pT_{2b}	pT_{21}	pT_{22}
T0	0.79±0.03[a]	96.25±1.99[a]	871.61±42.13[a]	8.77±0.21[b]	62.044±1.74[c]	27.791±1.22[a]
T1	0.69±0.12[b]	83.73±1.5[b]	731.68±38.07[b]	9.88±0.32[a]	74.165±1.53[b]	13.861±0.98[b]
T2	0.57±0.06[c]	83.71±1.23[c]	731.68±38.05[b]	9.93±0.11[a]	77.452±1.32[a]	11.223±0.68[c]

注 T0 为对照组，T1 为未超声 CPI 乳液代替 25%脂肪，T2 为超声 CPI 乳液代替 25%脂肪。

a~c 表示同一列不同处理组之间的差异（$P<0.05$）。

由表 10-5 可知，添加不同加工方式 CPI 乳液代替脂肪的猪肉糜的 T_2 弛豫时间和对应的峰面积 T_2 弛豫峰面积百分数变化。与 T0 相比，T1 和 T2 组的 pT_{2b}、pT_{21} 均显著增加（$P<0.05$），这表明添加 CPI 乳液使肉糜体系的含水量增加，超声波处理 CPI 乳液代替部分脂肪的肉糜保水性更好。

图 10-14 为添加不同加工方式 CPI 乳液代替脂肪的肉糜的伪彩图。红色代表高质子密度，表明样品中的水分含量高，蓝色代表低质子密度，表明样品中水分含量低。通过伪彩图可以看出超声波处理 CPI 乳液代替脂肪的肉糜的水分含量最高，肉糜的保水性最好。

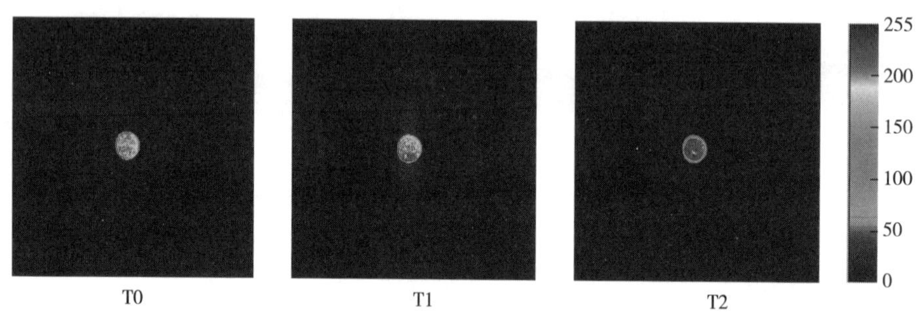

图 10-14 CPI 乳液替代脂肪制作低脂肉糜的伪彩图

注 T0 为对照组，T1 为未超声 CPI 乳液代替 25%脂肪，T2 为超声 CPI 乳液代替 25%脂肪。

10.2.7 微观结构分析

不同处理组经偏光显微镜观察的脂肪分布图像如图 10-15 所示，脂肪类型及大小与乳液稳定性有关。对照组的脂肪分布不均匀且脂肪体积最大，用

CPI 乳液代替部分脂肪后，脂肪体积变小，致密性增强，油滴在网络状结构中的分布更加均匀。超声波处理提高了 CPI 乳液的分散性，油滴周围形成了良好的界面膜，防止油滴絮凝和聚集，提高肉糜的稳定性。

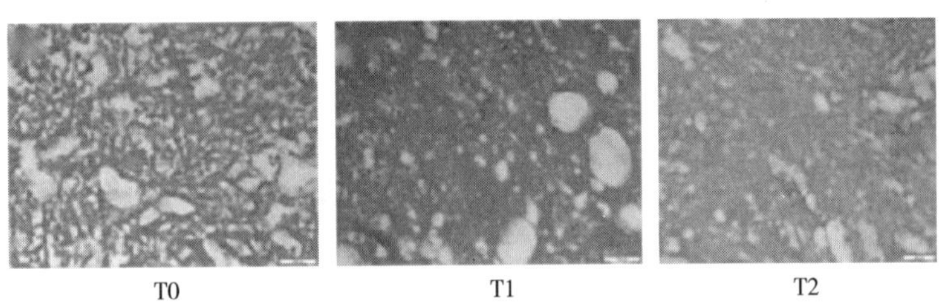

图 10-15　CPI 乳液替代脂肪的低脂肉糜的光学显微镜图

注　T0 为对照组，T1 为未超声 CPI 乳液代替 25%脂肪，T2 为超声 CPI 乳液代替 25%脂肪。

通过冷场扫描电镜观察，加热后肉糜凝胶的典型结构出现大而不规则的空腔（图 10-16）。加热后，脂肪球嵌入聚集的肉蛋白基质中，从而产生海绵状结构。与对照组相比，用 CPI 乳液代替部分猪背膘显示出不同的微观结构。添加超声 CPI 乳液的情况下，肉糜微观结构变得更加连续和紧凑。通过减小孔径来提高与水的结合能力，从而降低了肉糜的蒸煮损失。Barretto 等在报告中表明向低脂肉糜中加入燕麦蛋白有助于肉糜的乳化稳定性。

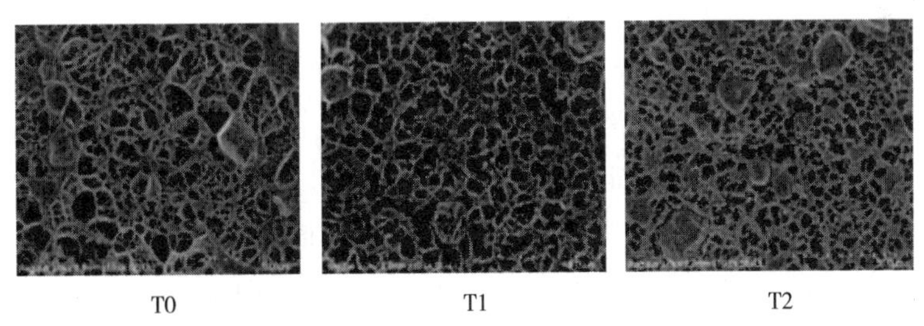

图 10-16　CPI 乳液替代脂肪的低脂肉糜的冷场电镜图

注　T0 为对照组，T1 为未超声 CPI 乳液代替 25%脂肪，T2 为超声 CPI 乳液代替 25%脂肪。

10.2.8　感官评价

图 10-17 显示了各种肉糜感官属性的平均得分以及肉糜的总体可接受性。与 T0 相比，超声波处理 CPI 乳液替代 25%猪脂肪加工的低脂肉糜具有较好的

硬度、口感、滋味和组织结构，整体可接受性较高。

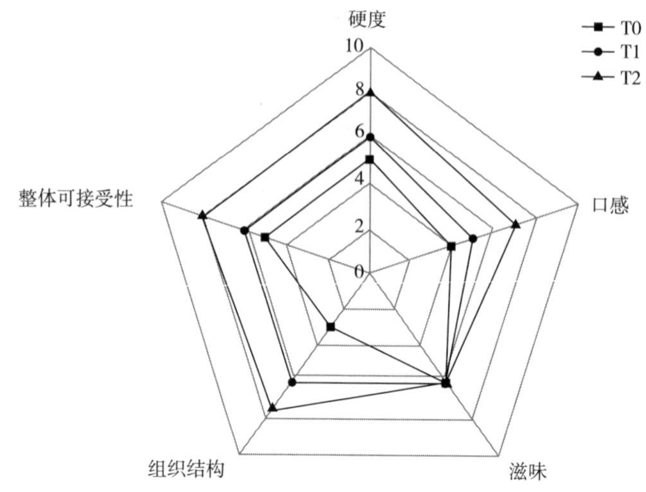

图 10-17　CPI 乳液替代脂肪的低脂肉糜的感官评价

注　T0 为对照组，T1 为未超声 CPI 乳液代替 25%脂肪，T2 为超声 CPI 乳液代替 25%脂肪。

10.3　本章小结

随着超声波时间的增加，CPI 乳化液的 *EAI*、*ESI* 增加，*TSI* 减小，乳析指数降低，超声 12min 的 CPI 液滴小而均匀，Zeta 电位绝对值增加，贮藏稳定性最好，热稳定性和冻融稳定性得到了显著提升。本研究应用超声波处理可有效提高 CPI 作为乳化剂的乳液稳定性，为建立低油乳化液体系的提供理论依据，对于开发良好性能的新型乳化型肉制品提供应用基础。

采用超声波处理的 CPI 乳化液替代部分猪背膘，可有效改善低脂肉糜品质特性。其中，降低了猪肉糜的脂肪含量，提高了肉糜的质构特性和乳化稳定性。低场核磁和核磁成像分析显示，超声波处理乳液代替部分脂肪的肉糜可移动水含量及其结合程度均显著高于对照组。扫描电镜结果显示超声波处理乳液代替部分脂肪的肉糜微观网络结构细腻均匀。这些结果表明超声波处理 CPI 乳液可有效应用于低脂肉糜的生产，为低脂肉糜产品开发提供良好的应用前景。

参考文献

参考文献